本著作系教育部人文社会科学研究青年项目
“桂、黔、滇地区少数民族传统首饰设计规律与设计文化研究”（19YJC760158）资助

前　言

中华首饰文化源远流长，从人类有意识地装饰、美化自身起，贝壳、玉、珍珠、金、银等首饰就与人类结下不解之缘。传统首饰文化作为中国传统文化中极其重要的组成部分，深刻地影响着中国历史和文化。目前，设计界对首饰产品的开发和利用非常重视，尤其是对流行饰品的研究更是不遗余力，但对少数民族首饰文化的研究却呈零星状态和碎片化。从设计的角度，系统地研究少数民族聚居区传统首饰的文献就更是寥寥无几。至于从学术高度探讨桂、黔、滇地区少数民族传统首饰设计规律与设计文化的著述还未出现。

2016年9月2日在贵阳召开的“滇桂黔政协主席联席会议”，审议通过《关于滇桂黔三省区共同打造中国滇桂黔民族文化旅游示范区的建议》等报告，将三地的民族文化开发提升到一个新的高度。桂、黔、滇三地少数民族众多，少数民族传统首饰文化是其民族文化的典型代表和集中体现。因此，研究三地少数民族传统首饰设计规律与设计文化具有学术与现实的双重价值。

本书主要通过对少数民族传统首饰设计规律与设计文化的研究，解读传统首饰设计规律与设计文化之间的关系，探寻传统首饰的设计文化与设计思维，总结传统首饰设计的一般性规律，为现代设计和振兴传统工艺提供依据，弥补设计文化研究之不足，助力桂、黔、滇地区特色文化开发，振兴我国文化创意产业。专著整体框架分为三个部分：一、研究前述及脉络梳理（第一章　绪论，第二章　桂、黔、滇地区少数民族传统首饰文化及研究脉络梳理）；二、桂、黔、滇地区少数民族传统首饰设计规律与设计文化基本理论研究（第三章　少数民族传统首饰的设计文化内涵，第四章　少数民族传统首饰的技术文化构成，第五章　少数民族传统首饰的设计影响因素）；三、设计振兴思路与策略探索及设计实践（第六章　桂、黔、滇地区少数民族传统首饰设计振兴思路与策略，第七章　少数民族传统首饰创新策略与设计实践）。

本书由梧州学院张贤富、邵阳学院胡玉平著，在写作过程中，参考了大量其他学者的文献和资料，在此深表谢意。同时，由于水平限制，疏漏和缺陷在所难免，希望读者批评和同行赐教。

著　者

2023年5月

目 录

第一章 绪论

第一章 绪 论

第一节 研究背景与价值

桂、黔、滇地区多山地丘陵，是典型的多民族聚居地，区域内少数民族众多，首饰文化发达。首饰文化作为少数民族传统文化的重要组成部分，是其先民在长期劳动中形成的风格独特、内涵丰富、品种多样的非物质文化遗产中极为典型的特色民族文化，和民间文学、戏剧曲艺、音乐舞蹈、杂技竞技、美术、手工技艺、信仰民俗等文化一样，体现了其民族的天才艺术创造力，具有极高的历史文化价值。这些凝聚着一代代族人的智慧聪明、审美理想和情感诉求的经典且深具民族特色的首饰文化，不但深刻反映出首饰文化的产生环境等要素，还体现了他们独特的人生价值观念、思维行为方式和集体文化意识。

在桂、黔、滇地区，除了久负盛名的苗族银饰、白族银饰（器）外，水族、藏族、瑶族、傣族、壮族、侗族等民族的银饰文化也不遑多让。颇具地域特色的凤山银饰制作技艺，合浦金银首饰制作技艺，户撒银器锻制技艺，以及银胎掐丝珐琅器制作技艺等，都是少数民族文化中的珍品。已有研究多集中在技艺传承和推广方面，从学术高度探讨桂、黔、滇地区少数民族传统首饰设计规律与设计文化的著述还未出现，因此，研究三地少数民族传统首饰设计规律与设计文化具有学术与现实的双重价值。

1. 解读少数民族传统首饰与文化之间的关系，探寻传统首饰的设计文化与设计思维

桂、黔、滇是地理位置毗邻的多民族地区，其独特的地理环境、民族文化、习俗风情是少数民族传统首饰文化繁荣的沃土，也是首饰文化发展最具影响的因素。主要表现为：①理性、实用精神的影响；②首饰传统加工、制作工艺的影响；③少数民族传统首饰设计具有朴

实的生态观，是“师法自然，天人合一”生态理念的实践。因此，对传统首饰与文化之间关系的解读，有助于探寻桂、黔、滇地区少数民族传统首饰的设计思维和设计文化。

2. 总结少数民族传统首饰设计的一般性规律，为现代设计和振兴传统工艺提供依据

人类社会是不断发展进化的，人类的造物历史也是承接累进的。少数民族传统首饰作为民族文化的重要载体，其演化过程也是一个不断创新、发展的过程。随着工业文明的发展，特别是3D打印等新的制作手段、加工工艺的出现，传统首饰受到前所未有的挑战。因此，通过研究少数民族传统首饰的各种特征，总结首饰的一般性设计规律，可以为现代首饰材料综合利用、首饰产品再设计、传统首饰工艺的振兴与发展提供启示。

3. 深入研究少数民族传统首饰设计规律与设计文化，助力桂、黔、滇地区民族文化特色开发

桂、黔、滇三省区民族文化旅游开发的推进，对三地少数民族传统首饰文化的开发尤为重要。三地少数民族众多，少数民族文化是民族文化的重要组成部分，而首饰文化又是少数民族文化的典型代表和集中体现。因此，通过对桂、黔、滇地区少数民族传统首饰设计规律和设计文化的研究，提炼新时代更具民族特色和地域特色的文化符号和讯息，能助力桂、黔、滇地区民族文化特色旅游开发。

4. 弥补设计文化研究之不足，振兴我国文化创意产业

首饰文化是民族、社会、生活、文化等因素的集中体现。本课题通过对桂、黔、滇少数民族传统首饰设计规律和设计文化的研究，弥补当前设计界在该领域系统研究的不足，促进国内文化创意产业的发展和文化自强、自信。

第二节　研究目标、内容、思路与方法

一、研究目标

本课题基于桂、黔、滇地区少数民族传统首饰造型、符号、文化等全方位考察，探索它们形成的原因，发展规律，并通过对其设计规

律和设计文化的研究，提炼出新时代更具民族特色和地域特色的文化符号和讯息，助力桂、黔、滇地区民族文化特色旅游开发。同时，弥补当前设计界在该领域系统研究的不足，促进国内文化创意产业的发展和文化自强、自信。

1. 梳理桂、黔、滇地区少数民族传统首饰一般性设计规律，构建传统首饰设计文化体系

本课题在少数民族传统首饰设计文化体系的建构过程中，主要研究两个方面的问题：一是系统地从“使用场合”“地域差异”“民族”等角度，对少数民族传统首饰进行分类，在此基础上对其进行定性与定量分析，提取少数民族传统首饰共性与个性，从而总结出桂、黔、滇地区少数民族传统首饰的一般性设计规律；二是厘清少数民族传统首饰技术文化体系构成，包括少数民族传统首饰的加工工具体系，制作工艺体系，材料表现体系，结构设计体系，以及这些设计特征与地域环境、风俗习惯、社会文化、经济条件、政治风向、生活形态等因素的相互影响。

2. 深入透析地域特色、民族文化与桂、黔、滇地区少数民族传统首饰间的相互影响

存在即是合理的。各少数民族传统首饰多样化发展到今天，首饰在人们生活中扮演着重要角色，尤其是在传统节日，首饰所体现出来的形式感更是民族文化的标签和精髓。这些传统首饰在形成、变化、发展的过程中，必然吸收了桂、黔、滇地域文化的营养，也依托了桂、黔、滇地区以农耕文化为主体的社会生活形态背景。地域文化、农耕文化与传统首饰之间构成的互相依存的对应关系也是本课题研究的目标。

3. 提出传统首饰设计振兴的相关思路与策略

只有民族的才是世界的，只有地域的才是世界的。对传统研究的最终目的是用来指导今天的设计。通过研究传统，制定现实可行的设计振兴的思路与策略，从传统首饰设计中汲取精华，给当代设计以启迪，在当代工业化、信息化、全球化的社会大背景下，使我们的现代设计更具中国传统设计的历史文脉，是本课题研究的一个主要归宿。

二、研究内容

少数民族传统首饰是一个理性与感性的结合体，不但包括材料加工与制造、结构设计与优化、工具发明与创造等与自然科学相关的理性因素，还包括民族文化、地域特色、审美倾向、风俗习惯等感性选择。因此，本研究主要从如下五个方面来研究。

1. 从设计的角度剖析桂、黔、滇地区少数民族传统首饰的一般性设计规律

少数民族传统首饰的本质是一种具体的物质形态。由此衍生出一系列问题，如传统首饰是如何演变成今天的形态的？为什么某个首饰的形态与别的首饰的形态存在巨大差异？为什么同类首饰在不同的地域、不同的文化背景中又呈现出不同的形态？其演变过程的形成及相应的影响因素又是怎样的？整个少数民族传统首饰的演变原则是什么？基于对这些问题的解答，来探讨桂、黔、滇地区少数民族传统首饰的设计规律和设计文化，是本课题研究的基本内容之一。

2. 从文化的视角解读少数民族传统首饰的设计内涵

本课题从多方面讨论传统首饰的构成因素：①基本物质因素构成，如少数民族传统首饰的材料、工艺、工具、结构、符号等因素；②设计主体特质构成，如传统首饰民间艺人自身的设计精神、设计意识和产生这些思想、理念的根源；③首饰文化内涵构成，如少数民族传统首饰所承载的民族风情、习惯风俗、精神寄托、审美倾向、地域特色、宗教信仰等体现少数民族独特的精神、文化层面的追求和寄托；④制作方式构成，如少数民族传统首饰制作方式的传承方式、形制尺度、人机因素、科学合理性等。

3. 构建桂、黔、滇地区少数民族传统首饰的设计文化体系

设计文化体系构成是一个复杂的综合体，本课题主要从传统首饰的设计原则、设计逻辑、设计伦理、设计思维、设计方法、设计精神、设计文脉等方面来构建桂、黔、滇地区少数民族传统首饰的设计文化体系。

4. 完善少数民族传统首饰工艺产品与工艺产业设计振兴的相关策略

本研究站在中国本土化设计的基础上，重点在于研究少数民族传

统首饰的设计规律与设计文化。结合地域特征、民俗状况进行系统、综合的思考，不仅思考传统设计的出路，更重要的是为中国的现代设计进行规划。基于桂、黔、滇地区少数民族传统首饰现有资源，将振兴传统工艺文化的狭隘观念与振兴中国现代设计的系统观念进行整合思考，提出并完善振兴民间传统工艺产品与工艺产业的设计策略，为建设设计强国而努力。

5. 围绕“桂、黔、滇地区民族文化特色旅游开发”，提出相关助力策略

基于桂、黔、滇地区少数民族传统首饰的地域、文化特色以及相关的传承规律，结合新的时代元素，并围绕“桂、黔、滇地区民族文化特色旅游开发”规划，提炼出新的更具民族特色、地域特色、文化符号和讯息的开发策略和措施，助力桂、黔、滇地区民族文化特色旅游开发。

三、研究思路与方法

（一）研究思路

该研究从“本土化”“民族文化”视角，研究桂、黔、滇地区少数民族传统首饰的设计规律和设计文化。结合桂、黔、滇地区的地域特色、经济状况、民族风情、民俗文化进行系统、综合考虑，整合桂、黔、滇地区少数民族传统首饰文化资源，将振兴传统工艺文化与中国现代设计相结合，推动传统首饰的现代化设计创新，系统地提出传统工艺设计振兴的方法和策略。并聚焦“桂、黔、滇地区民族文化特色旅游开发”，提出少数民族传统首饰的创新开发策略。

（二）研究方法

1. 调查研究法

田野考察法又称实地调查，是人类学、社会学研究中最常用的一种方法。考察者进入某一具体环境，通过观察、访谈、体验等方式，全面了解客观情况，获取第一手资料。笔者常年居住在广西，并深入广西的壮族、瑶族，贵州的苗族、水族，云南的白族、傣族等聚居区考察，对传统首饰进行收集整理，了解其主要类型、使用场合、寓

意等，同时，向当地知名艺人进行传统技艺考察、学习，采用文字、图像、图片相结合的方式记录相关资料，再采用设计学进行数据分析，保证研究的科学性。

2. 统计分析法

统计分析法就是将所有数据进行归类整理、定量分析并以此进行现象解释的过程。笔者在少数民族传统首饰的功能、使用场合、地域、民族、符号等方面运用统计分析法，使杂乱无序、数量繁多的少数民族传统首饰体系化、序列化、全景化，以此揭示首饰及其相关元素的产生、发展和传承的规律性，帮助研究人员甚至消费大众了解“人”与“物（首饰）”之间的相互关系，揭示传统首饰文化在民族文化、传统文化中的重要地位。进而对桂、黔、滇地区少数民族传统首饰的设计规律和设计文化做出科学的判断和分析，保证项目推进的严谨性和科学性。

3. 比较分析法

比较分析法就是根据一定的标准,对两个或两个以上有联系的事物进行考察，探求普遍、特殊规律。在本研究中，将桂、黔、滇三地少数民族的传统首饰，按地域、类型、使用场合等进行全方位比对，比较其造型、材料、工艺、结构、寓意以及文化符号等设计文化内涵。

4. 文献分析法

文献分析法主要指收集、鉴别、整理、研究前人的研究成果，形成对事实科学认识的方法。本课题研究需要参考前人关于少数民族传统首饰设计文化成果，并在田野考察时进行验证，形成对事实的科学认知，以此为基础进行关于桂、黔、滇地区少数民族传统首饰设计规律和设计文化的研究。

5. 行为分析法

行为分析法是指在分析传统首饰“使用行为”时，进行“动机”分析，进而得出传统首饰与民族、风俗、文化之间的相互关系。少数民族使用传统首饰的行为目的主要有：社交需求，如节日、婚庆、祭祀等；精神寄托，如对富贵、平安、通达等的诉求；功能需求，如发髻、腰带等，以及纯审美、装饰需求。这些使用行为对应传统首饰的功能和精神心理，便于总结传统首饰的设计文化与设计规律。

第三节　桂、黔、滇地区地理和人文概况

桂、黔、滇三省区处于西南地区，山多林密是三地的共同特征。三地少数民族众多，主要聚居在山区，自然环境对少数民族传统首饰文化的形成、发展具有显著影响。山地特性是桂、黔、滇地区共有的地理标签，也是三地少数民族首饰等传统文化的重要影响因素。因此，对区域地理环境的了解和少数民族分布及典型文化特征的分析，是少数民族传统首饰设计规律与设计文化研究的基础。

一、桂、黔、滇地区地理特征和少数民族分布

（一）地理特征

广西地势呈西北向东南倾斜状，山地多，平原少，山地和丘陵占全区的76%，台地、平原仅为24%，常用“八山一水一分田一片海”10个字来形容。山岭连绵、山体庞大、岭谷相间，中部和南部多丘陵平地，四周多被山地、高原环绕，呈盆地状，有“广西盆地”之称。地理环境是广西各族人民生活习俗和审美思维形成的显著因素，各少数民族聚居呈大杂居、小聚居局面，如壮族村寨依山傍水，多建在山脚下向阳处；瑶族一般居住在山腰处，有“南岭无山不有瑶”的说法。

贵州位于中国西部的云贵高原，地貌主要为高原山地、丘陵和盆地三种。其中山脉众多，重峦叠峰，绵延纵横，山高谷深，山地和丘陵占据92.5%的面积。因贵州山地居多，不同民族在不同的山体高度聚居分布，自然环境的差异性明显，不同民族有着依山而建、逐水而居、坝子聚居的空间布局特点，有“苗族山上安家，侗族沿河住寨”的说法。贵州整体地势为西高东低，自中部向北、东、南三面倾斜，处于长江和珠江两大水系上游交错地带。贵州属于亚热带湿润季风气候，冬无严寒，夏无酷暑，气候温暖湿润，所以贵州晴天较少，多云天气居多，被描述为“天无三日晴”。

云南也是一个多山的省份，全省山地占84%，高原、丘陵约占10%，坝子（盆地、河谷）仅占6%。云南属青藏高原南延部分，与贵州省、广西壮族自治区为邻，从整个位置看，北依广袤的亚洲大陆，

南临辽阔的印度洋及太平洋，正好处在东南季风和西南季风控制之下，再加上西藏高原的影响，从而形成了复杂多样的自然地理环境。

本文主要少数民族是指人口数在省区排名前五的少数民族，特别是在两个省区中都排名前五，或是首饰文化较为突出的民族。

（二）少数民族聚居略览

桂、黔、滇三省区少数民族族类众多。广西壮族自治区内一共有12个世居民族，除了汉族外，分别是壮族、瑶族、苗族、侗族、仫佬族、毛南族、回族、彝族、水族、仡佬族、京族这11个少数民族；另外44个少数民族如满族、蒙古族、朝鲜族、白族、藏族、黎族、土家族等在自治区内均有分布。据第七次全国人口普查数据显示，各少数民族人口约1880万人，占全自治区常住人口的37.52%，其中壮族就占31.36%（1572万）。在行政分布上，广西有12个少数民族自治县。在贵州，世居民族除汉族外，还有苗族、布依族、侗族、土家族、彝族、仡佬族、水族、回族、白族、瑶族、壮族、畲族、毛南族、满族、蒙古族、仫佬族、羌族、黎族、土族19个少数民族。据第七次全国人口普查数据显示，各少数民族人口约1405万人，占全省常住人口的36.44%，共有14个少数民族自治县（州）。云南是全国边境线最长的省份之一，也是中国少数民族种类最多的省份，除汉族以外，世居少数民族有壮族、苗族、瑶族、回族、彝族、水族、白族、傣族、德昂族、满族、怒族、藏族、佤族、蒙古族、布依族、阿昌族、布朗族、独龙族、哈尼族、景颇族、基诺族、拉祜族、纳西族、普米族、傈僳族这25个少数民族。据第七次全国人口普查数据显示，各少数民族人口约1563万人，占总人口的33.12%，共有37个少数民族自治县（州），142个少数民族乡。云南少数民族交错分布，表现为大杂居与小聚居，彝族、回族在全省大多数县均有分布。

（三）主要少数民族分布

桂、黔、滇是中国三个少数民族人口超过1000万的省区（还有一个是新疆），三省区拥有数百个民族州、县、乡，特别是云南，其民族自治地方的土地面积占全省总面积的70.2%。三省区少数民族种类多，数量大：广西少数民族种类齐全，但人口数量相差比较大，如壮族人口多达1500万，而排名第二的瑶族人口却只有150万，其后是苗族、侗族，排名第五的仫佬族人口仅有17万多；在贵州，人口数量排名前5位的少数民族依次为苗族（397万）、布依族（251万）、土家族（144万）、侗族（143万）和彝族（83万）；而云南人口超过100万人的少数民族多达6个（彝族、哈尼族、白族、傣族、壮族、苗族）。

壮族：壮族是我国少数民族中人口最多的民族，在广西主要聚居在桂西、桂中，即南宁、柳州、百色、河池、贵港、防城港等市。壮族在贵州主要分布在黔东南苗族侗族自治州的凯里市，在云南主要分布在文山壮族苗族自治州、红河哈尼族彝族自治州和曲靖市，其中文山州马碧村在2019年被评为“中国少数民族特色村寨”，被称为“千年壮寨”。

瑶族：在广西共有6个瑶族自治县，分别是恭城瑶族自治县、大化瑶族自治县、都安瑶族自治县、巴马瑶族自治县、富川瑶族自治县、金秀瑶族自治县，同时广西几乎每个县都有瑶族乡，其中长寿之乡巴马闻名遐迩。瑶族在贵州分布较散，以黔南州的荔波、独山等县和黔东南州的黎平、从江、榕江等县为多。在云南，瑶族主要聚居在文山壮族苗族自治州的富宁县、红河哈尼族彝族自治州的河口瑶族自治县和金平苗族瑶族傣族自治县，其余县也有少数瑶族分布。

苗族：在贵州省的人口数最多，其次是云南省，再次是广西壮族自治区。在贵州的分布主要是在黔东南苗族侗族自治州的台江县、铜仁市的松桃苗族自治县东南部的腊尔山区、黔南布依族苗族自治州、毕节市、安顺市、遵义市，其他地区也有少量分布。苗族在云南主要分布在文山壮族苗族自治州、屏边苗族自治县、禄劝彝族苗族自治县、金平苗族瑶族傣族自治县；在广西主要分布在柳州市融水苗族自治县。

布依族：布依族主要分布在贵州、云南、四川等省，其中以贵州省最多，占全国布依族人口的97%，主要聚居在黔南和黔西南两个布依族苗族自治州，以及安顺市、贵阳市、六盘水市，其余各市、州、地均有散居，一小部分居住在越南。

侗族：在广西主要分布在三江、龙胜、融水等自治县，其中三江县的程阳八寨地处桂、湘、黔三省区交界，由8个自然村庄组成，居住着近万名侗族人民。在贵州侗族主要聚居在黔东南苗族侗族自治州的黎平、从江、锦屏、剑河、玉屏等县区和凯里市等，在湘、黔、桂三省区交界处，还有一座山叫“三省坡”，被誉为侗族“圣山”，侗族在云南分布较少。

白族：在云南主要聚居在云南省西部以洱海为中心的大理白族自治州，其余分布在云南省怒江傈僳族自治州、昆明、丽江、玉溪、保山、临沧、楚雄彝族自治州等地。在贵州，白族被称为“七姓民”，主要分布在黔西北的毕节市、六盘水市，其余地区均有少量分布，在广西分布较少且一般散居。

彝族：在云南主要分布在横断山脉南部、哀牢山脉、乌蒙山脉和金沙江、红河、南盘江流域。楚雄彝族自治州、红河哈尼族彝族自治州、玉溪市、曲靖市、大理白族自治州、普洱市、昆明市和昭通地区等是彝族集中分布的地区，其中昭通市被称为“世界彝都”。在贵州主要分布在毕节、六盘水、兴义和安顺市等，其余地区也有少量分布。在广西，彝族人口较少，约万人，主要分布在隆林各族自治县、那坡县等地。

二、桂、黔、滇地区主要少数民族文化概况

（一）典型民族文化艺术

少数民族创造了大量优美动人的神话、传说、史诗和音乐、舞蹈、绘画，以及有价值的科学典籍，同时还有很多雄伟壮观、绚丽多彩、富有民族特色的建筑、服饰、手工艺等。这些文化艺术形式是所在民族的文化精髓，也是中华民族的宝贵文化财富。

壮族的文化艺术丰富多彩，历史悠久，特点显著。音乐方面，最为著名的是定期举行的山歌会（歌圩），尤以农历三月三最为隆重，“歌仙”刘三姐就是典型代表。壮族舞蹈舞步雄健，诙谐活泼，伴以唢呐、蜂鼓、铜鼓、铜锣及笙、箫、笛、马骨胡等乐器。在美术方面的成就以壁画最为著名，侗族壁画主要分布在广西左江两岸的峭壁上，这些壁画又尤以宁明花山崖壁画最具代表，生动地反映了壮族古代先民的社会生活情况。壮族的传统建筑样式多为干栏式，建筑的材料选用与当地地理环境、气候条件和自然资源息息相关。在工艺美术方面，

天琴、铜鼓、壮锦、刺绣、银饰在壮族生活中都占有重要地位：天琴以大竹筒或葫芦瓜壳制作，琴面以蛇皮、蚌皮蒙之；铜鼓鼓面圆平，鼓身中空无底，历史上铜鼓既是乐器，也是权力和财富的象征，距今有两千多年的历史；壮族服饰特点鲜明，以蓝黑色衣裙、衣裤式短装为主，壮锦是壮族人民享有盛名的纺织工艺品，花纹图案别致，结实耐用，已有一千年的发展史；壮绣是壮族民间的手工艺品，采用真丝及各种颜色的丝线精心绣制而成，柔软细腻、精美高雅，具有较高的实用价值；壮族人对银饰有着与生俱来的喜爱与崇尚，壮族银饰锻造技艺精湛，种类繁多，有银梳、银簪、银镯、耳环、项圈、项链、胸排、脚环、戒指等。

瑶族的音乐、舞蹈与民间歌谣都起源于劳动与宗教，如著名的长鼓舞、铜鼓舞，系祭祀盘王、密洛陀的大型舞蹈，以及民间盛行的狮舞、草龙舞、花棍舞、上香舞、求师舞、三元舞、祖公舞、功曹舞、藤拐舞等，都是源于祭祀，以祈祷或表现劳动生活，如狩猎歌和农事季节歌等。到了近代，又出现大量赞颂反抗阶级压迫的革命斗争歌等。瑶族歌谣在其文化艺术中占有十分重要的地位，源远流长，形式多样，内容丰富，最著名的《盘王歌》有24种曲牌，唱腔相当复杂，为瑶族人民的伟大艺术珍品。瑶族服饰尚青、蓝、红、黑四色，种类繁多、千姿百态，地域、个性差异十分明显，即使同一支系，因居住地区不同，服饰也不尽相同，甚至是同一地方，因年龄、性别差异，服饰也有所区别。瑶族的工艺美术有印染、挑花、刺绣、织锦、竹编、雕刻、绘画、打造等，形式多样，内涵丰富，其中尤以蜡染、挑花最为著名。

苗族丰富多彩、风格独特的民间文学和诗歌、传说故事多以口头传说流传。诗歌只讲调而不押韵，篇幅长短不拘。苗族人民能歌善舞，苗族“飞歌”享有盛名。器乐以木鼓、皮鼓、铜鼓和芦笙最为驰名。此外还有芒筒、飘琴、口弦琴、木叶和各种箫笛。苗族的芦笙舞、板凳舞、猴儿鼓舞都有深远的影响。苗族各直系之间一般互不通婚，各系习俗独立发展，因此服饰款式差异较大。目前男性保留的服饰样式有六合式、榕江式、高求式、泗渡式等14个款式；女性服饰主要有大领或大襟衣，着百褶裙及大襟衣配长裤两大类。苗族的挑花、刺绣、织锦、蜡染、剪纸、首饰制作等工艺美术瑰丽多彩；苗族的蜡染工艺已有千年历史，驰名中外，现已成为中国出口工艺品之一；苗族普遍喜戴银饰品，男女皆可，而以青年妇女为最，银饰加工以黔东南和黔中工匠手艺最高。苗族传统银饰多种多样，包括手钏、项圈、头饰、胸饰、银衣等，花纹雕琢精工，享有盛名。

布依族的文化艺术绚丽多彩，如铜鼓舞、织布舞、狮子舞、糖包舞等传统舞蹈深受族人喜爱；地戏、花灯剧也是布依族人喜爱的剧种；唢呐、月琴、洞箫、木叶、笛子等乐器是布依族音乐艺术的重要元素，黔西南地区的布依族音乐“八音坐唱”更是有“声音活化石”“天籁之音”之称。布依族的蜡染久负盛名，早在宋代就有贵州惠水特产蜡染布的记载（清代史书上所说的“青花布”就是蜡染布）。蜡染布料图案丰厚朴实，绘画活泼豪放，并呈现出独有的龟纹（亦称小波纹），具有机器所不能代替的艺术效果。布依族织锦，亦称“纳锦”，锦面似丝绣，有“羊羔锦”“鱼儿锦”“人物锦”“蝴蝶锦”等式样，各色丝线衬托，花纹精致紧密，瑰丽美观，最令人称奇的是这样精致的织锦是在古老的布机上完成的。此外，荔波的凉席、独山的斗笠、平塘牙舟的陶器等都很有名。各地妇女的刺绣、剪纸技术、银铜首饰加工以及惠水的枫香印染蜡画等，亦甚精致。特别是平塘牙舟陶工艺考究，历史悠久。

侗族是一个极富创造性的民族，有民谚说：“侗人文化三样宝：大歌、花桥和鼓楼。”侗族大歌“众低独高”、一领众和、多声合唱、声音洪亮、气势磅礴、节奏自由，其复调式多声部合唱方式为中外民间音乐所罕见。大歌在重大节日、集体交往或接待远方尊贵的客人时才能在侗族村寨的标志性建筑鼓楼里演唱，所以侗族大歌又被称为“鼓楼大歌”。侗戏台步简单，动作纯朴，曲调唱腔多样。演唱时，用胡琴、格以琴伴奏，击锣钹鼓闹场，着侗装，富有浓厚的民族色彩。还有影响较大的芦笙舞，边走边舞，齐奏芦笙。侗族诗歌取韵自由，有腰韵、叠韵、脚韵，句子长短不一，且善于比喻，有“诗的家乡，歌的海洋”之称，如《珠郎娘媄》《莽岁》《三郎五妹》等广为流传。

侗族手工业及工艺品有挑花、刺绣、藤编、竹编；银饰有颈圈、项链、手镯、耳环、戒指、银簪、银花等；纺织品有侗锦、侗帕、侗布等。侗族擅长石木建筑，鼓楼、桥梁是其建筑艺术的结晶。鼓楼为木质结构，以榫头穿合，不用铁钉，整体呈四面或六面、八面倒水，飞阁重檐，形如宝塔，巍峨壮观，是族姓或村寨标志，也是公众集中的议事场所。在侗人心中，天地宇宙和房屋形象一致，鼓楼首正是人们在屋顶寻求与天相通的媒介。风雨桥为集桥、廊、亭于一体的独特桥梁建筑，重瓴联阁，雄伟壮丽，以三江县的程阳桥最负盛名。几乎每个风雨桥都设有神坛或存有神坛遗迹，风雨桥在侗人心目中有人神相通的功能，代表他们的美好愿景。侗族的服饰因地域和习俗而存在较大差异，侗布颜色鲜亮，表面发亮，又称为“亮布”，属于贵州省省级非物质文化遗产。

彝族人民在长期的历史发展过程中，创造了源远流长、绚丽多彩的民族文化。彝族乐器种类丰富，特点鲜明：葫芦笙、马布、巴乌、口弦、月琴、笛、三弦、编钟、铜鼓、大扁鼓等深具彝族民族特色；“跳歌”“跳乐”“跳月”“打歌舞”和“锅庄舞”等舞蹈动作欢快，节奏感强。这些艺术形式在少数民族各种祭祀、庆祝活动中具有举足轻重的地位。彝族传统工艺美术有漆绘、刺绣、银饰、雕刻、绘画等。彝族的漆绘已有一千多年的历史，主要使用过滤后的土漆，颜色以黑、红、黄三种色彩为主，漆绘的图案也都是与生活有关的日、月、山、水、树叶、花草、火镰等，广泛绘制在餐具、酒具、兵器和毕摩神具上；彝族刺绣是彝族文化的又一特色，彝族女子喜爱使用多种颜色的丝线，将各种图案绣在男女上衣、妇女手帕、女裙、男裤、荷包、烟袋等处；雕刻艺术多为在金属和竹木上手工刻画，图案以自然界的花草鸟兽和日常用品为主，常见于宝剑、银饰、马鞍、口弦、匕首等的柄把上，使这些器物更具自然美；彝族绘画古朴而简明，多见于经书上，以竹笺为笔，以锅烟或蓝水兑制而成，简洁明了地反映事物最本质的特征，达到追求“质”的美的艺术风格。

白族人民在长期的历史发展过程中，创造了光辉灿烂的文化。苍洱新石器遗址中已发现沟渠痕迹，在剑川海门口铜石并用遗址中发现居民已从事饲养家畜和农耕的遗迹，到春秋、战国时期，洱海地区已出现青铜文化，蜀汉时，洱海地区已发展到“土地有稻田畜牧”，唐代白族先民已能建造苍山“高河”水利工程，灌田数万顷。白族在艺术方面独树一帜，“白剧”具有鲜明的民族特色，白族有音乐舞蹈相结合的踏歌，民间流传的《创世纪》长诗，叙述了盘古开天辟地的故事，追述了白族在原始社会“天下太平”，没有阶级压迫剥削的平等生活。白族崇尚白色，多数地方喜欢穿白色衣服，但各地有一定差异，且古今有一定变化。白族男子一般穿白色对襟衣，外罩黑领褂，下穿白色或蓝色长裤，坝区缠白色包头，山区则多缠黑色或蓝色包头，脚穿黑布剪口鞋。白族女子的服饰在各县都不大一样，且未婚和已婚差别较大。白族建筑、雕刻、绘画艺术名扬古今中外。大理崇圣寺三塔，造作精巧；剑川石宝山石窟，技术娴熟精巧，人像栩栩如生；元明以来修建的鸡足山寺院建筑群，巧夺天工，经久不圮。白族的漆器，艺术造诣很高，大理国的漆器传到明代，还一直被人视为珍贵的“宋剔”。白族银器加工以錾刻和花丝工艺最具特色，装饰纹样总体倾向于自然轻松的风格，充满对日常生活的细致观察，反映出一种宁静平和的生存状态。

（二）民族信仰与崇拜

民族信仰与崇拜是少数民族精神文化心理的重要组成部分，体现他们的民族心理和精神寄托。这些民族信仰和崇拜多源自民族先祖传承，经时代的洗礼而变迁，最终形成今天的民族习俗和风情。

在桂、黔、滇地区，少数民族多崇尚自然，信奉自然有灵，还有一些相信祖先有魂，其族内信仰多从此演化。虽然都有自然崇拜，但是，各少数民族在崇拜重点方面却又有差异。如壮族崇拜自然和祖先，相信万物有灵，周围的一山一石、一草一木皆有灵性，特别是奇花异草，怪藤怪树，长得异乎寻常的，莫不以为神。魏晋以后，随着道教和佛教先后传入壮族聚居区，壮族宗教信仰体系发生了变化，形成以原始的麽教为主，融道教和佛教为一体的宗教信仰；侗族和壮族一样也没有完整意义上的宗教，民间大多敬畏神灵，崇拜祖先（近祖、远祖和族祖），这与“萨”崇拜一体，构成了侗族先祖崇拜的体系，也是侗族人生息繁衍的精神依托。对于自然的崇拜，从侗族“老树护村，老人管寨”的名谚可窥见一斑。侗族人相信各种自然现象无一不被神灵主宰，天亦有“眼”，能明是非、辨善恶，这种自然崇拜使侗族人将自然界视为一个患难与共、相依相存的关联体，由此也在无意识中保护了自然生态，利于繁衍生息。瑶族的民间信仰与壮族和瑶族又有差异，其民间信仰“灵魂不死”和“万物有灵”。认为人的灵魂是不会灭亡的，大自然的许多现象如日月星辰等都加以神话，都有神灵，并对它们进行崇拜。

苗族的宗教信仰更为广泛，包括自然崇拜、图腾崇拜、人造物崇拜、祖先崇拜和鬼魂崇拜等。对自然崇拜主要包括天地、大树、山洞、日、月、风、山川、巨石、火、雷、电、水等，苗族人认为这些自然现象都附有神灵，能给族人造福，因此就在阴历二月、九月或十月进行祭祀活动。苗族支系较多，因此对于图腾崇拜的种类也不尽相同，有枫木、蝴蝶、神犬、龙、鸟、鹰和竹等。在苗族的传说中，蝴蝶是苗族远古时代的图腾，被称为蝴蝶妈妈，是苗族人的始祖，孕育了苗族的祖先“姜央”，蝴蝶这一形象也成为苗族人民对祖先最质朴、真切的崇拜对象；人造物崇拜来源于苗族人民认为人造的土地菩萨、桥、水井都会有神灵附在其上，崇拜这些事物即可消灾多福；祖先崇拜是苗族最普遍的崇拜，与汉族相同，认为祖先灵魂不死，可以保佑家人。与苗族一样，白族人民对于自然物也有自己的自然崇拜，他们崇拜天、地、山、水等自然神灵，建造山神庙、土地庙、龙王庙，许多自然崇拜祭祀活动延续至今，例如祭海。白族不仅信仰本民族从远古就产生的原始宗教和唐宋时期形成的本主崇拜，还有佛教和道教。本主崇拜源于原始社会的社神崇拜和农耕祭祀，认为本主能护国佑民，保佑人们吉庆平安，风调雨顺。彝族的民间信仰属于原生型民族民间宗教，俗称巫教，既包含原始崇拜的成分，也混杂佛教、道教和儒学乃至基督教的影响。彝族人信奉万物有灵，把近祖亡灵超度送回祖宗发祥地“尼姆撮毕”的仪式，是彝族人精神信仰中的核心成分。

实际上，每个少数民族都有自己的信仰，最普通的自然崇拜和祖先崇拜，这些崇拜几乎都是出于对其力量的信任，相信这能给人们带来幸福、好运，消除灾祸。

（三）民族节日与习俗

民族节日是少数民族文化的集中表现，几乎每个少数民族都有自己的节日，通过这些集体活动来传承自己的民族文化和民族精髓，展现民族特色，表达民族精神和心理等。

最初，少数民族庆祝节日多出于祭祀或者崇拜，后逐渐演化成一种集体活动。如壮族“三月三”是壮族最盛大、悠久的节日，该活动最早可以追溯到氏族部落时期，其目的是祭祀神灵，祈求生育和丰收，而后逐步演变成为青年男女“以歌代言”“以歌择偶”的一种社交活动，又进而发展成为群众性的游乐节日；瑶族的盘王节也是始于纪念始祖盘瓠，后逐渐由祖先崇拜演变成庆祝丰收的联谊会，青年男女则借此机会以歌道情，寻觅佳偶；彝族火把节也是源于对火的崇拜，目的是期望用火驱虫除害，保护庄稼生长。

少数民族传统节日不但内容丰富，而且数量很多，有的甚至多达几十个。如苗族有苗年节、姊妹节、龙船节、茅人节、吃新节等。内容涉及农事、纪念、祭祀、庆贺、娱乐、竞技、宗教等。尤其是苗年节在苗族聚居地比较普遍，是苗族人民祭祀祖先、庆祝丰收以及亲朋好友相聚的日子，在黔东南和广西大部分苗族聚居区比较盛行；姊妹节是黔东南地区苗族的节日，尤以台江县的最为盛大，不但是苗族女性的节日，也是青年男女择偶恋爱的“情人节”。白族节日盛会多达70个，有全民性的节日，也有地域性、村寨性的节日。比较具有代表性的有三月街、绕三灵、火把节和石宝山歌会等。三月街，又名“观音节”，既是白族的盛大节日和街期，又是地球上最大的街子。三灵（观上南）、石宝山歌会还被列入国家首批非物质文化遗产名录，前者的主要内容是谈情说爱和寻找情侣，因此又称为白族的“情人节”“狂欢节”；后者主要是情歌比赛，也有比富贵、比本领，倾诉老友离情别怨、歌颂幸福生活和美好风光的。和彝族火把节一样，白族的火把节也是源于古代先民对火的崇拜，白语叫“付旺勿”，是白族全民性的传统盛大节日。侗族一年中的各种节会活动更是不下百次，仅黔东南侗族地区一年之中就有各种节会活动84次。有全民族普遍过的节日，也有一村一寨、一族一姓的节日。春节、活路节、尝新节、三月三、林王节、牛神节、芦笙节、花炮节、大雾梁歌节、四十八寨歌节、斗牛节等节会最为隆重。在每个侗寨都建有萨坛和拜祭萨玛的圣母祠，每逢新年或重大节日，都要举行盛大的祭萨和庆祝活动，祭祀活动一般只有已婚妇女和村中有威望的老人参加，所以祭祀大祖母的节日被看作侗族妇女自己的节日。2006年，榕江县侗族萨玛节作为民俗类非物质文化遗产入选第一批国家级非物质文化遗产名录。在布依族生活中，一年十二个月几乎月月有节日，其中最独具民族特色的是“二月二”“三月三”“四月八”“六月六”“牛王节”等。而最隆重的是“六月六”，它是布依族的一个纪念性和祭祀性的传统节日，也是布依族人民借插秧完毕农事小闲之际，祭田神、山神、龙王、天王、虫王、盘古王等神灵，祈求一年四季人畜平安，风调雨顺，农业大丰收。每年的“六月六”，布依族人民都要举行隆重集会，进行各种文体活动、歌舞表演、社交活动等。随着时代的发展，布依族“六月六”活动除了传统的祭祀活动外，还增加了民族歌会和物资交流、商业贸易等新内容，吸引成千上万的人参加。

这些节日是民族文化活动的重要组成部分，是在长期的历史进程中发展形成的，受到本民族的关心和维护，它们不但是举行文娱活动的日子，而且也是物资交流和制定乡规民约的日子，逐渐形成经济文化交流、民族团结互助的纽带。

第二章　桂、黔、滇地区少数民族传统首饰文化及研究脉络梳理

第二章　桂、黔、滇地区少数民族传统首饰文化及研究脉络梳理

第一节　首饰的界定与分类

一、首饰的界定

“首”即“头”，首饰原指头上的装饰物；汉代首饰的概念扩展为头部和面部的装饰物，刘熙在其著作《释名·释首饰》中就有“凡冠冕、簪钗、镜梳、脂粉为首饰”的叙述[①]；孟元老在《东京梦华录》卷三记载曰“绣作、领抹、花朵、珠翠头面、生色销金花样幞头帽子、特髻冠子、绦线之类”[②]，这里的“珠翠头面”就是用珍珠玉石制成的首饰。宋代都城汴梁有专门经营珠宝金银首饰的店铺，叫“头面店”。以后的元、明、清几代也称首饰为“头面”。现代首饰的含义已扩大，泛指戴在身上与服装或者相关环境配套，起装饰作用的饰物，如耳环、项链、戒指、手镯、腰带、脚镯等。

首饰的概念演变主要有三个阶段：

第一阶段，首饰特指佩戴于头上的饰物，旧时又将首饰称“头面”，如梳、钗、冠等。

第二阶段，首饰的定义得到拓展，除头部外，其他部位的饰物也被归为首饰。这种概念拓展主要基于饰物的材料和用途，即用稀有（贵重）金属、宝玉石等材料制成，与服装搭配，起到装饰作用的饰品都称为首饰。

第三阶段，首饰界定主要扼守“用途”，从材料方面拓展，即饰品不再局限于稀有（贵重）材料，无论贵重稀有材料还是有机、仿制甚至废旧等廉价材料，只要做成饰品是用于搭配衣服，装饰个人的目的，就被称为首饰。

①刘熙：《释名·释首饰》，中华书局，2016。

②孟元老：《东京梦华录》，古吴轩出版社，2022。

二、首饰的种类

在已有的资料中，人们发现原始首饰多佩戴于头、颈项、腰、肩膀、手腕等部位，其中又以颈项、腰为主，装饰多围绕人体生殖区展开。从先秦到民国，根据佩戴位置，中国古典首饰大体可分为头饰、胸饰、手饰、足饰、挂饰等。

头饰：指用在头发四周及耳、鼻等部位的装饰，包括发饰、耳饰、鼻饰等，和其他种类首饰相比，装饰性最强。①发饰：包括发簪、发钗、发夹、发套、发带、头花、发梳、发冠、发罩、发束等。其中，发簪和发钗是我国古代妇女的重要发饰，现代妇女通常使用发针、发夹、发带、网扣等。②耳饰：戴在耳朵特别是耳垂上的饰物，如耳环、耳钉、耳坠、耳钳等。③鼻饰：多为鼻环、鼻针等。

胸饰：主要是用在颈、胸背、肩等处的装饰，包括颈饰、胸饰、腰饰、肩饰等。①颈饰：颈饰被称为“一切饰物的女王”。广义的颈饰是泛指人们在脖颈部位的一切装饰物，包括围巾、丝巾、领带、毛衣链、项链、吊坠等；狭义的颈饰单指佩戴于脖颈的珠宝首饰，包括项圈、项链、吊坠等。日常生活中所谓的颈饰，多是狭义的。②胸饰：胸饰主体是胸针，广义的胸针应当包括别针、插针、胸花及领带夹等。③腰饰：主要包括玉佩、带钩、带环、带板及其他腰间携挂物。我国早期的腰饰主要是玉佩，即挂系腰间的玉石装饰物，以玉喻德，清正高雅；现代人佩戴腰饰主要是女性，一般用于裙装腰带的装饰，如用玉石带环、金属带钩等。④肩饰：多为披肩之类的装饰品。

手饰：主要是用在手指、手腕、手臂上的装饰，包括手镯、手链、臂环、戒指、指环之类，有时候我们也将手表等功能性实用物视为手饰的一种。

脚饰：主要是用在脚踝、大腿、小腿的装饰，常见的是脚链、脚镯，广义上还可以包括各种具有装饰性的长筒丝袜、袜子、鞋子。

挂饰：主要是用在服装上，或随身携带的装饰。如纽扣、钥匙扣、手机链、手机挂饰、包饰等。

其他一些学者还将配饰专门分成一类，从表面理解，配饰是除主体时装（上衣、裤子、裙子、鞋）外，为烘托出更好的表现效果而增加的配饰，现逐渐演变为服装表现形式的一种延伸。

其他还有一些分类形式，如根据珠宝首饰的价值分高、中、低档首饰；根据是否镶嵌宝石分镶嵌宝石和珠宝首饰、纯装饰性宝石材料首饰和素金首饰等；根据制作珠宝首饰的材料分黄金首饰、铂金首饰、银首饰、普通金属首饰（如不锈钢、铜及铝的各种合金等）、其他材料制作的首饰（如各种皮革、塑料及木材等制成的首饰）；根据珠宝首饰不同的艺术设计分流行式珠宝首饰、经典式珠宝首饰、个性式珠宝首饰等。

第二节　首饰的缘起及演化

一、首饰的缘起

对于首饰的缘起，学界有多种声音，如宗教、崇拜、计数、装饰、模仿等，对于这些说法，学者都能找到一些合理的解释和理由。其实，远古的祖先并没有“首饰”这一概念，当今主流认为首饰是人们在进化、生存、交流过程中，逐步从使用、模仿、崇拜、习俗等层面，将一些生活物品发展演绎为具有一定功能的物件和饰物，主要包括如下理解。

其一，为实用功能。如将一些兽骨、牙齿、贝壳、石头等穿成串，用以计数自己获取的猎物，彰显自己所获取的猎物比同伴多，这种出于功利性的原始需求逐渐向审美发展而最后形成首饰；或是为了生存需要的伪装和防护，如将兽皮、犄角等戴在头、胳膊、手腕、腿等身体的各个部位，以此伪装成猎物的同类来逃避攻击，或者将兽皮、犄角、骨骼等东西作为防护和攻击的武器来进行自我保护。随着生产力的进步，特别是新材料的出现，人类开始有意识地制作铁镯、皮环、骨环的防身物件，以保护肢体不受植物刺扎或者他人伤害。如非洲巴苏陀部落里的卡斐尔人、巴西的印第安人等的腿上、胳膊上套着一动就会响的金属镯子，当聚集在一起劳动时，这些镯子便会发出有规律的响声，这类饰物都具有典型的实用功能。

其二，象征个人的能力和力量。原始人认为，猛兽的力量主要来源于锋利爪牙、坚硬的骨骼及美丽的皮毛等，因此他们希望通过对这些物质的佩戴来吸收其力量，强化自身[①]。另一方面，原始人通过佩戴猛兽骨头、牙齿等物质，以示自己有击败这些猛兽的能力。一个人佩戴的“首饰”越多，就代表他本人斩获相关的猎物越多，从而反映其力量越强大，权威就更显著（图2–1）。普列汉诺夫的《论艺术》认为这些东西最初只是作为勇敢、灵巧和有力的标记而佩戴，只是到了后来才开始引起审美的感觉，并将其归入装饰品范畴[②]。

其三，图腾崇拜。即原始人类认为自然图腾具有强大的力量，他们将其视为自己的祖先、保护神，或者本氏族、本部落的血缘亲属而加以膜拜。一开始，人类为了使这些图腾能够保护自己，就将自己同化于这些图腾，慢慢地，人们将图腾融入随身携带物而形成首饰，如像太阳、满月一样的圆形手镯、戒指，像鸟禽形状的冠、发束等（图2–2）。

其四，宗教、社会功能动因（如巫术等宗教活动中体饰等）。原始人类在劳动实践过程中，逐步对自然界中一些与他们生活密切相关的材料如植物的果实、种子，动物的羽毛、牙齿、骨骼，以及石（玉）料产生一种朦胧的神秘看法，他们甚至将之作为自己巫术活动的崇拜对象，赋予神秘的力量。如他们将植物的果实、种子穿挂在女性身上以祈求繁衍子女；将狩猎动物的毛皮、牙齿、骨骼穿挂于身上以求得狩猎的成功和平安；玉石一直被视为一种有着丰富灵性的自然崇拜物，广泛地使用于巫术仪式中，如古巴比伦在6000年前就将祖母绿献于女神像前祈求某种神秘的力量，海蓝宝石被视为海水的精华，以祈求海神保佑航行或捕鱼的安全。

① （德）格罗塞:《艺术的起源》，商务印书馆，1984。

② （俄）普列汉诺夫:《论艺术（没有地址的信）》，生活·读书·新知三联书店，1964。

图2–1 远古人的首饰

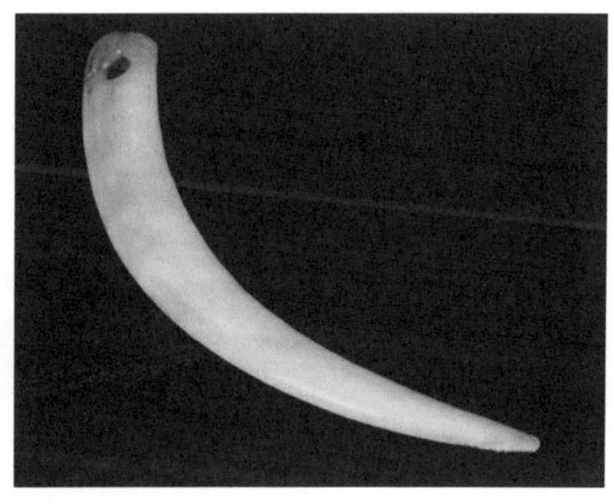

图2–2 兽牙首饰

当环境发生变化，这些原始的兽皮、骨骼等饰物的实用功能不再被需要时，人们往往就将注意力转向其审美功能；与之相对应，一些学者认为“人体美化”功能是首饰最原始、最根本的功能，人类通过装点装扮、自我炫示，以此吸引异性，运用首饰美饰自身，这在格罗塞的《艺术的起源》一书也有详细的论述，格罗塞认为：“喜欢装饰，是人类最早也最强烈的欲望。”[①]原始人之所以用美丽的羽毛、闪光的贝壳、贵重的美石等自己认为美的物体来装饰自己，除了实用的功能外，还有一个更为重要的作用，那就是想使自身更具有魅力、更美，这是一种本能的冲动，也是人类的共同感情。

另外，还有一些学者认为首饰在很大程度上来源于奴隶主给奴隶带来的身份标注牌。为了便于辨别、管理，奴隶主都会在自己奴隶耳朵、脖子、手甚至脚和腰上戴一些东西，后来虽然奴隶制度被取消了，但那些“标志”却一直保留下来，演变到今天，也就成为人们戴的首饰。也有说首饰是源于远古部落男子的抢婚，后来抢婚虽然被遗弃，但是在抢婚中用来捆姑娘的绳子、链子却被流传下来，并逐渐演化成项链、手镯、手链等饰品。

首饰起源的说法很多，但各种说法都有一个共同的特点，即现代首饰的最初原型几乎都不是因审美而生。审美多是这些首饰原型在实现人们某一些特定需求时的副产物，或者是完成某一需求后，继续发展的后续延伸功能，随着社会的发展，首饰原型的最初功用逐渐褪去，审美才渐渐成为首饰的主要追求。

二、首饰的演化

从人类有意识装饰、美化自身起，贝壳、玉、珍珠、金、银等首饰就与人类结下不解之缘。首饰起源最早可以追溯到史前时期：原始时期，人类就把兽骨、兽齿、贝壳穿起来挂在颈间，把鸟类的羽毛插在头上，形成了最早的首饰（图2-3）；到了旧石器时代，石、骨、牙、贝（蚌），甚至蛋壳等都被作为首饰材料，其中一部分首饰还加工细致，并打孔和涂色（图2-4）。当前世界各地发现的旧石器时代晚期的饰物，无论是动物牙齿、羽毛还是石珠等，都具有光滑、规则、小巧、美观的显著特点；进入新石器时代，人类经验更丰富，可用材料及加

① （德）格罗塞：《艺术的起源》，商务印书馆，1984。

工工艺也愈加成熟多样。待进入文明社会后，社会生产力和经济发展迅速，珠宝首饰艺术也得到了长足发展，并逐步成为人类物质和精神生活重要的组成部分。

（一）世界首饰发展路径简述

迄今为止，世界上发现最早的首饰是意大利考古学家在地中海之滨发掘的一具距今约16万年的古人类女尸身上佩戴的兽骨和石头穿成的项链（图2–5）。从已发掘的资料看，从整个原始社会到旧、新石器时代，自然材料成为首饰的主要材料，特别是贝壳（当时的货币）等“贵重物”在首饰中运用比较广泛，如在摩洛哥、以色列、阿尔及利亚和南非等地发现的公元前11万年至公元前7.3万年的装饰性贝壳珠子，在南非布隆伯斯洞穴中发现的距今7.5万年的钻孔贝壳装饰物（图2–6）（法国考古学家德埃里科、范埃伦于2004年发现），以及后来法国发现的公元前3.8万年用动物的骨头和牙齿做成的珠子（图2–7），在捷克发现的公元前2.8万年格拉维特时期的贝壳和象牙珠等（图2–8）。

随着人类科学技术的发展，材料和制作工艺的进步促进了首饰的大力发展，如在保加利亚瓦尔纳发现的公元前4400年的古代色雷斯文明生产的最古老的金制品；公元前3000年左右埃及人开始在首饰中大量运用青金石、绿松石、天河石、红玉髓等材料，并运用雕镂、冲压和焊接技术来实现各种首饰造型；公元前2500年左右的青铜时代，伊

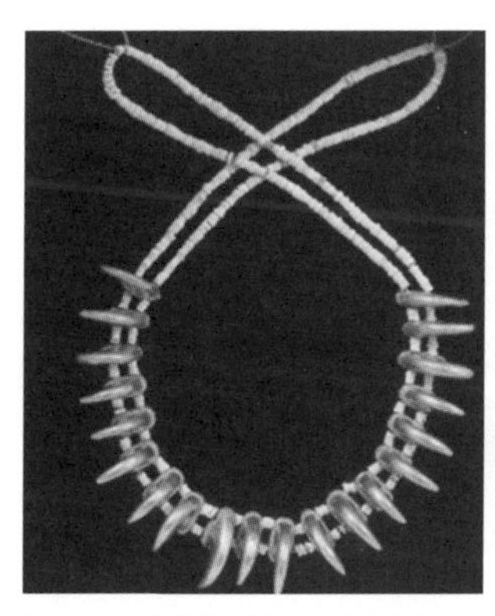

图2–3　南美远古饰品（大英博物馆）

图2–4　旧石器时代石头首饰

图2-5　兽骨和石头项链

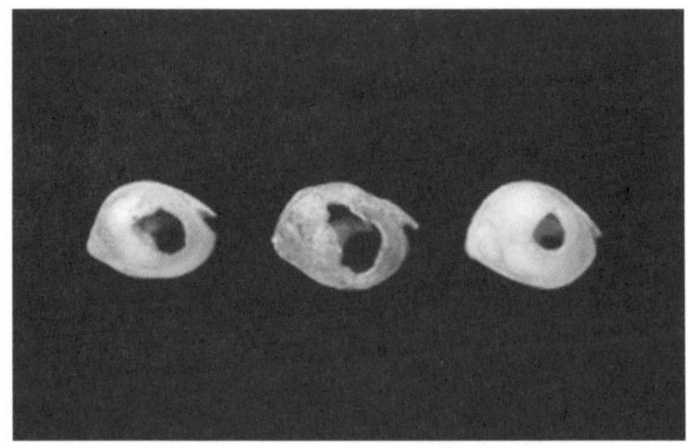

图2-6　钻孔贝壳饰（7.5万年前南非布隆伯斯洞穴）

图2-7　骨头、牙齿珠子（法国）

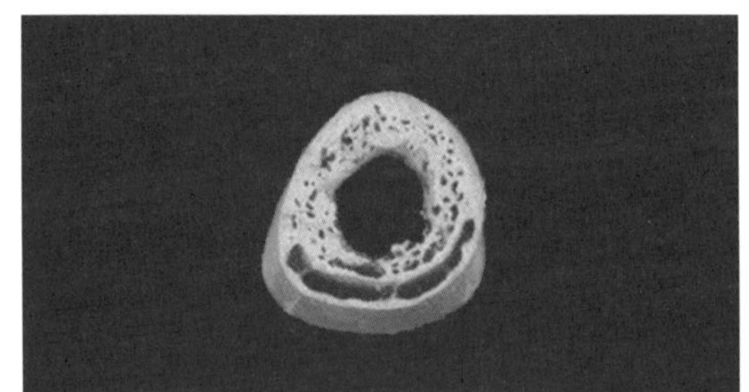

图2-8　格拉维特时期的贝壳

拉克开始出现granulation工艺（不使用焊料，通过加热将非常小的金珠粘附在金属表面）来制作金属首饰，而在宝石首饰制作中风靡一时的foilbacked工艺（在宝石背面垫一层不同材料的薄片以增加光线的反射，增强宝石亮度或改变宝石颜色）则要等到500年后，才在米诺斯金匠手中实现；到了公元前1500年左右，英国人开始开采yet（一种树木化石形成的黑色褐煤），掌握玻璃熔融成型和失蜡铸造技术，从而大大地推动了首饰的发展；到了公元前1000年，古希腊在首饰中大量运用凹雕和浮雕工艺，并将其传到东方，同时凿子、锯、锥、钳子等铁制工具的使用将首饰带入一个全新的发展时期。而关于首饰佩戴和文字记载，在欧洲则要追溯到公元前4000年的苏美尔时期，当时的苏美尔人已经掌握了金银铸造技术，特别是“累丝”和“累珠”工艺的初步掌握对首饰的发展促进较大。他们先将黄金敲打成极薄的金箔，再制成树叶、花瓣状，并将其置于帽上像流苏一样悬挂，这种工艺将黄金特有的韧性发挥得淋漓尽致，如Pu–Abi皇后墓穴中出土的首饰，就是其铸造技术的有力佐证（图2–9）。此外，那时的首饰材料已呈现

图2—9 苏美尔时期首饰（Pu—Abi皇后墓穴中出土）

多样化，除了金银金属外，还多用天青石、玉髓、玻璃等。

（二）我国首饰发展路径简述

在我国，首饰的使用可以追寻到旧石器时代晚期出现的穿孔饰物。在山顶洞人居住的山顶洞中，发现了许多利用自然物制成的人体装饰品，有穿孔的兽牙、海蚶壳、石珠、犬牙、鲩鱼骨和骨管等，如山顶洞人花费大量精力制作的各种项链，神奇而富于魅力，令人叹为观止。还有7枚小石珠制成的穿孔饰物，表面光滑，色泽亮丽，审美十足（图2—10）[①]。我国仰韶、龙山、元谋大墩子、宾川白羊村，

①贾兰坡：《山顶洞人》，龙门联合书局，1953。

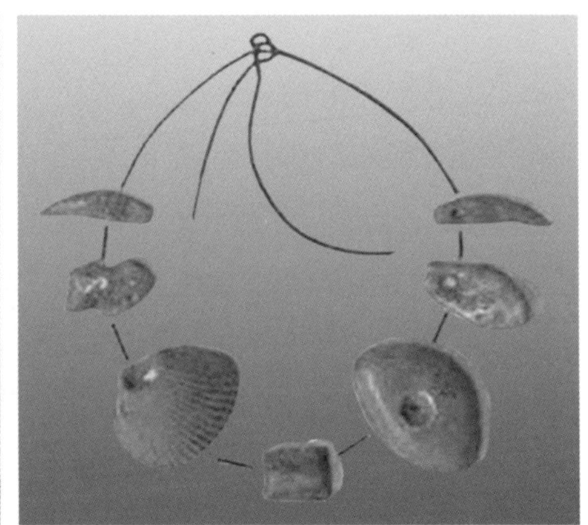

图2-10　旧石器时代晚期穿孔饰物

以及桂林甑皮岩等遗址中也发掘出大量由陶、骨制成的笄、簪。到了新石器时代，饰品更加精美，以玉石、陶、骨牙、贝壳、绿松石等为材质的手、腰、颈、胸等部位的饰物大量出现，如山西襄汾陶寺遗址发现的玉笄、玉梳挽发等[①]，四川汉源县龙王庙发现新石器时代晚期的玉管状饰[②]，江苏邳州梁王城遗址发掘的玉环、玉佩、玉坠、玉蝉、玉管、玉珠等27件玉器饰品[③]，江苏泗洪县顺山集遗址出土的玉器有玉管、绿松石饰件、玉锛等[④]，浙江省杭州市桐庐县小青龙遗址出土的玉珠（有孔、无孔）、玉管、锥形器、钺、璧、玉镯、玉琮等[⑤]。考古人员在发掘7000年前新石器时代的浙江河姆渡遗址时，发现了多达28件玉石和萤石制成的装饰品（图2-11）[⑥]。据另一些专家考证，我国大约在5000年前，就开始用珍珠，以及松石、玛瑙等玉石制作串珠、颈链和手镯等首饰，而且其切、割、琢磨和钻孔等工艺水平都非常高。

到了商代，以中原地区为中心的商文化金质饰品发展迅速，其形制工艺简单，器型小巧，且纹饰较少。这时期的金质饰品多为金箔、金叶和金片，如三星堆出土的金面罩、金杖和各种金饰件等。商周时期青铜工艺的繁荣为金属首饰的发展奠定了坚实的基础，同时，玉雕、漆器等工艺的出现也促进了金属首饰的蓬勃发展。春秋战国时期，社会发生了重大变革，生产、生活领域发生了显著变化，错金银技术成为这个时期的首饰制作工艺的显著标志，从已发掘的该时期首饰来看，其艺术特色和制作技艺呈现明显的南北差异。秦代已出现花纹处鎏金

①刘凤君：《商周玉雕配饰研究》，《烟台大学学报》1990年第2期。

②四川省文物考古研究院、雅安市文物管理所、汉源县文物管理所：《四川汉源县龙王庙遗址2008年发掘简报》，《四川文物》2013年第5期。

③南京博物院、徐州博物馆、邳州博物馆：《江苏邳州梁王城遗址大汶口文化遗存发掘简报》，《东南文化》2013年第4期。

④南京博物院考古研究所、泗洪县博物馆（林留根、甘恢元、闫龙、江枫）：《江苏泗洪县顺山集新石器时代遗址》，《考古》2013年第7期。

⑤浙江省文物考古研究所、桐庐博物馆：《浙江桐庐小青龙新石器时代遗址发掘简报》，《文物》2013年第11期。

⑥浙江省文物考古研究所：《河姆渡——新石器时代遗址考古发掘报告》，文物出版社，2003。

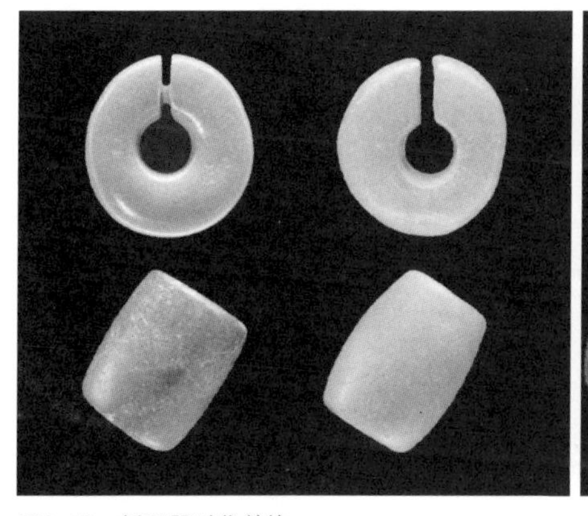
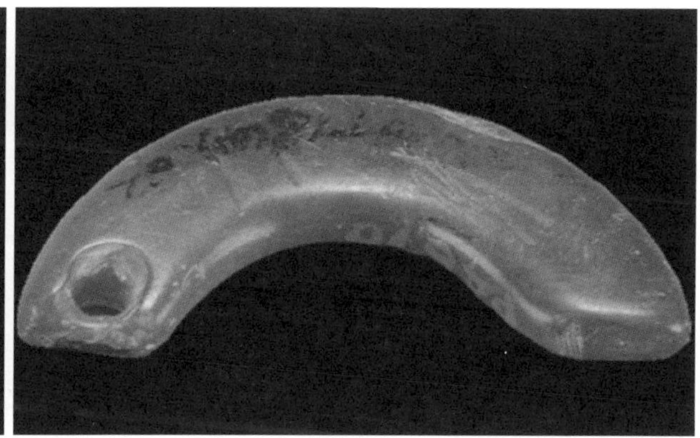

图2-11　新石器时代首饰

工艺，同时综合使用了铸造、焊接、掐丝、嵌铸、锉磨、抛光、多种机械连接及胶粘等工艺技术，而且达到很高的水平。汉代饰品，除了体现包、镶、镀、错工艺的典型特征外，还将金银等贵金属加工成金箔或金屑来增强漆器和丝织物的富丽感。特别是汉代细金工艺最终脱离传统的青铜技术，并逐渐成熟，使得金银的形制、纹饰以及色彩更加精巧玲珑，富丽多姿。这在焉耆古城、云南晋宁石寨山滇族墓地等考古遗址中发掘的大量牌饰、金花、首饰、带扣等金银饰品中有显著的体现。唐代首饰制作工艺发达，广泛使用锤击、浇铸、焊接、切削、抛光、铆、镀、錾刻、镂空等工艺。再加上唐代雄健、华美和自然秀颖的文化艺术，形成了唐代数量众多、类别丰富、造型别致、纹饰精美、绚丽多彩的饰品特色。宋代首饰在唐代基础上不断发展，形成了独具时代气息的首饰风格——玲珑奇巧，新颖雅致，虽没有唐代首饰的大气，却也清素典雅、独成一格。宋代首饰除了多用捶揲、錾刻、镂雕、铸造、焊接等工艺外，还对具有厚重艺术效果的夹层技法情有独钟。元代饰品金银器仍讲究造型，素面者较多，纹饰者大多比较洗练。明代首饰造型雍容华贵，多宝石镶嵌，整体色彩斑斓，华丽繁杂。清代首饰在继承宋、元、明等时期工艺的基础上，在复合工艺方面成就很高，金银与珐琅、宝石、珍珠、玉石等结合，使清代首饰高贵华美。清代首饰制作大量使用范铸、捶揲、炸珠、焊接、镌镂、掐丝、镶嵌、点翠等工艺，还创造性地融合起突、隐起、阴线、阳线、镂空等各类技法，从而促成了清代金银工艺的繁荣，这既是对我国传统工艺技法的继承和发展，也为我国现代首饰的发展精进奠定了基础。

（三）常见首饰缘起及发展

1. 发饰：发饰包括笄、簪、钗、华胜、花钿、步摇、梳篦、簪导、掠子、掠鬓、搔头、一丈青等。中国发饰的起源可以追溯到新旧石器交替时期的骨笄，距今七千多年的河北磁山仰韶遗址及河姆渡、田螺山等文化遗址中发掘的骨笄[①]（图2-12），陕西咸阳尹家村出土的石笄[②]，山东大汶口文化遗址出土的象牙梳等[③]。夏朝时期，发饰多以布条为主，到了商周时期，随着我国冠服制度的完善，"笄"才作为发饰普遍运用在民间。而发簪的风行要追溯到盛唐，在当时，无论宫廷还是民间，人们都对发簪表现出前所未有的喜爱，随着时间的推移，发簪又慢慢发展为簪、钗、步摇三种形式。

2. 耳饰：耳饰为挂于耳旁或者耳垂的装饰物，由简向繁演化。耳饰大致可分为耳珰、耳玦、耳环、耳坠、耳珠五类，其历史可追溯到新石器时代。《古今事物考》对耳饰有详细的记载："珥，女子耳珠也，自妲己始之，以效岛夷之饰。"即耳饰始于妲己对少数民族的仿效。近代，考古遗址中发掘出大量的耳饰，如浙江省宁波市河姆渡镇、江苏省常州市圩墩遗址、重庆市巫山县大溪乡、安徽省含山县凌家滩等

①邯郸市文物保管所、邯郸地区磁山考古队短训班：《河北磁山新石器遗址试掘》，《考古》1977年第6期。

②陕西省文物管理委员会：《陕西咸阳尹家村新石器时代遗址的发现》，《文物参考资料》1958年第4期。

③高广仁：《大汶口文化》，文物出版社，2004。

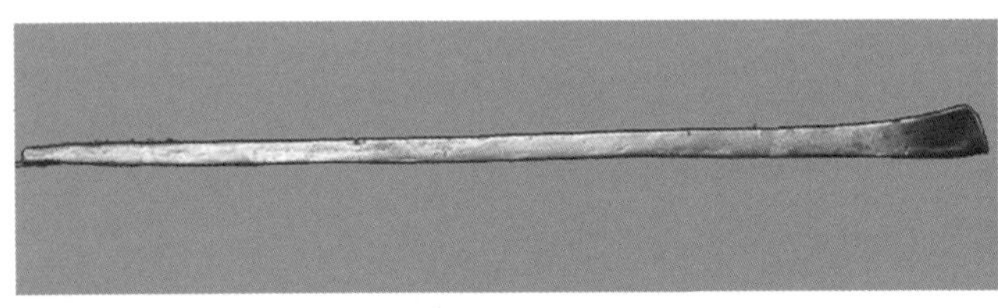

骨笄（仰韶文化）

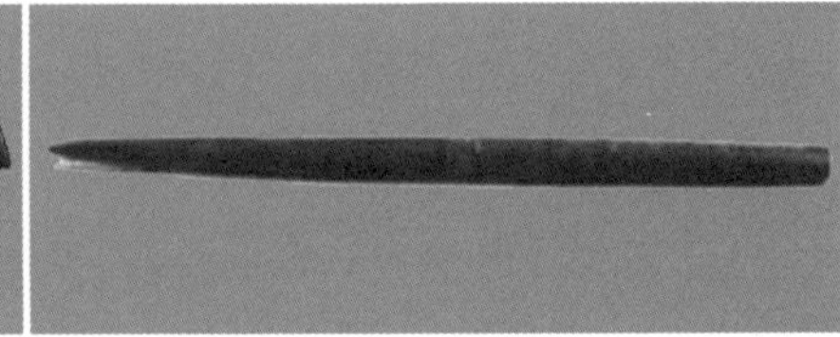

骨笄（田螺山遗址）

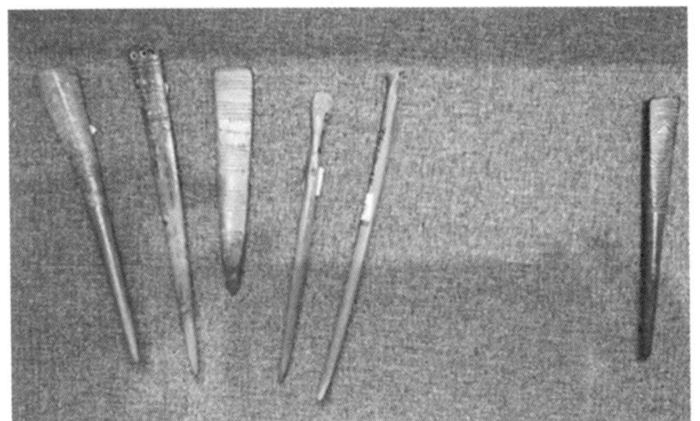

刻纹骨笄（河姆渡文化）

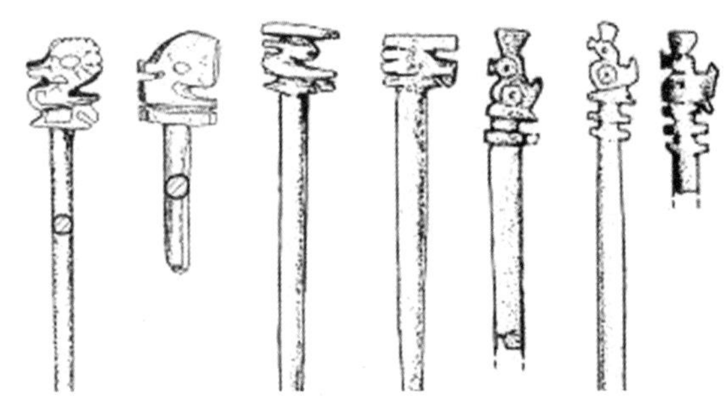

各式骨笄（殷墟出土）

图2-12　旧石器时期各种骨笄

地出土的耳玦，吉林省松原市吉林镇赉县聚宝山等地出土的耳坠，辽宁省沈阳市新乐遗址出土的耳珰等。史前耳饰多以玉石、象牙、玛瑙、绿松石、煤精等为材料，据民族学资料分析，当时可能还有竹、藤一类制品。冶金技术产生以后，又出现了青铜等各类金属耳饰。商代后出现了嵌有绿松石的金耳环，到了明代以后，耳环式样已更多了。

3.鼻饰：鼻饰主要包括鼻塞、鼻栓、鼻环、鼻贴、鼻纽等。鼻饰最早起源于阿拉伯，后传到印度等南亚次大陆，已有约4000年的历史。鼻饰在南亚一般被作为已婚妇女的标志，同时也被认为可以治病免灾、有益妇女健康而受到许多人的追捧。一直以来，鼻饰都戴在鼻孔两侧的穿孔上，但是现在不用穿孔的鼻饰逐渐流行开来。随着社会发展和国家开放，鼻饰也逐渐被国内一些年轻人所接受。

4.颈饰：颈饰包括项链、项圈、丝巾、围巾、长毛衣链等。颈饰的起源可以追溯到原始社会时期，在以色列和阿尔及利亚博物馆收藏的十万年前珠子状贝壳饰物被认定为当前已知最古老的项链，而我国发现最早的首饰是一万八千年前山顶洞人用穿孔兽牙、兽骨和贝壳组成的原始项链（图2-13），以及1966年在北京东胡林村新石器早期墓葬中发现的螺壳项链。在商代，琥珀、红玛瑙、白玉制成的颈饰开始大量出现；春秋战国时期各式形态的珠状颈饰竟相出现；秦汉时期工艺精美的黄金项链被世人喜欢；南北朝时期，动物花鸟纹样的颈饰成为流行；唐代颈饰多喜瓔珞镶各种宝石和金珠，而宋代串饰穿孔和链

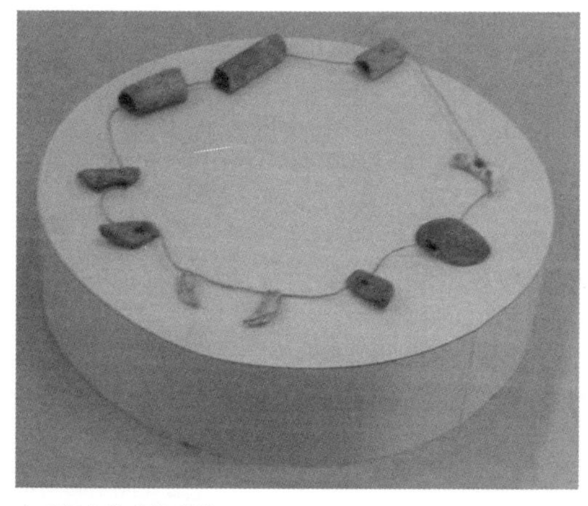
山顶洞人的原始项链

珠子状贝壳项链（以色列、阿尔及利亚）

图2-13 原始项链

条相接工艺非常高超；明代的银质项链和长命锁广受喜爱；清代的朝珠等饰品也成为颈饰中的独特风景。

对于项链的起源，也有人认为是古代用来拴住从别的部落抢夺过来的女人，后来项链也多取“拴”之意，拴住人心，拴住爱情。

5. 胸饰：胸饰包括胸针、胸花、领夹、别针等置于胸前的装饰物。胸饰最早来源于石器时代，是人们穿兽皮衣服时固定兽皮的物件（当时主要由兽骨或者鱼刺等物品来担任），后来逐渐演化成胸针、领夹、胸花等装饰物。当然，也有说胸饰是源于宗教中的护身物，后成权力象征物，最后才以纯装饰物呈现。

6. 腰饰：腰饰主要包括玉佩、带钩、带环、带板及其他腰间携挂物。原始社会人们腰间的草编或者动物皮毛带子是最初意义的腰带，而极具装饰意义的腰饰要追溯到新石器时代的玉带钩，发展到后来，腰饰逐渐成为人们社会地位和身份的象征，比较著名的如春秋时期齐国公子小白的带钩等。到现代，腰饰成为许多服饰的重要装饰要素，回归到装饰的本源。

7. 肩饰：肩饰在中国的起源要追溯到汉代的披肩[①]，和其他饰品不一样，肩饰一出现就是为装饰而生，然后逐步发展壮大，渐渐地孕育出帔帛、霞帔、云肩、丝巾等种类。

8. 手饰：手饰主要包括手镯、手链、臂环、戒指、指环等。手链源于原始人类佩戴在手上、脖子上的兽牙、兽骨，以及种子、贝壳等串饰，以此作为攻击的武器或者能力的体现，又或是权力地位的象征。而戒指的起源更具传奇色彩，有说是一个暴躁的君主为了提醒自己少拍桌子发脾气而给自己手指上戴的铜环，也有说是来自因盗火给人类而被宙斯关起来的普罗米修斯，他在获救后手指上留下的铁环是戒指的雏形。手镯的起源据考证来源于新石器末期的玉璧、玉琮等玉质礼器，到了隋、唐、宋时期，妇女佩戴臂钏（手镯）以作装饰就相当普遍了，这种情况一直延续到现在。

9. 脚饰：脚饰一般认为其源于夏威夷姑娘戴在脚上的鲜花串，并很快在欧美流行开来，继之风靡东南亚。而中国脚饰的出现则晚得多，直到民国时期才出现在浙江一带。

另外，一些哲人专家对首饰的起源进行大量的研究考证，得出一

①黄能福、陈娟娟、黄钢：《服饰中华：中华服饰七千年》，清华大学出版社，2011。

个较为统一的结论：各种首饰多由原始锁枷刑具发展而来，如手镯、脚链来源于手铐、脚镣，项链、项圈主要取形于枷锁，而戒指、胸花、耳环等是否来源于指铐、号牌需要进一步研究，但是这些首饰来源于钳制人的意志、限制人自由的物件的说法让一些学者深信不疑。

第三节 桂、黔、滇地区少数民族传统首饰研究现状

传统首饰文化是少数民族文化的重要组成部分，是少数民族物质文化生活、精神思想、审美倾向、宗教、地域文化等方面的集中体现。通过对少数民族首饰文化的研究可以探索其文化发展方向和路径，提升其文化魅力。同时，通过对少数民族首饰文化及设计的相关研究，可以指导民族首饰的现代开发和旅游资源开发等，从而实现民族经济发展、突破和民族文化振兴，增强文化自信。

目前，设计界对首饰产品的开发和利用非常重视，尤其是对流行饰品的研究更是不遗余力，但对少数民族首饰文化的研究却呈零星状态和碎片化。至于从学术高度探讨桂、黔、滇地区少数民族传统首饰设计规律与设计文化的著述还未出现。在知网搜索主题词“首饰”，共查到29461条文献记录，对这些文献进行整理、分析，发现已有研究主要围绕五个方向进行。

一、关于传统、现代的界定及传承问题

传统首饰的传承问题是工业化社会环境下前工业手段的存续问题，本质上是从实物证据上解决“我是谁”的问题。对于传统首饰的传承问题，学界观点不一，在现代与传统的界限上，鲍扬艺（2017）持当代首饰欧美起源观点。潘妙（2014）认为首饰的传统属性是社会等级与财富的体现。针对传统首饰在现代社会的存续问题，王展等人（2009）认为，由于时代的变迁，各种思想的交融，传统首饰失去了存在的土壤，如何现代化与民族化才是现代首饰设计的焦点。杨华（2017）认为首饰不仅仅是审美问题，还是文化意识，因而现代首饰要与传统元素结合。韩澄（2013）则认为传统首饰也有存在的土壤，即民俗文化。

关于国内少数民族传统首饰的传统性问题，徐占焜（2002）总结了少数民族首饰传统的五个特点，即历史悠久、爱情象征、崇尚自然、种类丰富、时尚之源。王小慧（2007）认为少数民族首饰文化首先带有强烈的地域文化性，在今天的复古潮中可以成为艺术加工的源流。

二、艺术设计视角下的民族首饰研究

对少数民族首饰文化研究首推在艺术设计领域，这是众多首饰文化研究的常用视角，特别是对少数民族首饰工艺和民族元素在首饰中的创新运用更是艺术学的研究重点，也是民族文化的重要内容。

1. 少数民族首饰技艺的传承和创新研究

少数民族首饰技艺的研究，多以首饰工艺、技术、工具等少数民族独有首饰文化为研究对象，站在技艺传承和保护的角度进行当代更新研究，如李慧（2017）细致地研究了广西瑶族传统手工技艺定位方式，以此探索广西瑶族工艺技术的传承和发展思路。也有学者从非遗的角度进行传统首饰技艺活态传承研究，如李雅日、王臻（2011），周素萍（2017）站在非遗的角度，调查三江、阳烂等侗族聚居区的银饰锻造技艺发展现状，从工艺、制作工具和原材料等层面，探索其传承和发展的有效途径和方法。吴小军（2016）将研究重点放在相似技艺、工具的地域差异方面，分析不同地区和不同工艺体系中工具的异同及原因，探索传统手工技艺在现代文化语境下的传承途径；也有一些学者提出将民间其他工艺，如浮雕等工艺引入银饰制作中以革新传统银饰制作工艺（刘桂珍、吴永忠，2013；蒋卫平，2017）。

传统首饰制作工艺有烧蓝、景泰蓝、玉雕、点翠、金银错、花丝镶嵌、錾刻工艺等。围绕首饰制作工艺的研究也主要分成两个方面。其一，制作工具的研究。如何琼在《西部民族文化研究》中研究侗族银饰制作的铸炼、锤打技艺时，以时间为轴，重点探索了风箱等加工工具的进化和变迁，以此分析侗族银饰锻造技艺随科学技术进步而发展的关系[1]。其二，各种制作工艺的传承和运用研究。目前，众多首饰技艺中研究得较为充分的是錾刻和花丝工艺。（1）錾刻：吴小军（2016）通过对河北大厂、云南鹤庆、贵州台江的现代金属錾刻中錾子对比，分析不同地区和不同工艺体系中工具的异同及原因，探索传统手工技

①何琼：《西部民族文化研究》，民族出版社，2004。

艺在现代文化语境下的传承途径。李慧（2019）聚焦瑶族首饰的錾刻工艺，并以花篮瑶和茶山瑶为研究对象，从工艺、形制、纹样等几方面分析不同瑶族村落文化对錾刻首饰的影响，从中探讨瑶族艺术元素发展演变的可能性及趋势。(2) 花丝：李詹璟萱（2018）等以西南花丝首饰为研究对象，并对其现状进行了梳理，分析其当代生存发展的困局，并提出针对西南花丝首饰的现代转型策略和方法。李桑（2019）也对花丝工艺情有独钟，并在“一见倾心，再见倾情 花丝工艺运用于首饰的实践与探索”中进行了大量的花丝工艺创作实践，探索花丝工艺的现代创新方式。

除此之外，近年来，从“非遗”角度进行传统首饰技艺传承的研究也比较多，如罗之勇、谢艳娟（2013）及张玉华（2020）提出传统文化的“三位一体”的传承途径，张继荣、李洁（2016）提出的“三合四径”的活态传承途径，以及樊明迪（2020）、王秀杰（2020）等提出的基于“新媒体”的多元化活态传承方式，积极探索首饰文化的“非遗”保护与传承的高效机制（杨军昌，2014）。

2. 传统文化在民族首饰中的运用及开发研究

首饰纹样是传统文化的一个典型，对民族首饰纹样的研究一般主要集中在传承保护和应用开发两个方面。在传承方面，以纹样的保护、保存为主；在应用方面，以创新开发为主，如孔垂书（2019）以中国传统动物纹样、人物纹样、吉祥纹样以及文字进行了大量的创意首饰设计实践。肖玲、罗永超、杨孝斌（2017）专注侗族银饰纹样的“形”，分析银饰纹样、图案的几何构成，如三角形、四边形、多边形等平面图形，以及圆、椭圆、螺旋线、星形线等农耕元素抽象形，探索其中的理性因素和创意思路。这些纹样除了在首饰中运用外，一些学者也通过研究银饰纹样与侗族人日常生产和生活的关系，探索纹样在建筑、藤编、刺绣等民间工艺上的综合运用，并进行创新开发实践（吴小军、刘晓晨，2021）。

民族元素在现代首饰中的运用研究是艺术设计视角下首饰文化研究的另一个重点，从增强民族文化影响力的角度，将民族元素创新运用于首饰中，提升文化活力，促进民族文化繁荣和创新。林鼎辉（2010）以图腾、生殖崇拜、信念等为主题进行首饰开发尝试，实践制作壮族风俗节日的旅游品型首饰；王亚委（2018）在系统分析中国传统图案、纹样和图腾等元素后，运用漆工艺等对传统工艺进行再创造实践；李茜、易彩波（2018）主要对传统文化中的元素单元进行研究，分析其颜色、造型、图案，以及文韵等方面在首饰设计中的运用实践。李慧（2015）进行了大量的实践，探讨如何将桂北瑶族文化元素重构，植入当地旅游珠宝首饰中；丁莹莹（2016）热衷于壮锦元素的首饰开发，并在“壮锦在首饰设计中的应用”中进行了大量的开发实践；许玲玲（2018）从广西民族首饰艺术特色、形成与发展出发，进行广西本土材料的首饰开发实践；汪朝飞（2018）则另辟蹊径，主要研究中国传统文化在首饰设计方法、设计材料、设计风格和设计理念方面的继承和应用，并以中国“龙文化”为例进行创新开发实践。

三、作为考古学与社会学研究对象的民族首饰研究

少数民族的居住环境与汉族不同，相对而言，其城市辐射力较弱，因此民族首饰的手工业技艺和传统图案容易保存，特别是金属首饰的可保存性强，其重要遗存物是考古学研究的重要对象之一。从考古学视野出发的少数民族首饰研究，一般追溯其民族文化，追溯民族心理，也有从经济角度分析。

1. 追溯其民族文化与习俗

民族首饰是民族文化的重要载体，尤其是许多少数民族聚居区，首饰对民族文化的承载作用尤其明显。因此现有民族首饰研究中，进行民族文化的研究占有很大的比重。

对少数民族传统首饰文化的研究多从形、图、意三个方面入手，“形”和“图”是手段和方式，而“意”则是目的，通过对这个目的考究，来探索少数民族的文化生活和文化心理是民族首饰文化研究的重要途径。如周羽（2017）就对桂林博物馆藏南方少数民族银饰的功能、形态、纹样、寓意、制作工艺等物质文化进行考察。周云（2012）站在考古学的角度，详细介绍了自石器时代以来，西域出土各类首饰的造型、图式等造型要素，分析这些要素所体现的社会、经济、文化现象和民族文化内涵。罗振春（2018）以苗族迁徙历程为主线，研究苗族银饰的形制、工艺，以及与汉族古代银饰的渊源，以此探索苗族的

社会、风俗、生活习俗、环境等典型苗族文化现象等。在传统民族首饰中，其文化内容方面主要涉及福、禄、寿、健康、品格明志等方面。这些内容大致可以分成三个方面。(1) 驱鬼敬神，辟邪消灾。驱鬼敬神，辟邪消灾是民族首饰文化的重要内容，如侗族的罗汉帽，土家族、苗族地区传统的狗头帽，北方地区的猫头鞋、虎头鞋等都意为驱散邪恶，让孩童可以得到神人护佑，易养成人。驱邪消灾这一理念在民族首饰中还呈现出强烈的地域性，特别是在材料方面体现得尤为明显，如东方人喜欢玉、佛，中东人喜欢绿松石、珊瑚（康素娟，2017）。(2) 宗教、祭祀、祈祷、祝福等。这是民族首饰中又一个重要的文化内容，常见的银手镯、银足镯、银项箍、长命锁、富贵链及一些银铃、葫芦之类的小饰物也是以平安祈祷为主题，充分体现少数民族对平安和健康的追求。学者在研究中也多从首饰的形、纹、材料等方面来分析该民族的宗教信仰、婚葬习俗、祈福等，如谭嫄嫄（2010）在论述匈奴人的饰牌时，除了描述其实用功能外，重点讨论这种饰牌的象征意义，如虎形主题，探索这种主题与匈奴图腾崇拜之间的关系，以及这种主题的宗教渊源与传播路径。还有一些学者根据不同场合对银饰的穿戴要求，研究少数民族历史、婚姻、丧葬、信仰、文娱等传统文化。(3) 寄物明志，托物思情。在中国传统文化中，动植物是一个重要的题材，特别是高“品”的动植物，相关的首饰题材和研究较多，荷花、兰花、菊花、白玉兰、百合等，鸟、蝶、孔雀、龙凤、牛、狗等都在民族首饰中占有一席之地。

2. 追溯民族心理和经济

追溯民族心理与经济是考古学和社会学研究的一个重要内容，而民族传统首饰也是这个方面研究的重要载体和资源，许多学者都以这两个方面为突破口进行相关的研究工作，如李晓瑜（2013）的博士学位论文《新疆民族装饰艺术审美心理追溯——以“金妆文化”及其形式表现为例》就是以探索新疆民族的审美心理为目标。张倩（2020）、李泊沅（2015）聚焦于侗族银饰的图案、纹样、图腾，分析这些元素的寓意，以及太阳神、凤凰、罗汉等图腾的精神内涵，从而解读侗族人在辟邪、祈福、祭祀等方面的心理需求，探索其社会、经济根源。

尽管进行了大量的研究，但是传统民族首饰一直面临工业化的适应问题。因此，经济学也成为许多学者进行少数民族首饰研究的视角。如华勇（2012）就以苗族妇女的银首饰为研究对象，分析贵州少数民族聚居区金融理财管理的问题；邢瑞鸣（2008）对苗族首饰进行再设计探索就是以市场需求和现代审美为出发点；陈国玲（2010）对传统银饰和现代银饰的融合发展提出独特的见解，以此解决传统首饰的市场适应性问题；廖树林（2018）分析当代计算机加工制造方法的革新对首饰材料和工艺的创新影响。

四、旅游资源和经济开发角度的民族首饰研究

1. 从旅游资源开发角度

民族地区的旅游资源较为丰富，而少数民族传统首饰与生俱来的民族文化承载属性使其成为典型的旅游资源而被关注。如陈世莉、李筱文（2011）对瑶族服饰、工艺文化进行深入研究，分析瑶族服装、首饰产业现状，探索如何挖掘市场潜力，开发出具有传统文化纪念价值的旅游文化商品。时小翠（2011）在分析贵州施洞“银匠村”银饰的销售问题时，提出以旅游公司为主导，以旅游业的发展带动银饰的发展来振兴“银匠村”银饰产业。吴铜鹤（2014）以鹤庆银饰为研究对象，以“文化遗产格致论”之“体、用、造、化”为框架，对比文化旅游语境和传统文化语境中，鹤庆银饰造型的变与不变，从而分析文化旅游对传统民族民间工艺的具体影响。诸如此类的探究均围绕传统首饰的商业价值而进行。

2. 从现代制作技术和量产角度

现阶段，首饰制作和加工方面体现得最突出的就是3D打印在首饰中的运用研究，由于首饰材料有很大一部分是贵金属，因此传统的减材制造带来大量浪费，也正因如此，3D打印一出现就引起业内的追捧，学术界也在相关方面进行了大量的研究。

对于3D打印技术在首饰中的运用研究，学者从多个方面进行了深入研究。（1）从宏观层面，学者多研究3D打印对首饰产业生产现状、前景等方面的影响（鲁硕，2018；王笑梅，2019），探索3D打印时代传统首饰的发展出路（王静蕴，2018），以及基于3D打印技术的首饰个性化需求和批量生产之间矛盾的解决（任南南等，2019）。

（2）从技术层面，探讨3D打印技术对首饰制作效率和质量的提升，以及各种3D打印技术在首饰制作中的实践探索，如数字光处理3D打印技术（王智，2020）、选择性激光熔融技术（SLM）（熊玮等，2016）等，再结合相关的材料（如生物基光敏树脂）来进行首饰模型打印（信辰星等，2019），以此进行首饰3D打印制作效率和质量的研究。

（3）3D打印引发的新热点，近年来，随着3D打印技术和材料的发展，金、银等贵金属可以直接通过3D打印实现首饰成型，由此产生的一系列的工艺技术、设计理念、审美取向等研究热点也引起学者的研究兴趣（王晓昕，2016），特别是3D打印首饰等工艺美术手工价值的争论更是引起学者的广泛关注（黄德荃，2015；郑小平，2017）。

五、作为服饰研究附属内容的民族首饰研究

"服"和"饰"本就是一个有机整体，在早前的服饰研究中，首饰部分占据了重要的份额。而近十年来，少数民族传统首饰在服饰研究中附属地位越来越明显，如李筱文（1995）在论述瑶族传统服饰风格时，就将首饰置于"配、附属"的地位，并就头巾、胸锦、腰带、帽子等配饰在瑶族文化中的作用进行了详细阐述。还有邓海娟等学者在研究凉山彝族服饰配件造型时，也突出介绍披毡、腰带、佩带、首饰等对彝族服饰的整体艺术烘托。卢念念（2018）从瑶族首饰的艺术特征中详细分析了瑶族社会的山地性，以及现代商品经济对瑶族首饰的影响，但分析材料仍然以服饰为主。董雯雯（2014）在论述瑶族布艺头饰时，也是将其归为服饰中的帽类。陈桂莹等（2019）研究乳源瑶绣文化创意产品开发时，也是以绣花帽、平安结、围巾等瑶族配饰为载体。刘幸屹和栾晓丽等学者也基于美学视域，进行了侗族女性服饰文化的相关研究。刘潇雨（2015）进行的"额尔古纳河流域游牧民族服饰特征及美学探讨"等都是将首饰作为服饰研究的附属内容。

综上，学者从不同视角对少数民族传统首饰文化和创新进行了讨论和研究，也给出很好的建议和意见，总体而言呈现如下趋势。一是，现在关于少数民族传统首饰文化的研究大多集中在首饰的艺术、审美等现象和特征的探索，但是对这些文化现象背后的影响因素没有深入讨论。因此，当务之急是对传统首饰艺术、技术、哲学、风俗等方面

进行深入挖掘，细而论之，从而弥补民族首饰设计文化研究的不足。二是，许多学者在研究少数民族首饰时，多就其中的某个问题、现象进行探讨，而对少数民族传统首饰明显的民族差异性和地域相似性没有充分讨论。三是，已有少数民族传统首饰文化的研究呈零星状态和碎片化，缺乏以民族首饰文化为中心的哲学、政治、经济、文化、宗教、风俗、地域等众多因素系统、全面的研究。

第三章　少数民族传统首饰的设计文化内涵

第三章　少数民族传统首饰的设计文化内涵

少数民族对首饰的喜爱几乎与生俱来，首饰是他们精神、情感、历史、民族文化的重要载体，是社会历史发展的见证和情感联系的纽带，也是我国文化软实力建设中极为珍贵、具有重要开发价值的民族文化资源，具有丰富的文化内涵。具体而言，这些文化内涵主要包括社会风俗、礼仪、节气等社会内涵，寓意、伦理精神、风俗礼仪、题材寓意等精神内涵，造型、色彩、艺术风格及其与服装等共同营造的艺术内涵。通过对这些文化内涵的剖析，可以从设计原则、设计逻辑、设计伦理、设计思维、设计方法、设计精神、设计文脉等方面来实现少数民族传统首饰的设计文化体系构成，以指导民族传统首饰的当代创新设计与开发。

桂、黔、滇是地理位置毗邻的多民族地区，其独特的地理环境、民族文化、习俗风情是少数民族传统首饰文化繁荣的沃土，也是首饰的设计文化内涵中最具影响的因素。少数民族传统首饰所承载的民族风情、习惯风俗、精神寄托、审美倾向、地域特色、宗教信仰等体现少数民族独特的精神、文化层面的追求和寄托。

第一节　少数民族传统首饰的社会内涵

一、首饰中的社会阶层与地位内涵

无论是从最初的计数、宗教、崇拜等原始意义，还是发展以后的专施审美，首饰在体现佩戴者尊贵身份、显赫等级方面都极其重要。《白虎通义》中有如下表述："所以必有佩者，表德见所能也。"即古人戴首饰是因为首饰本身是表明德行、体现能力的饰物。民族学家认为，原始民族佩戴项链最初出于计数、记事，以显示自己比同伴获得猎物多，从而证明自己更优秀。原始人也会通过佩戴猛兽兽骨、尖牙等物质，以彰显自己拥有击败这些动物的超强能力，这是身份的象征，显示自己超一般的存在，这种显著的身份在原始财物分配和配偶选择等方面都有巨大的优势。

新石器时代，部落首领可以用大量的饰品陪葬，而普通人则有多种限制，考古专家也正是从墓葬出土陪葬饰品的豪华程度来推断墓主人的地位（如装饰繁华的冠饰：镶绿松石，两边挂玉佩，以笄固定）。

进入阶级社会，首饰的身份、地位体现愈发明显。夏商周时期，绿松石、珍珠、玛瑙虽然已屡见不鲜，但这些东西仍然是地位的象征。因此，地位越高、身份越显赫的阶层（如奴隶主），佩戴首饰的数量和首饰的精细程度就越讲究，且生前死后都一样尊贵，这从历年发掘的古代墓葬遗址出土的首饰可以得到证明。贵族墓中常大量出土玉质饰品，而平民墓穴中却只有骨、蚌、贝壳等低廉饰品，因为在那个时代平民用玉器陪葬是违制的，会受到惩罚甚至是杀头。《周礼·夏官·弁师》中记载天子之冕十二旒（礼帽前后的玉串），诸侯九，上大夫七，下大夫五……（图3-1）《诗经》第四十七篇《君子偕老》中也有“君子偕老，副笄六珈”的说法，即公侯夫人的发笄可缀六件玉饰，士大夫夫人的发笄则只能有一到两件玉饰，平民则只能用素笄（无玉饰）（图3-2）。

春秋时期，佩饰的等级制度开始确立并逐渐完善，孔子提出玉佩饰代表人品，认为只有温润如玉的谦谦君子才配使用玉佩饰。同理，人品被广泛认可的人往往又能走上仕途，获得显著的地位。在之后的漫长岁月中，佩饰一直是等级、身份和权力的象征。源于汉代的步摇

图3-1 九旒冕（山东博物馆镇馆之宝）

图3-2 笄（中国妇女儿童博物馆）

从一开始就被置于“礼”的范围（图3–3），等级属性与生俱来。依汉制，只有太皇太后、皇太后、皇后、长公主才佩戴步摇，而其他的皇室女子、公主、嫔妃则不能佩戴。即使在有权佩戴步摇的群体中，所戴步摇的形制、质地也依等级、身份而异，需与地位相符。到南北朝时期，步摇开始从皇宫传入民间，完成了其平民化进程，而这时期民间步摇的“形制”和“装饰”相较于皇宫步摇更加简单，但步摇的“质地”和“造型要素”依旧体现出强烈的等级属性。唐代女性流行佩戴花树钗（图3–4），每枝花树上钗的数量和品级之间的关系也是十分明确的[①]，《旧唐书 · 舆服志》引《武德令》条文规定：皇后首饰花十二树，皇太子妃首饰花九树。《新唐书 · 车服志》中也记载：内外命妇一品花钗九树，二品花钗八树……五品花钗五树。品级越高的命妇佩戴花树钗数量越多，即女性头上花钗的数目是其身份的重要标志。在宋代，首饰的身份体现尤为明显，某些材质的首饰不是有钱就能佩戴的，如金、银、翡翠等饰品只能具有封号的妇女佩戴（多为当朝官员的母亲、妻女等），这些材质的饰品实际是统治阶级的专属，而普通百姓多用琉璃、铜、铁、木等材质的首饰。还有如宋代女子的“冠子”（冠饰）就有礼冠和便冠之别，这个分类本身就体现了等级与身份，礼冠是身份地位很高的人在隆重场合用以彰显身份，而便冠不但使用场合较为随意，而且佩戴者的地位要求也没有这么严格。冠子在具体的形式分类上也体现严格的等级观念，如龙凤冠、珠冠、花冠、角冠、团冠、山口冠、垂肩冠这些都有对应的佩戴者身份层次要求。

明清两代，金银饰物种类齐全、工艺精湛，且更趋实用，凤冠为其前所未有的集大成之作，是诰封制度的集中表现，上自皇后，下至

①扬之水：《隋唐五代金银首饰的名称与样式（上）》，《艺术设计研究》2014年第1期。

图3–3　西汉金步摇

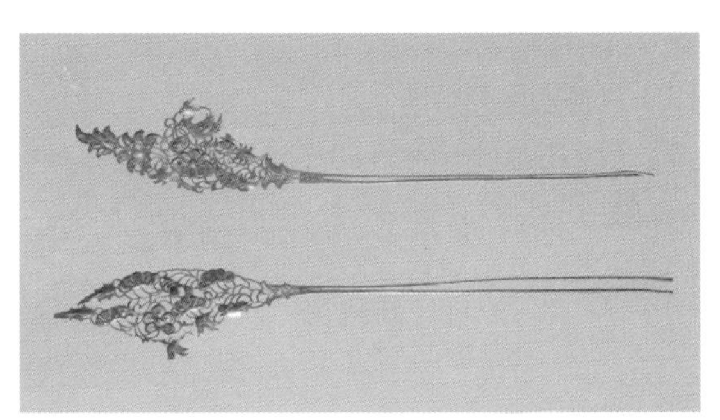

图3–4　唐代花树钗（徐州博物馆）

图3-5 唐代金镶玉玉带板

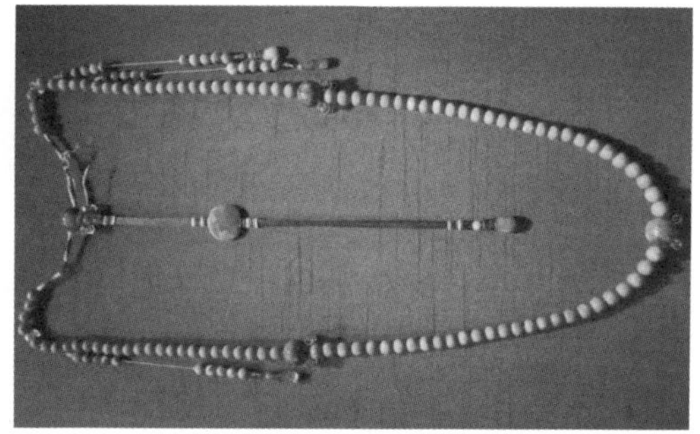
图3-6 清代朝珠（鸦片战争博物馆）

九品文官妻都可佩戴，但凤冠的颜色、花纹、装饰和用料则对佩戴者的地位、等级有严格的限制。如后妃所戴凤冠，冠上除缀有凤凰外，还有龙等装饰；而普通命妇所戴的彩冠（习惯上也称为凤冠），却不缀龙凤，仅缀珠翟、花钗。《明会典》中记载：凡遇大典，皇后冠用九龙四凤三博鬓，皇太子妃则用九翠四凤双博鬓……[①]展现出明显的等级和地位内涵。此外，除了实用功能外，明代凤冠还是中国古代工艺品中将艺术追求、审美体现、精神风貌、科技实力完美融合的典范。

除了上述以审美装饰为主要功能的首饰外，还有一些首饰（配饰）的主要目的就是阶级、阶层和地位的彰显。如春秋战国时期，一些贵族人喜欢在大拇指上戴扳指，以此作为自己贵族身份的象征，特别是玉质扳指更是王公贵族的专属，普通人不能僭越。唐代的“玉带”所含玉块数量和材质根据佩戴者等级高低有着严格规定（图3-5）。清代官员的朝珠是用来区分等级差异的（图3-6），据《清会典》中记载朝珠只有皇室成员和四品（文）、五品（武）以上的高级官员才能佩戴（也包括五品以上命妇），而普通官员和百姓均不能随意佩戴。朝珠的质地一般为东珠（珍珠）、珊瑚、翡翠、玛瑙、青金石、松石、琥珀、蜜蜡等，不同等级官员佩戴朝珠的材质差异很大，一般位次越高、身份越尊贵佩戴朝珠材质越好，比如说东珠只能皇帝、皇后和皇太后佩戴。除了朝珠外，清代官员官帽顶子的颜色以及朝服的补片也有严格的身份、等级限制。

近代，西方自法国大革命后，随着西方欧洲各国政治民主化的推进，传统“贵族”和“平民”之间的阶级壁垒在法律层面得到消除。在中国，辛亥革命后，西方启蒙思想进一步传播，民主思想深入人心。

①申时行：《明会典：万历朝重修本》，中华书局，2007。

这些思想的变化在首饰佩戴方面体现得极为明显，突出表现为贵族和富豪以首饰彰显地位和身份的做法受到挑战，首饰传统的地位、阶级和身份内涵受到极大弱化，而更多地体现为首饰的审美、文化内涵。具体体现为首饰的造型、纹饰、材料等元素没有针对特定人群作出强力限制。至此，首饰中的社会层次和地位内涵没落，取而代之的是首饰对人们职业、气质、身份、群体特色等方面的凸显，首饰的发展进入一个新时期。

二、首饰中的人生礼仪与文化内涵

礼仪是一种象征，是获得进入某个环境认同的标志。人都具有社会属性和群体属性，新成员以不同的身份、角色进入社会和群体正是通过人生中的各种礼仪实现的。

人生礼仪泛指人在一生中所经历的几个重要节点，举行一定的仪式进行昭示、庆祝，使之在自己的心理和他人的认同上能顺利达成。从婴儿初生到年老逝去，人生礼仪主要包括诞生礼、成年礼、婚礼和葬礼，而这四大礼仪的礼成标志则要通过实物来承载和显示，如穿着打扮的不同、发型发饰的差异等。尤其是首饰，作为构成少数民族服饰的重要组成部分，往往不仅是本民族区别于他民族的重要标志，还是同族不同支系的符号，又或是年龄、婚否、生育否、离异否、丧偶否以及父母健在否的标志，更是人生礼仪落成的标志。

（一）诞生礼与首饰

新生命的诞生总是这个世界最神奇而又最喜庆的事。作为人生四大礼仪之首，诞生礼是人从所谓“彼世”到达“此世”时必须举行的一种仪礼。几乎每一个民族都传承一套与妇女产子、婴儿的新生息息相关的民俗事象和礼仪规范。婴儿刚一出生，还仅仅是一种生物意义上的存在，只有通过为他举行的诞生仪礼，他才获得在社会中的地位，被社会承认为一个真正意义上的“人”。如汉族民俗中就有为初生婴儿剪胎发及与此相关的“三朝礼”“满月礼”和处理胎发的一些仪式，而且家人和朋友会送婴儿一些穿戴物品、饰品以示祝福和礼成，从而表示小孩脱离孕期残余，正式进入婴儿期。桂、黔、滇地区少数民族的诞生礼仪式多样，但是诞生礼的表达和承载离不开首饰的身影。

就材质而言，桂、黔、滇地区各少数民族的新生婴儿首饰多采用布艺和银饰，抑或两者结合，但各少数民族新生婴儿首饰的主打材料还是银。传说儿童佩戴银饰可以辟邪，有利于排除体内的“胎毒”。《本草纲目》中也有记载称银具有“安五脏、定心神、治惊悸、坚骨、镇心、明目”之功效。银是试毒最好的金属，银饰的抗氧化性和光泽的持久性跟个人的体质有关，体质好的人会越戴越亮，而如果体质较弱、体内毒素较多的话，银饰可能很快就会发黑，如果小宝宝戴在手上的纯银手镯突然变黑，就要格外注意了，小宝宝一定是受到惊吓，或是宝宝附近有严重的含硫污染源，导致纯银手镯变异。因此，诞生礼上首饰多以银饰为主，这样也是大人给小孩子的一种期望，一种疼爱，一种保护，希望小孩健康成长，快乐平安，健康活泼，长命富贵。除此之外，纯银饰品独有的冷洁光芒具有画龙点睛之妙，寂静婉约中显出高贵典雅，成为千百年来前辈对后辈关爱和祝福的最佳送福饰品。

1. 要求新银的苗族诞生礼首饰

新生命诞生被称为“人生关口”，苗族人家认为新生婴儿还处在阴阳交界、人鬼之间，非常脆弱，容易夭折，需要设法驱逐鬼神，赶走邪恶，才能保佑小孩健康长大。因此，苗家人也是想尽各种办法来实现驱恶保健康的心理诉求，除用绣有“蝴蝶妈妈”图案的纺织品作为襁褓，以获得“始祖母”的庇护外，还会为其戴上银童帽、手镯、长命锁、吊坠等首饰。

苗族新生婴儿首饰最显著的特点是必须用新银打造，这既显示苗家对家庭新成员的重视，又与新生命“新”的取意一致，新的生命，新的开始，新的希望，吉利健康。首饰寓意的呈现方式和内容则与其他民族新生婴儿首饰类似，以吉祥、健康、平安等祝福为主，只是在寓意表达方面有苗族显著的民族文化特色。如银童帽上的罗汉菩萨，长命锁上的“蝴蝶形”“麒麟送子”等纹样，锁形、圆形、元宝形、长方形、六角形、鼎形、莲花形等长命锁造型，这些都是苗族传统文化中典型的具有吉祥寓意的文化要素，以此表达长辈对家庭新成员的祝福和期许（图3-7）。

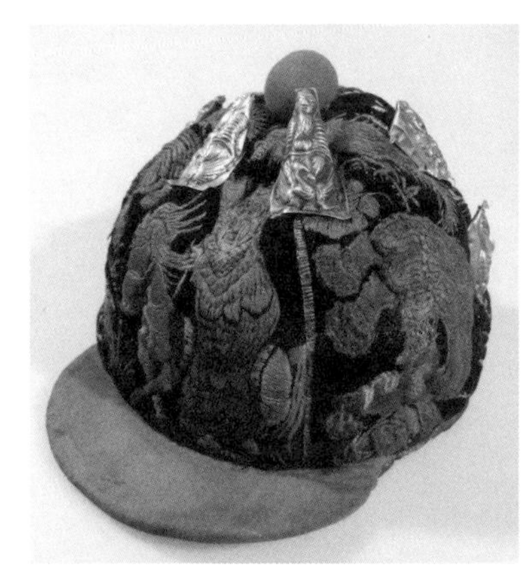

图3-7　苗族响铃嵌银菩萨棉童帽，银鎏金麒麟送子长命锁

除首饰外，苗家给初生婴儿的诞生礼还包括纯银碗和银勺，这些东西表达了长辈对家庭新成员的关爱，具有很强的象征意义。除此之外，银所具有的杀菌能力也是苗家人给婴儿送银质餐具的重要原因。现代医学研究证实，银在水中可形成带正电荷的银离子，这些银离子能将细菌吸附其上，令细菌赖以呼吸的酶失去作用，使细菌无法生存。用银碗盛水，可以保证水较长时间都不变质，用银碗盛放马奶，几天也不会变酸。国际上超过半数的航空公司已使用银装滤水器，许多国家游泳池内的水也利用银来净化。这些都是银具有杀菌功能的重要佐证，也充分证明了苗家将银碗和银勺作为婴儿诞生礼的合理性。

2. 以图腾崇拜为主的瑶、彝族诞生礼首饰

瑶族诞生礼主要从对新生婴儿脆弱的身体和灵魂保护开始，并且瑶族人将育儿的重点设置为对新生婴儿身体的保护和灵魂的锁护，以及对其内、外素质提升的期望上，瑶族人对新生生命的这种关爱在诞生礼中的饰品上体现得尤为明显。

瑶族人崇拜龙犬，以“龙犬”为图腾，视“龙犬”为祖先，虽然在很多文献中都认为“龙犬”不是“狗”而是龙[①]，但是狗在瑶族人的心目中的确占有重要的地位。一些瑶族支系不仅不吃狗肉，而且敬狗如祖，在他们心目中，狗不仅是瑶族的图腾，还具有强大的能力。因此，在诞生礼中，瑶族人缝制狗头帽来纪念祖宗，让孩子一出生就知道自己是“盘瓠”的后裔。瑶族小孩上戴狗头帽，下穿狗眼鞋，寓意孩子一生走正道、顺道，像狗一样健康勇敢（图3-8）。此外，瑶族

①广西少数民族古籍办:《评皇券牒集编》，黄钰辑注，广西人民出版社，1990。

人还制作银质的九子太婆装镶于帽上，借此获得九子太婆的祝福，保佑孩子平安康健，子嗣繁茂。另外，红瑶婴儿诞生礼中的银子帽也是不可或缺的头饰，帽子以绣花和银饰为主要装饰，帽檐饰有九尊观音像，帽尾饰有三条穿铜钱的蓝色带子（两条各穿一枚，一条穿三枚），在瑶族人心中有驱逐鬼魅、保护平安的作用。

彝族人家历来有崇拜老虎的习俗，自称是老虎的后代，以老虎为祖神，把老虎视为生命的图腾。甚至在楚雄彝族地区，先民就认为整个宇宙的万事万物都是由虎变成的，人类的生存与虎息息相关，他们充分相信“虎神”会护佑其子孙后代兴旺发达，并能战胜一切困难。由此，彝族聚居区形成一个完整的崇虎宇宙观，并把对虎的崇拜作为一种民间信仰逐渐渗入日常生活中去。在诞生礼中，彝族人家会给婴儿佩戴虎头帽、虎头鞋以及虎头肚兜等。虎头帽寓意希望孩子像头戴虎头盔甲的将士一样勇敢威猛，虎头鞋寓意希望孩子一生顺顺利利，虎头枕寓意希望孩子一生平安。虎头帽上一般都会装饰十八罗汉来祈祷小孩幸福安康，这些罗汉多为银质，也有少数为玉质的（图3-9）。

3. 宗教气息浓郁的白、藏族诞生礼首饰

白族人信仰佛教，因此包括诞生礼在内的四大人生礼仪都带有浓浓的佛教文化。白族人认为银器具有“辟邪”功效，因而信奉佛教的白族人对银器饰品有不可割舍的情感，且贯穿整个生命周期。在白族婴儿出生伊始，白族人除了对新生生命送上诚心的赞美与祝福外，自然会担当起幼小生命的保护之责，避免其受到伤害（包括潜在伤害）。因此具有“辟邪”功能（本民族认为）的银饰，或者镶嵌银饰的衣帽

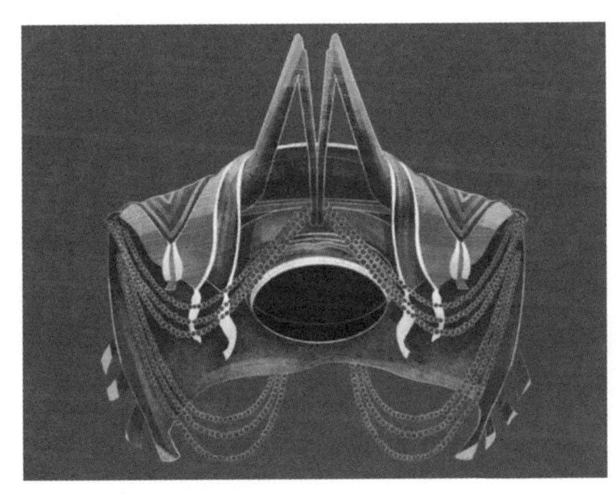

图3-8 广西宁远瑶族狗头冠

图3-9 彝族虎头帽

等物件便成了婴儿诞生礼首选礼物。

在白族婴儿的诞生礼上，外婆家和家族人要送几件银首饰以示祝福，比如与汉族或者其他少数民族相似的银质百家锁，一对婴儿银手镯等，最具白族民族特色的要算刺绣和银饰结合的虎头帽和莲花帽（图3-10）。虎头帽和莲花帽上都镶嵌有银饰，但是这些银器装饰却不能随意搭配，每一件饰品都有自己特殊的文化意义和内涵。如虎头帽上典型的银饰有佛像和铃铛，佛像一般置于虎头帽前面，除了体现白族人的佛教信仰外，还有祈祷佛祖保护新生婴儿之意，而垂吊铃铛则置于虎头帽的后面，取其驱鬼降魔之功；而莲花帽子的莲花造型也是佛教元素，帽上的莲花玉麒麟皆有祥瑞之兆，以此祝福新生生命茁壮成长、健康平安。

藏族新生婴儿的诞生礼礼物同样充满浓浓的宗教气氛。藏族信奉佛教，因此在婴儿诞生礼中，亲朋好友来祝贺时一般都是举酒、送哈达，以哈达缠新生儿之头[①]。虽然藏族人把头部看得非常神圣，一般不许他人触摸，但是哈达除外，哈达在藏族人心中是神圣的物品，是用来敬奉给神灵、佛祖和最尊贵的客人的，用之缠婴儿头，算是以非常高规的礼仪显示藏族人对新生婴儿的关爱，希望婴儿得到佛的保佑，健康、平安。

综上，在婴儿的诞生礼中，通过送礼表达对新生生命的保护和祝福，这在各个民族的意义都差不多，通过给新生婴儿佩戴首饰，来表达一种期望，一种疼爱，一种保护，希望小孩子快点长大、健康活泼、长命富贵、出入平安等。但是在表达方式和要求上各有不同，如以宗

①丁世良、赵放：《中国地方志民俗资料汇编》（西南卷），书目文献出版社，1988。

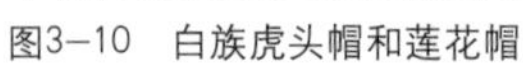

图3-10　白族虎头帽和莲花帽

教文化为主的白族、藏族首饰，以图腾崇拜为主的瑶族、彝族首饰，甚至苗族对新生婴儿诞生礼首饰的材料（银）都得要求新银，不管怎样，这些都体现家族成员对家庭新成员的欢迎和祝福。

（二）成人礼与首饰

冠帽、发饰等作为服饰整体的一部分，同时也具有礼俗色彩。夏朝的发饰是最为原始的形态，多以布条为主，至周代发饰得到进一步完善，其中“笄”作为当时典型的发饰在民间已普遍运用。女子插笄不但用于束发固髻，也作为成年、婚否的标识。《礼记·内则》曰：“女子十有五而笄。”《仪礼·士冠礼》中记载：“皮弁笄，爵弁笄。”郑玄注：“笄，今之簪。”按定制，女子许嫁者15岁举行笄礼，即古代女子除了用笄固定发髻外，还作为成人的标志。而男子则行冠礼以示成年，即古代男子20岁成年，需进行加冠之礼，谓之“冠礼”（加冠主要针对士族，而平民百姓则用头巾），《释名》中就有记载：“二十成人，士冠，庶人巾。”

桂、黔、滇地区少数民族少男少女成人与否多从发型和头饰上加以区分，因此他们的成人礼（仪式）多以发型变化、特殊首饰佩戴为主。

1. 苗族的发髻和耳环。贵州从江岜沙地区的苗家少女成年时就会梳理成非常漂亮的发髻，并戴上木梳以为饰；而黄平县谷陇一带的少女成年则是戴漂亮的挑花帽（平时），或者银帽（盛装）；湖南湘西五溪一带的“红苗”成人礼上，长辈都会给少女佩戴银耳环以示成年。在以前红苗男女均有戴耳环的习惯，而且尺寸较大，清“改土归流”以后，男子不再戴耳环，女子耳环逐渐变小。此外，以戴耳环作为成人标志的还有柯尔克孜族女孩，柯尔克孜族父母会在女孩5～7岁时择吉日为女孩首次戴上耳环，并将这天称为女孩的成长纪念日。

2. 藏族少女蓄发辫戴巴珠。藏族人的成年礼因地域不同会出现一些差异，一些地方的藏族姑娘年满17周岁就要在新年初二行成年礼，成人礼上要举行和头发相关的各种仪式，如上头、戴敦和戴天头、挽髻礼、筚礼等。仪式上，女孩要梳十条以上的小辫，并佩戴巴珠（巴久或扎久）（图3-11、图3-12）、“敦（引敦）”、发辫、发髻以及筚（簪子）

等标志性的头饰，以此昭示姑娘成年，可以恋爱了。蓄发辫是藏族女子成年的标志，她们将头发梳成几个小辫，再扎成大辫子，并佩戴镶有宝石或者珊瑚的辫套。而“巴珠”更是藏族成年女性的专属首饰，即当藏族姑娘头上第一次戴上巴珠，就意味着姑娘已经成年。巴珠呈三枝状或三角状，上缀珠玉、珊瑚等，盛装时佩于头顶发际，两枝前翘，分梳两边的发辫盘于其侧。还有一种弓形“巴珠”发饰，佩时“弓”背向上，弦部勒于发际，分梳众对细辫悬于“弓”两端，架上嵌缀珠宝的饰物。而男子的成年礼要简单得多，一般只举行仪式，而不涉及发式的修改。

3. 哈尼族的欧丘丘和欧丘帽。在云南西双版纳一带的哈尼族男子15岁以前戴帽子，15岁以后包头帕。女子17岁成年则会佩戴“欧丘丘”头饰，表示可以求爱；18岁开始留鬓角，表示可以出嫁；如果“欧丘丘”上包了黑布，则说明她已有了归属。还有部分地区的哈尼族成年礼是以改变装束为象征，如勐海地区的哈尼族，姑娘长到十五六岁时，腰前会佩戴两块“纠章”（绣花布做的饰物）表示姑娘已经长大；17岁时会戴装饰银饰的“欧丘”帽（方形斗帽）；18岁时，头饰增加一个竹制的圆筒，表示已到成婚之年，可以接受追求；而小伙子的成年昭示则简单得多，十五六岁时染红牙齿，将少年时的“欧厚”圆形小帽换成“欧普”包头帕即表示成年。

其实每个民族都有自己的成人礼，而成人的标志物因民族而异，有些民族的成人标志物比较独特，如藏族少女成人礼才能戴巴珠和蓄

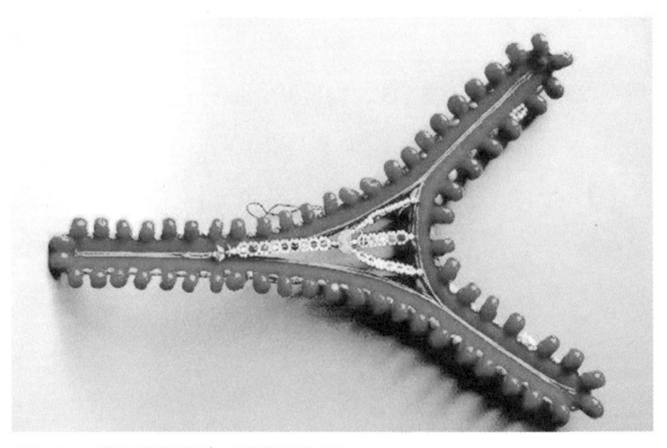

图3–11　藏族珊瑚巴珠（西藏博物馆）

图3–12　头戴巴珠的藏族少女

发辫，哈尼族少女成人礼后才能佩戴欧丘丘。而在其他少数民族的成人礼中，以首饰为主标志物的居多，他们将隆重的首饰佩戴作为一个重要的仪式环节，也有以服装或其他形式为主要特征的，但首饰依然不可或缺。

纳西族成人礼又称“穿裙礼”（女孩）或“穿裤子礼”（男孩），是纳西族人一生中最重要的习俗之一，凡是年满13岁的纳西族少男少女都得参加。纳西族主要集中在中甸白地、宁蒗永宁、丽江坝区一带，其成人礼仪也有明显的地域差异，永宁地区纳西族的成年礼仪除了给狗喂食以谢恩外，首饰也是不可或缺的成年礼仪标志物。成年礼仪上，女孩右手拿帽子、项链、耳环等首饰，左手捧麻纱、麻布（象征承担家务）等；男孩右手握长刀（象征勇敢和威武），左手拿银圆和布匹（象征财富）等。布朗族成年礼仪式的主要内容就是“漆齿”，凡15岁左右的少男少女聚集到一家竹楼，用一种叫“考阿盖”（布朗语）的树枝烧成黑烟，互相给异性“漆齿”，父母还会为布朗族女孩戴上银项链、银耳环、银手镯，表示其长大成人，可公开参加村社社交活动，并获得恋爱、结婚的权利。侗族成年礼一般是在16～18岁期间举行，成年节当日，父母为女儿穿上百褶裙（成年礼前不能穿），戴上最贵重的银饰，盛装出席歌会。彝族女子到17岁要分辫换装，以示成年。少女时的打扮是一根独辫垂于脑后，此时要一分为二盘于头上；原来的耳坠只有一颗珠子，要换成一串珠子。

还有一些少数民族的成年仪式是以服装等配饰为主要载体，如壮族少男少女的成年礼主要体现为服饰和发型的更换，如那坡黑衣壮少女长到十五六岁就要举行“穿裙子礼”以示成年；隆林委乐乡壮族少女15岁时需梳长辫、系红绳，并将前额和两耳边的头发剃光，以昭示成年；龙胜龙脊一带壮族少女则需经历师公主持的成年礼，再由母亲为其系上亲手绣的方角头巾以示成年。

（三）婚嫁礼与首饰

婚嫁是人生大事，各族青年男女在婚嫁时都是盛装，因此婚嫁首饰也是四大人生礼仪中首饰最丰富、最齐全的，同时也最能反映民族文化和地域文化特色。

1.体现个人婚嫁状态的发式与饰品

在一些民族，婚嫁被认为是从感情上成为独立社会责任人的标志：婚嫁前，即使经过成年礼的人也会被当成孩子，而婚嫁后则为成人。一般来说，少数民族婚嫁后着装，特别是发型、首饰、服装等都与婚前有明显的差异，因此可以很清晰地分辨出婚姻状况。

（1）婚嫁状态之首饰形态

傣族首饰的婚嫁状态主要体现在腰带上。按照傣族人的规矩，7岁以前，傣族女孩腰上系的是布绳；7岁以后，则会系上父母为其置办的银腰带；婚后，傣族妇女则要将钥匙挂在银腰带上，以表明其已当家，当然如果银腰带上没有挂钥匙则表明该女子未婚。一般将八角花、凤凰、芙蓉花等别在胸前就是告知他人自己未婚的身份（图3-13），而桃子扣、菊花扣、鸳鸯头花一类多为已婚妇女佩戴，并且多数图案是可以混用的。

布依族妇女的头饰很有讲究，特别是对婚姻状况的反映极为细致：婚前，布依族女性一般头盘发辫，佩戴绣花的头巾；而婚后则要更换为以竹笋壳为“骨架”的特殊饰样（名曰“更考”），表示为“成家人”（已婚）。在镇宁、关岭一带，姑娘喜欢形如拱桥的高髻，再插上尺许长的银簪，搭配短衣长裙和绣花布鞋，也有的地方将长裙换成长裤。

石林地区的撒尼女子婚嫁状况主要反映在头饰上，即头饰上带有左右两个像蝴蝶翅膀尖角的便是未出阁的姑娘，而尖角被摘掉的就意味着这个女子已经结婚成家。

图3-13　傣族银镀金凤别针和银镀金芙蓉花扣

水族未婚女子盛装将发髻盘于头顶，用银簪束发状如船形，使用七件套银饰装扮，包括龙头、定海针、船帆、揽素桩、防盖、船桨、展翅凤凰；已婚妇女除用全套银饰外，还要佩戴银丝及银片制成的孔雀。

（2）婚嫁状态之首饰数量

一些民族首饰部件数量也是首饰重要的造型要素，具有特殊的内涵，如番瑶的月牙银饰彰显番瑶姑娘婚嫁状况时意义特殊。

巴马瑶族自治县的番瑶（自称布努瑶）认为月亮是这个世界上最美好的东西，是万物之母，也是番瑶创始人的化身。因此，番瑶女子胸前的月牙银饰在其众多服饰饰品中（银饰为主）意义特殊，毕竟这是番瑶民族信奉的象征。而月牙银饰在造型和取义方面非常讲究，特别是月牙数量不同，其代表的含义也大相径庭：小朋友身上挂的月牙数量代表家里的人口数量；成年但未婚的女子身上四条月牙，寓意成双成对，以此表达对未婚女子的祝福；如若是已婚妇女则会挂上五条月牙，以此提示众人该女子已经结婚，身边有很多家人，这既是一种昭示，也是一种警告（图3–14）。不过越到后来，月牙的这种束缚力也越单薄，更多表现为一种审美。

（3）婚嫁状态之发型发饰

壮族银饰普遍盛行，《广西各县概况》（1934）载，百色“女子饰品有发箍、簪及指约、手镯等”，恩降妇女装饰“城厢多尚金玉，乡村则重玉质银器”，西林“唯女子最爱佩戴簪钗、耳环、手镯及盾牌

图3–14　番瑶月牙首饰

等。富者用金质，贫者用银质”[1]。

壮族女子的发式和发饰在婚嫁前后差异明显，尤其是发式方向对婚嫁状态的反映尤其明显。大多数壮族聚居区的少女都喜欢留刘海，并习惯拔掉汗毛（用两股纱线绞在一起去拔），尤其是婚期来临，其后颈汗毛总是被拔光，从而露出嫩白的脖颈。未婚女子喜爱长发，留刘海（以此区分婚否），通常把左边头发梳绕到右边（约三七分）用发卡固定，或扎长辫一条，辫尾扎一条彩巾，劳作时把发辫盘上头顶固定。已婚妇女则梳龙凤髻，将头发由后向前拢成鸡（凤）臀般的式样，插上银质或骨质横簪。中年妇女多梳髻，戴绣花勒额。

壮族女子的发式和发饰不仅有婚嫁前后的显著不同，而且具有明显的地域差异。天峨女子留长发但不打辫，婚前，将头发梳顺后由右向左绕，用白印花或提花毛巾包扎；婚后，则反过来，将头发梳顺后由左向右绕，或者结髻。桂南地区则不大相同，辫子数量对婚嫁状态的显示更为突出，未婚女性发式是一条长辫加刘海；已婚少妇则梳双辫；中年老年结髻，垂于脑后。广东连山壮族女子的发型宛若一条盘曲的蟠龙，贯以大簪，用青色的绸布条缠好。

苗族妇女头饰一般挽高髻于顶，别上银针、银簪及插上银梳、塑料梳、木梳等梳子，雷山、凯里、台江三县交界一带包白毛巾头帕，黄平一带戴缩褶帽。丹寨县扬武、排调、金钟、长青、龙塘等地，苗族妇女结婚前后发式有明显区别：婚前挽高锥髻于头顶，戴无底帽，婚后则挽平髻于头顶，搭方帕或蜡染巾。凯里市舟溪、青曼及麻江铜鼓、开发区白午、丹寨县南皋、新华等地区，苗族妇女结婚前后发式与前者一致，但还要戴上银花或银梳。凯里市的炉山和黄平、施秉两县苗族未婚女子从七八岁起头戴平顶缩褶帽，外缠自染的紫色或白色三角巾，已婚女子和老妇人将头发盘缠于头顶，戴上无底或半边底的覆额缩褶帽，外扎紫色手帕，便装无更多头饰。

白族是西南少数民族中民族首饰最具特色的民族之一，如白族女性的头饰非常华丽，特别是与上身着装搭配极具特色，相映成趣。白族人是否婚嫁多通过发饰、发型和配饰来表达，如白族未婚女性一般垂辫，或留独辫并盘于头顶，且辫子上缠红白绒线，左侧垂有红白绒线流苏，有的则用红头绳缠绕着发辫下的花头巾，露出侧边飘动的雪

① 中华民国广西省政府民政厅：《广西各县概况》，南宁大成印书馆，1934。

图3-15　白族女子头饰

白缨穗，点染出白族少女头饰和发型所特有的风韵（图3-15）；已婚女性则多挽发髻。

（4）婚嫁状态之饰服

除了首饰外，一些民族的婚嫁状态在服装装饰上也有明显的区别，如哈尼族女子从儿童、少女到求偶期、婚后头饰要变换数次，且哈尼族首饰的婚嫁状况标志也不统一，具有明显的地域性。如哈尼族碧约支系，少女婚前一般佩戴饰有银泡和红线球的六角形小帽，以彰显少女的活泼可爱和灵气；婚后则改戴包头，以彰显稳重大方与成熟。云南墨江地区，哈尼族女性是否婚嫁主要从围腰颜色来体现，即该地区一部分哈尼族女子，婚前垂发辫，戴青布小帽，系白色或粉红色围腰；而婚后去掉小帽，盘发辫，同时将围腰的颜色改成蓝色。西双版纳及澜沧一带，哈尼族女性是否婚嫁则从裙子的高低来体现，即未婚哈尼族妇女裙子系得较高，紧贴上衣，而已婚妇女的裙子则系得较低。

回族妇女则用头饰盖头的色彩来显示婚嫁状态：少女婚嫁前戴绿色盖头（灵巧素雅、俊俏秀美），中年妇女戴黑色盖头（端庄素雅），老年人戴白色盖头（干净持重、清雅庄重）。小凉山的彝族女子未婚时戴五彩线编织而成的“头盖”，结婚嫁人后便换戴黑色的“荷叶帽”。云南滇池一带彝族姑娘则通过民族特有的鸡冠帽戴法不同来体现婚嫁状态，未成年的少女要正戴，恋爱中的少女要歪戴，已订婚则前后颠倒戴，婚后不戴。再如，广西壮族姑娘在对歌时，要戴白毛巾（婚标头巾），未婚姑娘将毛巾折叠成三层盖在头上，已婚的则要将头巾包头并打结，诸如种种，不一而述。

2. 定情与首饰

在中国传统婚姻中，通过媒妁之言进行牵线搭桥，再订婚、结婚是一个完整的婚嫁仪式。但是许多地方、民族的小年轻在订婚前都会先见面，看彼此是否郎情妾意，然后送定情信物以托终生。互送定情信物古已有之，《国风・卫风・木瓜》中载道："投我以木桃，报之以琼瑶。匪报也，永以为好也！"信物类型各不相同，用花草石木等物表情达意者有之，用手绢香囊等作定情信物者有之……中国人崇尚用"结""箍""带"等表达心灵、肉体的牵绊；用一簪一珥象征相伴一生；赠送一把梳子，寓意为纠缠到老……这些具有象征意义的信物作为一封封"无字情书"，构成了少数民族充满诗意的爱情观。首饰是少数民族文化的集中表现，在少数民族日常生活中占有重要地位，因此，首饰成为许多少数民族少男少女定情当仁不让的首选载体。

苗族少男少女钟情于对方时，男方都会送女方银手镯、银耳环等信物，以示对对方的守护，也有说法是通过手镯佩戴的情况，了解女孩身体状况而最终决定是否成婚；除银饰外，苗绣也是苗家人常用的定情信物，当苗族女子看上某个男子时，可以送上自己亲手绣的苗绣，以表达内心。如果男子也喜欢这位苗族姑娘，就可以收下苗绣，娶她为妻。在正式结婚时，男方还会送给女方一定的银两，如果银两太少则不能成婚。

壮族的定情信物主要是银镯。银镯样式多样，有的呈一指多宽的薄片，有的呈单根藤状，也有多根相互缭绕，再饰以枝叶，嵌绿色玉珠，银镯上的图案含蓄地表达了姑娘心中的爱情。在对歌择偶中，如果小伙子看上某位姑娘，就会在活动中去抢姑娘的银镯，要是姑娘也对男子有意，手上的银镯才肯让小伙子抢去。在更往前些时期，壮族姑娘的定情更多是通过绣球来表达，即壮乡年轻姑娘会精心制作一个绣球，绣上精致的图案与寓意吉祥的文字，之后在与小伙子会面的时候将绣球抛给他，小伙子必须眼疾手快抓住绣球。若小伙子心仪这位姑娘，就在绣球上系上自己的物品，系得越多就表示对这位姑娘的感情越真切、越想与这位姑娘在一起。之后小伙子又把绣球抛回去，若姑娘也心仪小伙子并且答应与小伙子在一起，就把绣球上的物品收下，代表同意了小伙子的追求。

羌族羊角花手镯是少男少女的常用定情信物（图3-16）。羌族男子在订婚时将羊角花手镯送给心爱的女子，以此表达对女子的爱情和感谢，以及对生命延续的希冀。羌族羊角花手镯运用錾刻抛光工艺，用錾刻工艺制作出羊角花的形状，以此体现羌族传统的爱情文化和民族传统。羊角花手镯的爱情内涵主要来源于羊角花图案，羊角花（又名杜鹃花）是羌族的生命之花。相传上天派人在杜鹃花林建造住处，把羊的左右犄角分别堆放在住处的左、右两边。转世人来此，采一束杜鹃花，男的拿一只右羊角，女的取一只左羊角，凡是拿了同一只羊羊角的男女，就会配成一对夫妻。每当杜鹃花开，女神就降临人间，互赠杜鹃花，点燃青年男女的情火。

傣族青年男女恋爱称为“另卜少”或者“串姑娘”，有结伴举行的，也有单独进行的，确定爱情关系后要互相赠送信物，如花边带子、耳环、首饰等。其中，傣族银腰带最为典型（图3-17）。傣族男女定情之时，多以银腰带为信物由男方赠送女方，常以腰带的大小轻重作为情意浓淡的标志。傣族男女结婚时，男方赠送女方的定情物里，银戒指、银手镯、银腰带都是必不可少的。傣族银腰带是实用的装饰品，同时也是傣族民俗的组成部分。

少数民族定情除了传统首饰外，还有一些颇具民族特色的物品，如毛南族花竹帽、阿昌族银鞘短刀等，这都是民族文化的精髓。毛南族花竹帽（又被称为“顶卡花”，在帽底编织花纹之意）是毛南族青年男女爱情传递的理想媒介。毛南族青年男子会把自己亲手编织的花竹帽送给心仪的姑娘，若姑娘接受帽子，则代表两人定情。结婚时，

①王珺：《银辉秘语——云南少数民族银器》，云南人民出版社，2018。

图3-16　羌族羊角花手镯

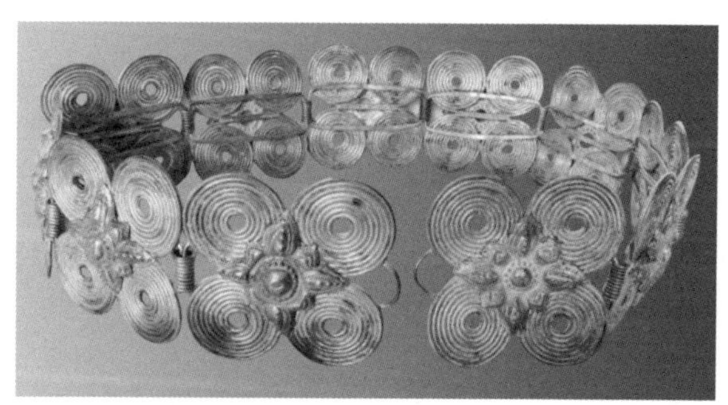

图3-17　傣族盘花银腰带[①]

花竹帽就是毛南族青年女子必不可少的嫁妆，也是美好幸福的象征。阿昌族银鞘短刀对阿昌族人来说意义非凡。在阿昌族传统生活里，刀也是爱情的信物。户撒的阿昌族青年男女通过情歌对唱相互了解后，如果姑娘喜爱青年，就会向青年索要一把他自己打制的银质短刀，女孩父亲则会按照短刀质量来判断青年的才干。

3. 婚嫁盛装首饰

婚礼是成年礼后的又一大人生礼仪，是人们一生中非常重要的时刻，被称为人生三大喜事（他乡遇故知，洞房花烛夜，金榜题名时）之一，因此婚礼的隆重程度也超过其他三大人生礼仪，当然婚礼上的首饰也是各少数民族首饰文化最为完整、集中的表现。

（1）苗侗婚嫁首饰——盛装银饰

苗族人家一生以银为伴，新生婴儿诞生礼上，除了要送银锁、银镯等首饰外，还会送银碗、银勺等生活用品以表示对家庭新成员的欢迎和祝福。如果是个女儿，家人从其出生开始，每年都会为其打造银饰，经年累积作为嫁妆，这些白花花的银饰被称作“白色图腾”，代表苗族人特有的文化符号，对苗族人来说，它不仅是一件首饰，更是承载家人对其未来美好生活的祝福，是幸福的象征。

苗族银饰是每个新娘必不可少的嫁妆，苗族民谚说：“无银无花，不成姑娘。”苗族新娘盛装银饰从头到脚，无处不饰，无处不装，主要包括头戴银冠、颈饰、银圈，身着银衣，手佩银镯，脚套银链（图3–18）。婚嫁银饰的多少则以家庭条件而论，家境好的就丰富一些，有的苗族新娘的银饰可重达十公斤，家境差的简单一些，经济条件受限的家庭也可以和男方共同来置办首饰。出嫁当天，新娘佩戴的银饰越多、越大、越重，则父母越幸福，因为银饰多是富足、殷实的体现。苗族新娘头饰上的蜻蜓、蝴蝶等银片装饰物抖动而发出的窸窣声，胸前的项圈垂挂的小铃铛的撞击声，都是婚庆日必不可少的欢乐声。

除了女方嫁妆有大量首饰外，男方也会为新娘置办价值不菲的首饰（多为银饰）作为聘礼（要求比女方的陪嫁银饰多），因为按苗家习俗，银两不足不能成婚。在婚庆酒宴中，男方家给女方家交付新娘结婚用物品中主要包括金银首饰、衣物布料、礼金及其父母养育儿女的辛苦费等，其中受到关注度最高的无疑是首饰。如在中部方言地区

图3–18 苗族盛装银饰

苗族婚庆时，男方所交首饰一般为银项圈一套（5 ~ 7只），银手圈4 ~ 5对，银蝴蝶1只，银泡64 ~ 72枚，银戒指3 ~ 8个等。

和苗族相似，侗族人重银轻金的观念依然很重。在农村，侗族人有“男传地，女传银”的习俗。每一位侗族女性出嫁时都有一套完整的银饰，从头到脚，涵盖每一个可以佩戴的部位。侗人好银，银饰是姑娘身份的象征，不仅显示家人的财富能力，也承载了侗家几代人的爱。在侗寨里，女儿一出生，家人就开始为女儿准备银饰嫁妆。

(2) 傣族婚嫁首饰——裙发撒细

德宏傣族传统新娘服饰“撒细”是芒市、盈江县的妇女盛装装束（傣语“裙发撒细”），主要由对襟上衣、筒裙、头饰和以项圈、披肩为代表的胸肩饰组成。

傣族婚嫁盛装头饰又称“告喊”，头戴筒形黑褶包头，包头四周装饰“相帽花”“配帽花”。包头顶部正中镶有帽花，正面帽花一般为“龙”形，也有“凤”和其他，上镶一颗红宝石，包头两侧、后面各挂一个，头顶挂一个，再插一只簪钗子。帽花呈椭圆的荷花形，花芯镶一颗宝石，花的边缘排有扣子，下扣若干颗排列整齐的丝扣。链须末尾部附三角形银坠。帽花两侧是雕琢的一对龙和凤，凤口里含有银链须，周围亦是银链须。包头后脑部嵌一只金蝴蝶，蝴蝶身上缀着顶端是细宝石的银链，整条银链是多层次、呈塔形结构，直垂到背处。头饰上的所有元素都以婚嫁吉祥为主，其中又尤以龙凤和蝴蝶的寓意为最。

在傣族婚嫁盛装中，项、胸、肩部是装饰的重点。就使用场合而言，傣族胸肩部可以分为两大类：一类是日常生活用品，主要指项链（挂链）、别针等；一类是仪式感强的重器，主要指项圈、披肩，这两样首饰在传统节日、婚嫁盛典等隆重场合必不可少。项圈多为圆形，一般为金、银、铝、铜、竹、藤、草、麦秆等制作，比较典型的项圈为傣族“双龙四凤镀金银项圈”，项圈圈身上窄下宽，圈头似鹭首鳝身，圈身刻有花朵纹和条状齿纹，上挂镀金双龙、四凤和五颗镀金花座嵌红、绿宝石饰件，取意龙凤呈祥以祝福新人。此外，傣族新娘结婚时必有银腰带（图3–19），这是辈辈相传的嫁妆，饱含岁月的淬炼和长辈的美好祝福，其做工、重量、大小、粗细等与经济情况分不开。傣族盛装披肩也是极有特点的饰品，主要披罩于两肩和前胸、后背，用银泡、银花、银须穗等组编而成，或用刺绣加银饰品为之。如流行于德宏一带的披肩（图3–20）造型富丽堂皇，叮当有声，主要供上层妇女结婚时使用，该披肩一般使用银链穿成网格披，中间饰6 ~ 8个八角银牌，每个银牌上均满工錾刻，题材多为植物、人物纹，以及龙、凤、象、麒麟等瑞兽，下坠银铃坠须，含有祈吉求福之意。披肩用于护乳和装饰胸部，表示对女性的赞美和对生殖的祈望，这主要体现披肩与傣族婚嫁的寓意契合，其题材明显受到汉文化的影响，但造型具有傣族独特的风格。

（3）白族婚嫁首饰四件套与哈尼族“噻罢啦度”

白族人的首饰几乎都为银质，白族人在穿着打扮中一生离不开银器，什么样的年龄、什么样的礼仪佩戴什么银饰都有严格的规定。因此，银器也成了白族人生礼仪中重要的装饰物品。在白族聚居区，未婚的姑娘成年后，家人都要为其准备一套华丽的银饰作为嫁妆，陪她

图3–19　傣族鳝鱼骨银腰带[1]

[1]王珺：《银辉秘语——云南少数民族银器》，云南人民出版社，2018，第96页。

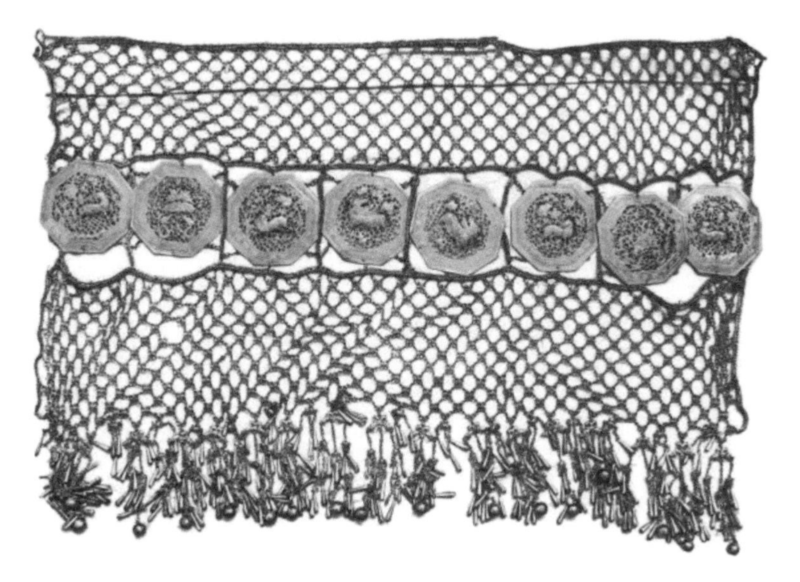

图3-20 傣族银镀金錾花牌、铃坠银披肩

度过嫁到夫家后的余生。根据个人家庭不同，这套首饰嫁妆的丰富程度也有差异，有蛇骨链、三须、五须、银质挂链、悬上针筒、金鱼等饰物；有金、银、玉、藤手镯，扭丝镯，扁桃镯，串珠镯，小腿镯等；还有各种戒指、耳环、管子、帽花、八仙、冠针、龙凤、蝴蝶、头排锁、围腰牌、顶圈等。这套首饰嫁妆以玉器手镯和银质挂链最为名贵，其中必不可少的四件饰品为蛇骨链、麻花镯、雕花耳环和簪子（用来“收头”）（图3-21）。按照白族传统，这四件银饰品从女性结婚后第一天开始戴上便不再脱下，直至去世。

蛇骨链，因形似蛇骨而得名。它不仅是白族女性一生中最精致、最奢侈的一件银饰，也是最能体现白族妇女婚后能当家作主的标志。蛇骨链顶端饰有蜜蜂图腾，含“富贵自来”之意；末端系有银链，悬挂家中钥匙、钱包等重要家当；中间用古币打孔连接两端，寓意一家财源滚滚、不愁吃穿。佩戴时，蛇骨链顶端扣在妇女背心右侧纽扣上，古币和上面悬挂的钱包、钥匙家当藏于腰间，自上而下，形如银色的瀑布在胸前倾泻而下，还起到点缀的作用。白族光面手镯佩戴没什么讲究，而麻花镯子只结婚才能戴。

像白族这样有婚嫁时节专属首饰的还有很多，比较典型的如哈尼族的手镯“噻罢啦度”。在哈尼族，手镯本身并非典故或渊源传说，而是本民族的一种习俗。在婚嫁当天，父母或者兄弟会送给新娘一个手镯（图3-22），亲自戴在新娘的左手上，且自此以后一直佩戴，该手镯并不代表爱情，而是亲情，代表父母对女儿的爱、兄妹和姐弟间的爱，同时象征娘家人对新娘的祝福一直伴随在身边。

（4）水族婚嫁首饰——婚嫁专用银花、银钗

整体而言，水族首饰没有苗族银饰那么丰富，但是水族首饰有自己比较独特的风格，尤其是婚嫁首饰，将水族文化体现得淋漓尽致。水族妇女喜欢佩戴银饰，常见的有银梳、银篦、银钗、银花、银耳环、银手镯、银项圈及银蝴蝶针线筒等，品种多样，工艺精巧，具有民族特色。

婚嫁时，水族姑娘的服饰盛装绝对是一道水族文化的展示风景。水族婚嫁盛装主要包括服装、首饰两个方面。古典对襟、黑色宽袖短衣+百褶裙是水族女子的标准婚嫁服装，并且水族人喜欢蓝、白、青三种冷调色彩，而红色和黄色等暖调色彩是水族服饰的禁忌（特别是大红、大黄）。首饰则是水族婚嫁盛装的亮点，头发留斜髻，插银簪、银钗、银花，佩多副项圈、银压领，戴银泡耳环和手镯（一般为三四副），系银铃腰带，着绣花鞋……其中，百褶裙、银花、银钗仅限于新娘出阁，在结婚典礼时穿戴。其他节日，姑娘只能戴银项圈、压领和针线筒等饰品。

婚嫁专用的银花钗、银角钗，如流行于三都县一带的银角钗头饰呈三叉状，颇似牛角（图3-23），主要体现水族农耕文化中牛的地位，以及水族对耕牛的自然崇拜。水族很早就掌握了种植水稻的方法，世代种植水稻，因此耕牛就成了水族重要的生产力，也成为他们模仿的对象。新娘出嫁时佩戴牛角状的银钗，也包含一种文化意义，即要像耕牛一样勤劳而善良。

（四）丧祭礼与首饰

丧葬与首饰的关系源远流长，在已发掘的大量古墓陪葬品中就有许多首饰，如发簪、步摇、玉石等，最早可以追溯到新石器时代墓葬中发掘的骨笄。

丧葬礼是人生礼仪的最后一个礼仪——末礼，也是人作为生物实

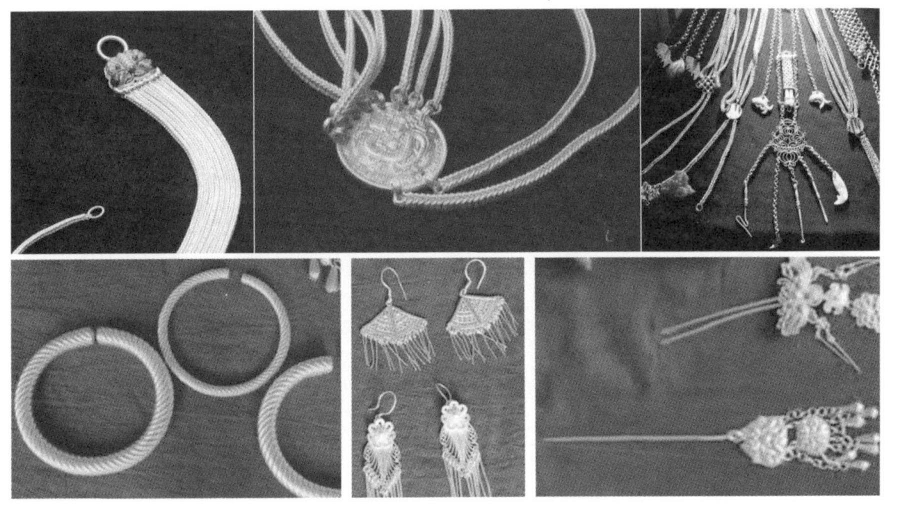

图3-21　白族婚嫁四件套：蛇骨链（上）、麻花镯、雕花耳环、簪子

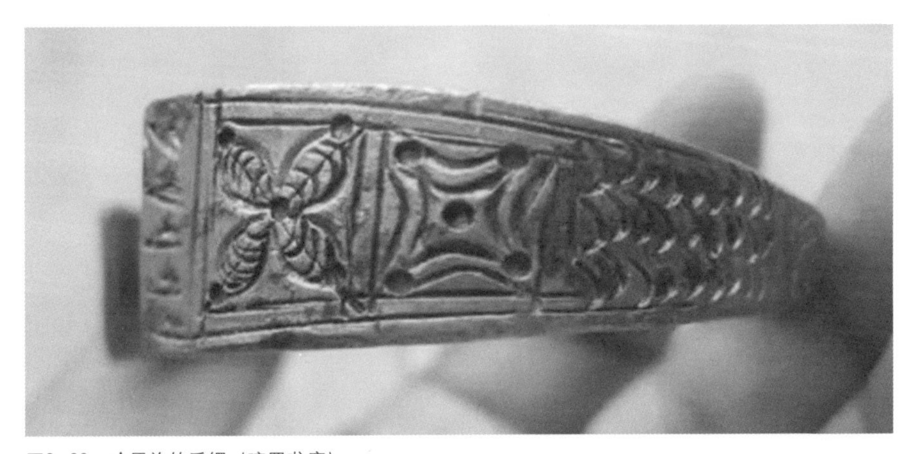

图3-22　哈尼族的手镯（噻罢啦度）

图3-23　水族银角钗、银花钗

体完结和消亡的告别仪式，各民族都会根据自己的传统，以一种极虔诚的方式与之告别。这种告别方式是民族精神文化和思想的综合，因此，各个民族的丧葬仪式也体现各自民族的特色和文化，而具有典型民族印记的首饰正是这些民族文化的主要承载体之一。

1. 简单朴素的苗族丧葬礼首饰

苗族传统社会盛行巫术、迷信鬼神，认为人死后神魂不灭，黄泉路上仍有意识。因此，死者需要携带一些纯银以供黄泉路上花销，如买水喝等（这些纯银一般由女婿送，现今这个礼仪有些淡化，如没有银也可以用人民币代替）。

苗族人重银饰，苗族女子从出生后每个重要的人生阶段都会制作（被赠送）大量的银饰，不但诞生礼、成年礼、婚嫁礼中有银饰相伴，就是给老人祝寿时，子女也会给老人送一些手镯、耳环等银饰。这些银饰最终会一部分传给自己的女儿，一部分成为以后的陪葬品。旧时大户人家的女性死后，可以戴耳环、手镯等银饰下葬，以预示或者祝愿死者到阴间后仍能穿金戴银，富贵依旧，并能出入芦笙场。至于苗族人的盛装银衣、银帽等复杂贵重银饰是不会随葬的，可能是怕有贵重随葬品会被盗墓。另外，苗族陪葬禁用铜器，认为铜器会破坏“龙脉”。禁止用铜器随葬的现象在广西大瑶山盘瑶中也普遍呈现，这可能是受苗族文化影响的结果。

2. 宗教意味浓厚的白族口含

白族人认为，银器对生者来说有辟邪之效，对逝者有“镇妖降魔”之功，因此，人死后，用银饰品陪葬，能使死去的人顺利地回到祖先的发源地同祖先团聚。银器也是白族人丧葬不可或缺的陪葬品，其中最典型的就是口含（白语为百合）（图3–24）。

白族人信仰佛教，认为一切有生命的东西有生必有死、有死还会生，生死相续、无有止息。所以对于白族人来说，出生礼是迎接，是希望，是未来，而丧葬礼是送别，是生命一个轮回的结束和另一个轮回的开始。因此，白族人相信人死后肉体会随之消亡，但是灵魂不会随之消散，而是离开阳世去阴间继续存活。所以无论家庭经济状况好与不好，白族人都会在逝者咽气后的第一时间取下结婚时就戴上的白族传统的簪子、蛇骨链、麻花镯和雕花耳环（这四件首饰自结婚戴上就不能脱下，直至去世），在逝者口中放一些干果和口含，以此祝愿已故亲人在阴间能得到幸福和安宁，并且保佑阳间家人健康平安，兴旺发达。口含，男女通用，形似一颗单粒豆荚，银质，约2克重，是白族四大人生礼仪银饰中最轻的一种。

3.浓重的八排瑶殡葬银饰

八排瑶去世后，亲戚朋友都会带来各种丧葬物品来装扮死者，让死者盛装出殡，但这些装饰品不会入土，丧事办完会原物返还给亲友。排瑶人对逝者装扮非常隆重，头部是皇冠形的布帽，并插上山鸡尾毛，项上佩戴精致项圈，身上披挂的是各式各样的银牌、铃铛等饰品（图3–25）。在排瑶传统文化中，死者身上的装饰品越多说明死者亲友越多，说明逝者生前越受人爱戴，因此我们可以从图中看到逝者盛装时首饰数量相当庞大，特别是人的正前面的首饰层层叠叠。

4.文山壮族葬礼上的生者银饰

在云南文山一带，当地老人去世后，女儿和儿媳妇都需穿戴银饰，这个风俗源于一个古老传说。据传，老人去世后，妖魔会来抢食去世的人，为了不让妖魔抢食去世者，去世者的女儿和儿媳妇会穿戴漂亮的银饰假装跳舞给妖魔看，以麻痹它们，其他人则可以顺利地把去世的人埋葬好。在这些葬礼银饰中，云南文山壮族蝶纹鸟纹三层瓜米坠银帽就是最典型的一种。该银帽分三层，呈塔状，最下层有一圈蝴蝶

图3–24　白族口含（百合）

纹银片，每一层下坠瓜米吊坠，外围饰以数只展翅翩飞的银鸟和数朵银花，以彩色珠子作为花蕊，更增添几分跃动的活力（图3-26）。

其实，葬礼中大量首饰的参与是其后人表达对逝者悼念和祝福的一种形式，其他民族也采用一些变通的方式来表达这种心情。如在彝族，老人病故断气时，其子女要用“曲征”碎银含在老人的口中，表示子女祈求老人故后能获得灵魂上的安定丰盈，希望老人在九泉之下有吃有穿，祈求老人要给子孙后代留下和谐幸福、吉祥如意，同时也象征子女对老人的一片孝忠；纳西老人弥留之际，人们会用红纸将一小块纯银、几粒大米、几片茶叶包好，再将一根竹筷的一端切开一条缝，夹住红包，放入老人的嘴唇，意为保佑死者一路走好，在另一个世界也能衣食无忧，不要害怕，向光明灿烂的大道前行。

丧葬中埋葬陪葬品在古代葬礼中普遍存在，而现今各个民族越来越淡化这种做法，但是仍然有一些偏远地方的少数民族依然保留，如云南省景洪市基诺山地区的基诺族的随葬品主要是死者生前用的生产工具，偶尔也埋入银首饰和完整的牛头、猪头等。

图3-25　八排瑶殡葬银饰

图3-26　文山壮族葬礼银饰（贵州省民族博物馆）

三、首饰中的节日社交与民俗文化

（一）苗族姊妹节

苗族姊妹节（台江称“浓嘎良”）是一种民俗、婚恋、社交方式，传承至今，历史悠久。作为台江老屯、施洞一带苗族人民的传统节日，姊妹节以青年妇女为中心，以展示歌舞、服饰、游方，吃姊妹饭和青年男女交换信物为主要内容，节日中，青年盛装银饰是最亮丽的风景。

苗族姊妹节的举办日期为每年农历三月十五日至十七日，届时苗族青年男女穿上节日的盛装，聚集于榕江、杨家、偏寨等地，欢度这个极富民族特色的传统佳节。白天，姑娘都身穿漂亮的衣裙，佩戴华丽的银饰，到郎西去观看斗牛、斗雀，同与自己一道吃“姊妹饭”的男子跳芦笙和跳木鼓舞；夜里，男女相聚在村中广场或巷间唱歌谈情。踩鼓是整个社区参与节日活动的重要方式，姑娘在父母的精心打扮下，身着节日盛装，从头到脚佩戴大量银饰，聚向鼓场踩鼓，以此展示自己的服饰文化。

苗族盛装银饰有项圈、手圈、指环和耳坠、凤冠等，主要突出在头部、胸部、肩部、颈部和手腕。头部银饰主要包括银角、银扇、银帽、银围帕、银飘头排、银发簪、银插针、银顶花、银网链、银花梳、银耳环、银童帽饰等（图3-27）。头饰在苗族文化中意义重大，多在苗年、姊妹节、婚嫁等重要场合佩戴，其头饰中最重要的是银角、银扇、银帽：银角多流行于贵州黔东南一带，因为地域的差异，银角有西江型、施洞型、排调型三种类型；银帽由众多银花与造型各异的鸟、蝶等动物，以及银铃组成，有重安江型、雷山型、革东型三种。胸颈首饰是苗族盛装装饰的重点，主要有银项圈、银压领、银胸牌、银胸吊饰等几类，其中又以银项圈制作尤为考究。项圈造型有扇圈、绞圈之分，单圈、套圈之别，套圈有两件套、三件套、五件套不等，大圈套小圈，层层叠叠，大小搭配适当。胸部银饰主要体现在围腰上，盛装时，花带作衬，外贴腰带，上部沿边贴银牌，前胸坠饰一条双股胸链，两端有蒜瓣状银扣，另挂胸牌和胸挂。肩上银饰主要包括披肩和后尾：披肩以缎子作底，镶上花边，底部镶银片、银铃、银须、坠链等，而后尾顾名思义围于后肩，吊于后背，以银片、银须连缀而成，一般

图3-27　台江苗族姊妹节盛装银饰

在盛装时才佩戴。手饰主要包括手圈和指环，可单手戴，一只或多只皆可；也可双手戴，单手双手数量要求一致。苗族戒指造型大气，一手可戴数只，但多戴时手指难以并拢。

苗族人重银饰，又以女性银饰为最盛，女性首饰也分常装和盛装，盛装首饰一般只有在传统节日、婚嫁等大型活动时才会佩戴，而姊妹节则是展现女性青春魅力、寻找人生伴侣的专门节日，这自然也是通过盛装银饰展现苗族社会生活和文化内涵的重要契机。

（二）傣族花街节

傣族最著名的节日当属泼水节（又称浴佛节），这是基于傣族宗教信仰（佛教）的大型盛会。但聚居于新平、元江等县河谷热坝地区的傣族花腰支系却不过泼水节，而过“花街节”(也称赶“花街”)。花街节的主要目的是除旧迎新，欢歌笑语庆贺新年，节日当天，男女老少身着盛装会集街头。同时，花街节也是我国傣族中唯一带“花”的节日。所谓“花”，指的是如花似玉的妙龄少女，因此，花街节也是花腰傣青年男女谈情说爱的盛大集会，是青年男女交流择偶的重要形式，被誉为“东方情人节”。花腰傣人一年两度的花街节（小花街，农历正月初七；大花街，农历五月初六）是花腰傣姑娘赛美、小伙子选美，相互挑选意中人、私订终身的盛会。

花腰傣姑娘的盛装首饰也是花街节的主要亮点。早饭后，姑娘在阿妈的指导下，梳理秀发，穿上节日盛装，佩戴全套首饰，如银镯、银耳环、银链、银铃等银首饰；腰间挎上精致的秧箩，并将花腰带、香荷包、花手帕等礼品装入其中，戴上鸡斗笠，会聚在粉牛渡口（图3-28）。在这些饰物中，比较特别的如八角花、凤凰一类的别针，这些是傣族特色文化的体现。姑娘通过盛装和银饰尽情展现自己的美貌和魅力，找到自己的意中人后，一起吃“秧箩饭”，送定情信物（女送花腰带，男送手镯等物）。也有情侣是通过串寨认识后，再到花街节相会吃“秧箩饭”送定情信物。

另外，花腰傣独具魅力的头饰、服饰，与晋宁石寨山、江川李家山出土的滇国青铜器上的人物十分相似，有着锥髻、短襟衣、筒裙等共同特征，证明两者之间一脉相承。

（三）壮族三月三

历史上，农历三月三又称上巳节，这天，人们都会利用地球上的吉水洗涤我们的身体，以求荡涤尘垢，驱除疾病。三月三是广西一个

图3—28　花街节上花腰傣的花腰带、秧箩和首饰

盛大的节日。这一天会举办很多活动，如祭祀祖先、对歌择偶、聚餐、唱戏、抢花炮、抛绣球、斗蛋等，其中最主要的是壮家人祭祀祖先、倚歌择配。因此这一天又被称为壮族的情人节，从这一意义衍生出来的更多节日内容，使其成为壮族人一年中最盛大的节日。

节日期间，壮家人着传统民族装饰，举行盛大活动。壮人尚银，因此在重大节日都会佩戴大量的银牌、银链、银锁、穗形针筒等饰物。壮人喜银，但也有差异，城乡多尚金玉，乡村则重玉质银器。未婚女子喜刘海，头发从左绕到右，约三七分，用发卡等头饰固定，并梳长辫，扎彩巾；已婚女子则梳龙凤髻，将头发由后向前拢成鸡（凤）臀般的式样，插上银质或骨质横簪。壮族盛装银饰一般包括银梳、银镯、耳环、项圈、项链、脚环、戒指等几类，但银饰工艺却十分复杂，主要有镶嵌、錾花、镂空、花丝、锻造、点珠等技法和工艺。首饰纹样则多以花、草、虫、鱼、鸟、兽等生命活力旺盛的形象为主，再饰以大量的圆点，使构图更丰满，形象更突出，更厚重立体。

在三月三的节日活动中，最能体现节日活动内涵和壮乡民族文化的是三月三歌圩，这是壮乡青年男女进行交际的好时机。每逢歌圩，方圆数十里内的青年男女聚集在歌圩点，小伙子在歌师的指点下与中意的姑娘对歌，女方若有意，便将怀中的绣球赠予意中人，而男方则以手帕、毛巾之类的物品回赠，遂订秦晋之好。

绣球工艺精巧，多由十二花瓣联结成一个圆球形（也有方形、多角形等），每一片花瓣代表一年中的某个月份，每瓣皆绣上富有吉祥寓意的图案，图案多为龙、凤、鸳鸯、十二生肖、梅、兰等，叶瓣中间绣上祝词，如“吉祥如意”“花好月圆”之类，瓣边镶绣金丝，绣球内装豆粟、棉籽、木屑等物，球上连着一条绸带，下坠丝穗和装饰的珠子，象征纯洁的爱情。绣球色彩多样，但以红色、紫色、黄色为主，绣球有单线和复线两种技法，常见的绣球大部分采用单线，这种方法较为简单；复线刺绣的图形更为精美、复杂，也极富立体感（图3–29）。

第二节　少数民族传统首饰的思想内涵

首饰是少数民族物质文化和精神文化的集合体，体现一个民族强

图3-29　三月三壮族绣球

烈的思想内涵：有体现健康平安、事业有成、家庭幸福等求吉祈福心理的；有体现民族自然崇拜、宗教信仰等思想的；还有体现民族的神话传说、寓言文化的；也有表现民族自我意识，崇宗敬祖，突出民族礼仪伦常的。

一、首饰中的求吉祈福与美满和谐心理

健康、家庭和事业是我们日常追求的三个主要层面，而且这种心理追求呈现在物质、生活的方方面面。如广西龙胜县一带盘瑶的三角帽，不同年龄戴三角帽的颜色不一样，寓意也不同：年老女性戴青色求长寿，寓意四季长青、长命百岁；中年女性戴蓝色主家庭，寓意风调雨顺、兴旺发达；年轻姑娘戴花布蒙的三角帽，寓意山花烂漫、前程似锦。对桂、黔、滇地区少数民族来说，首饰是其社会生活不可或缺的必需品，体现强烈的求吉祈福心理内涵。

（一）驱邪、平安，身体康健

消灾避难、祈求平安、驱除恶魔、辟邪求顺等一直是少数民族传统首饰的重要思想内涵，几乎涵盖头饰、项饰、胸饰等所有首饰种类，尤其是小孩首饰，这种思想表现得尤为充分。在古代，医疗条件较差，初生生命成活率较低，容易夭折。但西南地区一些少数民族中却流传着这样一种说法，认为婴儿初生到12岁这一阶段都是行走在阴阳交界处，不容易养活，因此，驱邪祈福，保佑小朋友健康成长就成了少数

民族首饰的重要寓意和思想内涵。桂、黔、滇地区诸多少数民族认为银有辟邪之效，因此，该区域少数民族传统首饰多以银为材质，从而保护小孩健康成长，避免早夭。

头饰中主打驱邪、健康内涵的童帽饰品是一个大类，这种思想内涵多从宗教元素、厉害兽类，以及祝福文字等方面来表现。其一，宗教元素，如贵州施洞有一种专为婴儿特制的银菩萨帽饰（图3-30），前檐饰一排9个饱满祥和形态各异的菩萨，并有4块五边形银片，上刻“长命富贵”字样（一套9枚，件小，片薄，分量轻），该帽借用菩萨造型来保佑小朋友健康成长。还有如侗族的罗汉帽，帽之前檐有两层银饰：上层镶嵌18个罗汉银像，下层镶18朵排列齐整的梅花，取义“十八罗汉护身，鬼神莫近”。两鬓各佩一弯月形银饰，下面各有一银狮，仰头望月，足踏银球，正中嵌有丹凤朝阳、双龙炼宝或吴刚伐桂、嫦娥奔月，周围是彩云和水波环绕，下面又各嵌一只雄狮，末端悬吊银铃、四方印、葫芦、仙桃、鱼和鹰爪等吉利形象饰品，孩童行走或摇头时，银铃清脆悦耳。与前述借用佛教菩萨和罗汉类似，苗族的八仙帽则借用道家的八仙形象来消除邪恶，表达对小朋友健康成长的关爱。其二，厉害兽类也被人们认为是能够对付鬼魂的，因此童帽中也出现许多以兽为主体形象的，如虎头帽、猫头帽、龙凤帽、麒麟帽，土家族、苗族的狗头帽，帽前刻有八仙图案或“长命富贵”字样，意为孩童可得到神人护佑，易养成人，另外狗头帽也有图腾崇拜之意。还有些童帽多饰有狮、鱼、蝶等形象，以及“福禄寿喜”“长命富贵”等字样及“六宝”等来寄托长辈对小朋友健康成长的祝福。

还有，苗族人相信一切锐利物皆可辟邪，因此苗族人喜欢戴各种银角（形似牛角，又叫水牛角或者龙角）。由于龙是苗族文化中苗族村寨的保护神，因此，银角在苗族的盛行也寄托着苗族人对平安顺利的希望。

在桂、黔、滇地区少数民族中，项胸也是他们装饰的重点，尤其是苗族、侗族、水族、瑶族、傣族等民族的项胸饰尤具特色。项胸饰的文化内涵中除了人们熟知的审美内涵外，对邪恶的驱逐和健康的呼唤是人们赋予项胸饰的主要思想和精神内涵，这一点在项圈上表现得极为突出。项圈在很多少数民族中被认为有对抗疾病驱除邪恶之功，

图3-30　苗族银菩萨童帽（贵州省民族博物馆）

图3-31　侗族五兵佩吊饰（贵州省民族博物馆）

因此对于小时候身体较差、容易生病的人，父母都倾向于给其佩戴项圈以此祈祷健康平安，如少年闰土。

项圈一般是用金、银、铜等金属锻制的素圈，也有用整块美玉雕制的，但在桂、黔、滇地区，少数民族多用银质项圈，并在项圈上搭配“长命锁”“如意”之类坠饰，以及“长命富贵”“福寿安康”等祝福文字和仙桃、蝙蝠、金鱼、莲藕等吉祥图案，用来祈祷佩戴者平安、富贵、长寿。项圈被某些少数民族认为是带有神秘力量的“厌胜物”，能保佑孩子平安健康、顺利成长，这种饰品通常在孩子成年后就会摘下。

长命锁也是项饰银锁的一种，形为锁状，又被称为“百家锁”“百家索”“百家练”等，在桂、黔、滇地区比较普遍。作为民间普遍认可的护身符，长命锁被认为有压惊辟邪、驱鬼祛灾、祈祷福寿的作用，后引申为可“锁”住生命，保障儿童安康长寿，父母给小孩戴上长命锁，期盼能锁住小孩的灵魂，使之不会轻易被鬼魂勾走。锁上所坠饰物或锁状或如意状，常见的有项圈、挂链等式，上面打制“长命百岁”“富贵长命”等文字和各种吉祥图案。

说到驱邪保平安就不能不提到另一种常见的银挂饰——五兵佩吊饰（图3-31），该类吊饰的主要特征就是垂坠部分以兵器为装饰，这种以兵器为饰的“五兵佩”，流行于汉代，在当时就是作为辟邪之用。现代少数民族传统首饰中，刀、剑、枪、棍、戟这几类作为坠饰的兵器也源于此，这种对古代“五兵佩”有选择的保留，虽在形态上有所取舍和变化，但是驱邪这一主要内涵却得到完美继承，千年未变。

（二）幸福、美满，家庭和谐

桂、黔、滇地区少数民族传统首饰的思想内涵中，除了祛除鬼魅、消除疾病、祈祷健康外，对家庭生活幸福美满的希冀、夫妻生活和谐的祝愿等方面也占有相当重要的分量，这在各少数民族传统首饰文化中主要体现在首饰造型和纹样方面。其中，谐音是少数民族吉祥寓意和祝福的常用方法。

1. 以鱼为题材的生活富足与锦衣玉食

在中国传统文化中，鱼是很重要的吉祥元素符号，鱼的造型、纹路以及鱼鳞、鱼尾巴的造型和纹路等，不仅生动有趣，洋溢着对生活的热爱，并且寓意美好，是吉庆、富裕、夫妻恩爱、爱情幸福、前途美好和幸运的象征。

在少数民族传统首饰中，“鱼”也是很重要的民族思想情感的承载元素，以鱼的造型、纹样寄托人们对幸福生活和家庭的向往。鱼是“余”的谐音，因此，人们用鱼形来寓意“年年有余”“吉庆有余”等对物质丰沛的愿望；鱼的繁殖能力特别强，是多子的特征，且鱼的形状和润滑无不隐喻女性，因此鱼在苗家是女性的象征，是他们求孕多子的吉祥符号。苗家人把鱼刻在银饰上，祈望人丁兴旺、多子多福、后世昌盛，这迎合了中国传统子孙后代生生不息的幸福期盼；鱼离不开水，这自然现象又契合鱼水之欢的情感表达，寄托了男女情深、夫妻恩爱、伉俪美满的情意。

在桂、黔、滇地区，鱼形元素被广泛运用在项圈、胸饰、吊坠、耳环、手镯等首饰上，又以苗族项圈尤为出名。从江苗族鱼纹花卉纹七排套银项圈（图3-32）直径27厘米，重2000多克，由7个项圈组成，大小由外至内递减，每一个项圈上都錾有鱼纹、花卉纹，以两个银锥帽为活口，该项圈取义鱼多籽，寓意多子多福；丹寨苗族鱼纹响铃银衣片（图3-33）为对称的两片，其上刻有鱼纹，下方坠有喇叭响铃吊坠。鱼鳞、鱼鳍、鱼尾清晰可见，有浮雕效果，鱼呈游动状，活灵活现。

正是由于鱼寓意的吉利，因此以鱼为中心形成多个寓意组合。如“鱼”又和“玉”同音，含有浓郁的吉祥寓意和情趣，所谓“金玉满堂”，这是多么美好的生活乐趣和意境；“鲤鱼”和“利余”同音、金鱼与“金余”同音，取其谐音，就有了大鲤鱼的“得利图”“连年有余”寓意。

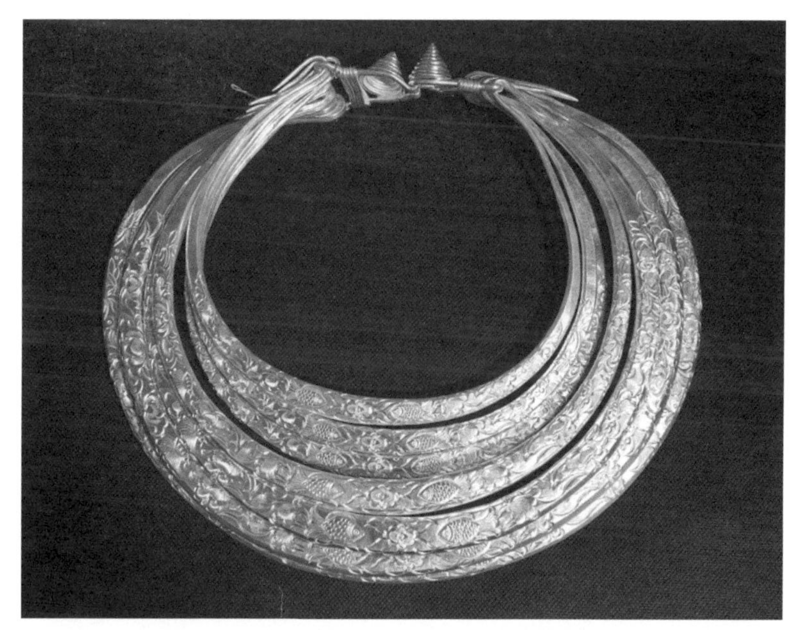

图3–32　从江苗族鱼纹花卉纹七排套银项圈（贵州省民族博物馆）

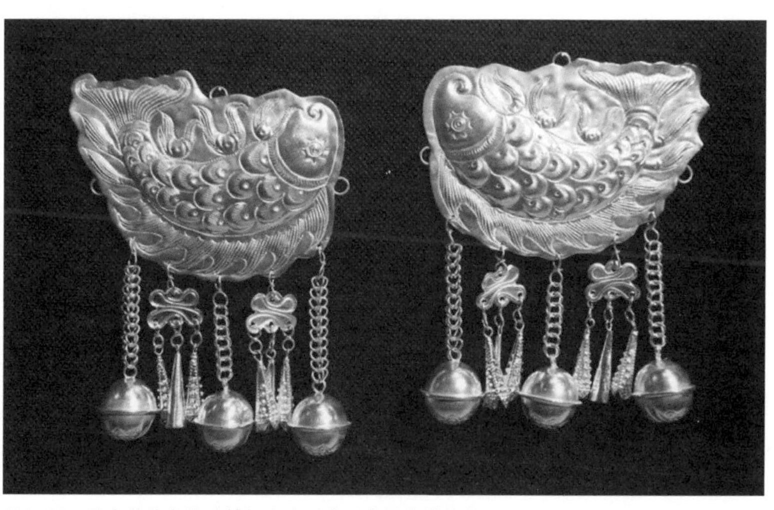

图3–33　丹寨苗族鱼纹响铃银衣片（贵州省民族博物馆）

在鱼形图案中，鲤鱼和金鱼的内容和形式较为丰富，直接对应了人们对富裕、吉庆、求福的心理，含处处得利、生活幸福之意，如图3–33所示的丹寨苗族鱼纹响铃银衣片，以鲤鱼为造型主体，再搭配铃铛和喇叭形吊坠，兼具内涵寓意及装饰需求。

2. 以龙凤题材为代表的夫妻恩爱与家庭和谐

龙凤在中国人的心目中一直代表吉祥、高贵和相辅相成的关系，因此龙凤结合也渐渐被用来形容爱情，新人结婚可以说是龙凤配或龙凤呈祥。因而，龙凤题材的首饰被广泛使用，寓意家庭和谐、夫妻恩爱，也有以龙凤结合寓意太平盛世，高贵吉祥。

银镀金龙凤镶珠项圈是傣族贵族婚礼中新娘的重要配饰（图3–34），项圈为圆月形，通体以银片打制为底，正中焊接立体二龙戏珠图案，配以双凤，镶嵌红、绿色料珠，其中大颗料珠四枚，小粒料珠若干。项圈两端尾部收口处作两雁交颈状，蕴含雁首之礼，象征婚姻幸福美满，寄托了人们的美好愿望（古时嫁娶时常以大雁作为礼节中的信物）；底部银片镂空，且錾刻几何纹、缠枝纹，再加上捶揲、透雕、錾花、镶嵌、镀金等工艺，使整个项圈深具立体感。整个项圈色彩浓重，对比强烈，富丽堂皇，不仅生动夺目，而且器形较大，为傣族贵族婚礼用品；从项圈材料来看，无论基础用料还是宝石产地，都带着浓厚的云南地方特色，是傣族银镀金首饰中的上乘精品；龙凤纹是华夏文明特有的纹样之一，因此，该项圈的龙凤纹饰充分体现了傣族文化和华夏文明之间的交流、融合。

再如，双龙配吊饰银耳环（图3–35），包含耳环和吊坠两部分。耳环上半圆呈细圆弯钩状，便于穿戴，下半圆采用錾银盘龙造型，龙身采用扭丝工艺，龙首和龙尾采用掐丝工艺，盘龙以下坠饰六串宫灯、绣球接长形银铃饰物串，工艺精湛，造型独特。

云南彝族鸡冠帽也是对幸福生活向往和家庭和谐追求的体现。在彝族人民心中，雄鸡是吉祥、幸福、光明的象征，戴上鸡冠帽，就像雄鸡永远相伴一样。鸡冠帽整体造型呈鸡冠状，佩戴该帽后，整体像一只打鸣的雄鸡，象征人们生活平安幸福。彝族鸡冠帽在整体形态一致的情况下也体现明显的地域差异，如云南红河金平县一带彝族妇女（尼苏泼支系）所佩戴的银泡鸡冠帽与武定鸡冠帽就差异巨大（图

图3-34 傣族银镀金龙凤镶珠项圈（云南省博物馆）

图3-35 双龙配吊饰银耳环（广西民族博物馆）

3-36），一个以颗粒为主，一个以丝线完成羽毛纹样，并在帽檐镶饰银泡、银铃（彝族文化中，银泡表示星星和月亮，象征光明和幸福）。

除常见的龙凤题材外，莲、荷（寓意“并蒂同心”）也常用来描述夫妻恩爱、家庭和睦：荷花硕大艳丽、清香远溢，上有并头莲，下有并根藕，根深叶茂共一家，故常谓“莲荷同根”“并蒂连根”“花开叶茂结同心”。由此，荷花衍生出了“夫妻和谐，和气生财”的寓意，莲藕也因谐音“连偶”，而作连续不绝、繁荣兴旺、合聚团圆等意。

（三）顺利、上升，前程似锦

在少数民族传统首饰中，用来寓指或祝福佩戴者事业蒸蒸日上、前程似锦、飞黄腾达等方面的首饰也非常丰富，寓意的主要承载图案

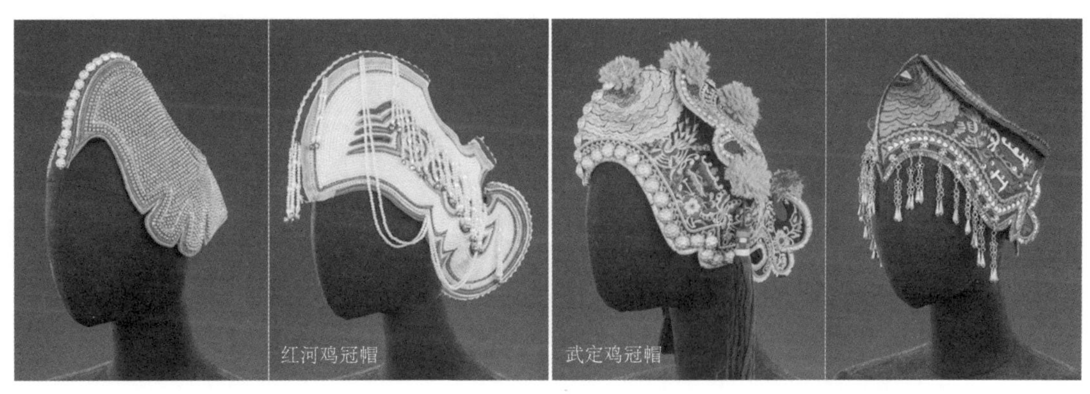

图3-36 彝族银泡鸡冠帽图

包括荔枝、桂圆、核桃、鲤鱼、竹节等。

在少数民族传统文化中，除以“鱼”寓意多子多福、幸福美满外，鱼纹样也被广泛用来表达对事业蒸蒸日上的祝福。自汉代有鲤鱼跃龙门成龙升天神话故事后，“鱼跃龙门”就一直被用来形容事业蒸蒸日上，飞黄腾达。这表达人们渴望生活质变飞跃、平步青云的美好愿望，以及人们对美好前途和个人成就的向往与祝福，如清代的鲤鱼跃龙门大银饰（图3–37）。该首饰采用花丝、錾刻等工艺，形象细致地刻画了龙门的形象，将已经跃入龙门的鱼作为重点刻画对象，鱼鳍、鱼尾、鱼头，以及鳞片等栩栩如生，但是对后面鱼群的刻画却极其简略，用银薄片以超抽象的形态来表述，既可以与前者形成对比，详略呼应，又可以呈现鱼儿众多，争先恐后，不可尽数的场面。再如彝族錾花镂空鱼跃龙门银冠（图3–38），蓝黑布为内衬，外围一錾花银箍呈莲花形，其面镂空并有錾花，有楼宇、双鱼、石榴、花卉、枝叶、乳钉纹等纹饰。此帽饰结合了“鱼跃龙门”“石榴多籽”等汉文化中常见的吉祥寓意，体现出彝族文化与汉文化的交融，表现彝族期盼人丁兴旺、子孙光宗耀祖的愿望。

对青年学生而言，事业主要指学习提升，持续进步，因此麒麟也常用来形容佩戴者才能出众，不可多得，如用“麒麟才子”等祝福佩戴者有一个辉煌的人生。因此，在少数民族传统首饰中也常将麒麟作为设计元素，并与其他如鲤鱼、蝴蝶等元素搭配，如苗族环形刻纹吊坠银项饰（图3–39），吊坠项圈重394克，通高59厘米，银质，项圈部分为四棱形银圈开口设计，两端外勾呈领状，錾刻花形翎羽图案，挂

图3–37　鱼跃龙门大银饰(柳州博物馆)

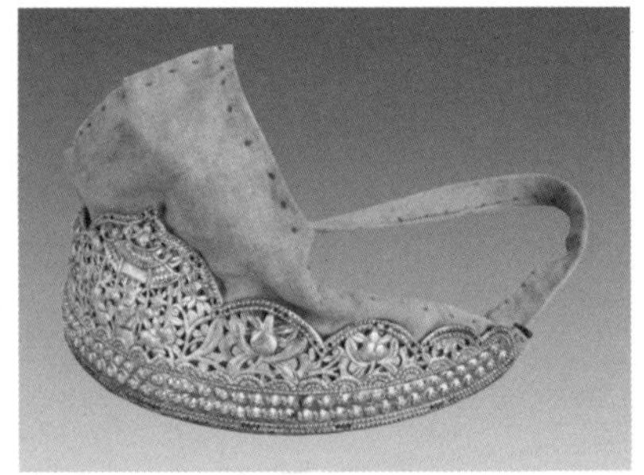

图3–38　彝族錾花镂空鱼跃龙门银冠（云南省博物馆）

坠为四层造型，银牌均为单层银牌套模锤打而成，第一层为铜钱造型银牌，第二层为蝴蝶和鲤鱼，第三层为麒麟和花篮，下坠六枚银铃铛，第四层为组合图案银牌，是蝴蝶、仙人与双狮戏球，下坠五枚银铃饰件，制作精美。

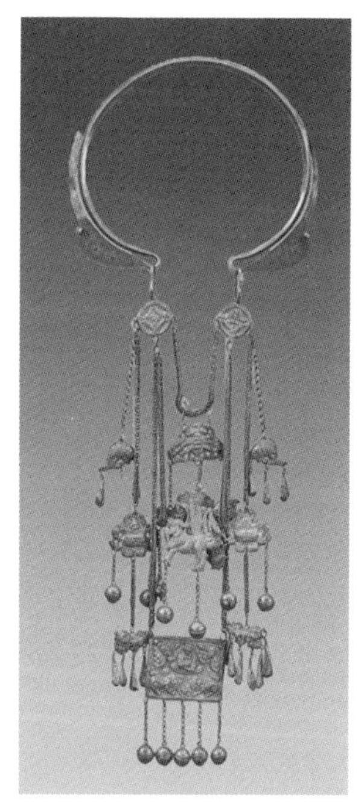

图3-39　苗族环形刻纹吊坠银项饰（柳州博物馆）

二、首饰中的原始崇拜与典型国学思想

在桂、黔、滇地区，由于少数民族聚居区的经济在较长时期内都处于欠发达状态，以及许多少数民族比较封闭，民族社会长期处于内部自理，与外界交流少，因而民风民俗和宗教文化保存得相对完备（如清朝改土归流前的雷公山苗族），其自然崇拜和宗教文化在少数民族传统文化中占有一定分量，这在其传统首饰文化思想内涵中体现得尤为显著。

（一）原始崇拜与民族信仰

桂、黔、滇地区少数民族的主要信仰有自然崇拜、图腾崇拜、祖先崇拜等原始宗教形式，这种思想文化不但体现在人们的日常起居、社会生活和工作中，更体现在人们的思想意识中，并以传统首饰等实物的形式加以承载。因此，从少数民族传统首饰可以离析出民族文化和民族思想。

1. 以蝴蝶崇拜为代表的苗族信仰与银饰

在桂、黔、滇地区，苗族的民族信仰和崇拜比较典型。苗族的自然崇拜对象包括天、地、日、月、巨石、大树、竹、山岩、桥等；图腾崇拜包括凤凰、枫木、蝴蝶、神犬（盘瓠）、龙、鸟、鹰、竹等；而祖先崇拜则带有一定的地域差异：在黔东南地区从最早的枫木、蝴蝶转为崇敬人类的始祖姜央；湘西苗族崇拜的始祖是“傩公”“傩母”。这些崇拜对象和文化思想在苗族传统首饰中被广泛运用。

在雷公山一带，苗族一直把枫树、蝴蝶当作主要崇拜对象。苗族古歌唱道：天地生枫木，枫木生出蝴蝶妈妈，蝴蝶妈妈生出姜央（人类），然后才有了苗族①。在苗家民间文化中，由枫树树心幻化成的蝴蝶妈妈生育世间万物，包括人类始祖姜央（古称“外化生苗”）。因此，蝴蝶便成为苗族的母祖大神，蝴蝶纹样也成了祭奠祖先、祈求庇佑的民族

①广西少数民族古籍保护研究中心：《苗族古歌·融水卷》，广西民族出版社，2016。

图3-40 苗族蝴蝶带八折花银吊挂（湖南博物院）

图3-41 苗族四层蝴蝶银挂（柳州博物馆）

图腾而广泛地存在，特别是在苗族首饰中，枫叶和蝴蝶纹样更是随处可见。如苗族银饰的吊花多为三角形的枫叶纹造型，枫木纹和蝴蝶纹的造型也广泛存在于银吊挂、银吊链、银围帕、发簪、银梳、耳环、帽饰等传统银饰中。如苗族蝴蝶带八折花银吊挂就是以蝴蝶为主要装饰，再辅以其他祥瑞图像（图3-40），吊挂从上至下有三层银牌，银牌依次增大，中用链穿接。第一层银牌为镂空蝴蝶，蝴蝶两侧各缀一链，链下饰一银角，银角上阴刻花草等纹饰；第二层银牌为镂空花篮，花篮中鲜花盛开，花束间饰有一蝴蝶，花篮两侧各接两链，链下端分别缀小鱼、石榴，其中一侧链上小鱼缺失；第三层银牌为椭圆形，银牌顶部伏一展翅之蝴蝶，蝴蝶下端为一圆形，圆内饰八折花，圆两侧各有一石榴形果实，最下端又接5链，链上分别缀刀、挖耳、镊子、牙签、小剑。再如苗族四层蝴蝶银挂（图3-41）也是以蝴蝶形为主要装饰，挂牌由筒形银链穿系四层挂件组成，第一层是龟形瑞兽，第二层是花形开窗银牌，第三层是银挂的重点——倒蝴蝶形银牌，第四层是少数民族广为流行的刀、戟、铲、扦等杂宝造型。

苗族民间认为人死后可以变成鸟，鸟能指路，可以带领人的魂魄通过阴间毛耸山，穿过层层地狱，一直走到祖宗发祥地。因此，苗族人银饰上有大量的飞鸟造型，以此标示自己是鸟的后代，方便得到图腾祖先认同。因此，苗族银饰上的飞鸟形象不但数量大，而且种类、形态多样（图3-42）。再如贵州黄平苗族银凤冠（图3-43），银帽为半圆形，全封顶，分内外两层，内层用铜丝编成适于头戴的帽圈，通冠由成百上千的银花组成，簇簇拥拥，十分繁密，帽顶正中饰有银雀，四周有蝴蝶、螳螂、蜻蜓等簇拥在银花上，形态逼真。

2. 以盘王图腾为代表的瑶族崇拜与银饰

盘王是瑶族神话传说中的始祖，被认为拥有超凡实力，可以保护瑶族子孙。关于盘王是瑶族始祖的传说距今1800多年了，《后汉书·南蛮传》记载高辛氏神犬盘瓠应募咬死犬戎之寇吴将军，因盘瓠破敌救国有功，高辛氏以女配盘瓠。因此瑶族传统文化中有大量的基于盘王先祖崇拜的文化素材和典故，如以“跳盘王”“盘王还愿”为代表的祭祀活动，以“盘王歌”“盘王舞”为代表的庆典文化，以盘王印、长鼓为代表的先祖崇拜物等。

瑶族无论男女都喜爱佩戴银质首饰，如银牌、银镯、银项链、银项圈、银耳环、银鼓等，品类繁多。瑶族银饰的表现主题多以瑶族的生活、文化、思想、迁徙历程、神话、民族信仰等为主，尤其是以瑶王像、瑶王印为题材的饰品更是层出不穷。如瑶族银胸牌多为圆形、弧形和长形（图3—44），这体现瑶族文化中对日、月等物的自然崇拜，盘王处在正中喻为太阳光芒万丈照耀子民，周围圆点则为万千瑶民，众星捧月，承载盘王雨露，表达瑶民世代繁荣，生生不息。

银鼓是瑶族各大节日盛装的重要装饰，既可直接佩戴于胸前，亦可作为头饰悬挂于女帽之上，造型美观得体，男女皆宜，深受瑶民喜爱（图3—45）。银鼓造型整体取材于盘王印和瑶族长鼓，是瑶族银饰

图3—42　苗族姊妹节盛装头饰

图3—43　贵州黄平苗族银凤冠（贵州省民族博物馆）

图3-44 瑶族胸挂银饰

图3-45 瑶族银鼓

文化中一个融合典型，鼓约手掌大小，鼓面雕刻有盘王印等瑶族标志，鼓面和裙边的众多圆点代表盘王的众多臣民。为了追求活动节日的表现效果，现今一些银饰手工艺者又给银鼓增加了若干银铃，且内置银珠，走动时银铃摇摆，叮当声烘托节日气氛。耍歌堂时，铃铛声与鼓声配合，更具乐感。这些银铃经手工打磨、焊接，小巧精致，且银光璀璨，具有上佳的审美效果。然而瑶族各支系居住分散，且地域差异明显，因此银鼓数量也因地域而呈现明显的数量差异，如南岗瑶族佩戴一般为银布30个、银鼓5个，而油岭则是银布15个、银鼓3个。

3. 以日月崇拜为代表的彝族信仰与银饰

彝族的自然崇拜源于其民族万物有灵的观念，认为他们的活动和宇宙自然现象就是灵魂支配的结果，以此形成彝族极具特色的自然崇拜，如天、地、水、石、火、山崇拜，竹、葫芦、松树、栗树、动物崇拜等。尤其是对日、月、星辰的崇拜在彝族文化中影响较大。

古彝族人受生产力限制，认为太阳和月亮都是神灵的象征，且自己的命运也被这些神灵掌握，因此，彝族人认为崇拜太阳和月亮会给自己和家人带来平安和好运。彝族每年都要举行太阳会和太阴会的祭祀活动，并去山神庙念《太阳经》和《太阴经》来祭拜“太阳菩萨”和“太阴菩萨”以祈求它们的保佑。其实，关于彝族的日月崇拜还有另外一个传说，即古时天上有7个太阳和7个月亮，地上庄稼无法生长，人们无法生活，后来一个英雄将太阳和月亮各射掉了6个，但是剩下的那一个太阳和月亮却吓得藏了起来，人们仍然没法生活，因此这个英雄就带领人们用粑粑和糕举行祭献，将太阳和月亮求出来，现在彝族人在八月十五举行的日月节就是为了庆祝人间光明的恢复。日月崇拜对彝族的社会、生活、文化影响极其深远，尤其是在彝族传统首饰中，日月崇拜及其物质、精神思想和文化内涵体现得淋漓尽致。

在彝族传统首饰中，胸饰称得上是彝族传统首饰文化的杰出代表，承载、呈现并传承彝族传统文化。彝族胸饰一般由六或者八件单独饰品组合，并用银链联结为环状，胸饰整体长2 ~ 3尺，重五六斤（图3-46）。胸饰下正中主体造型为半月形，似月亮，立体半月形饰件上图案丰富多彩，但构成图案多以太阳、月亮、星星、蛇蛙、鸟纹为主，整个图案形象突出、夸张，但做工精细，纹饰外凸，颇富主题感。胸饰上银珠、银泡、银扣形式对称，数量均衡，似环绕月亮的星星，象征前途光明，生活幸福。与胸饰相似，彝族背饰常以红羊毛布为底，镶以花银片，银片外形是日、月，并在其上压制圆点纹和镂切其他纹样，衬现红底，红色辉映，艳色富丽。

除日月崇拜外，彝族传统首饰文化中，日月、飞鸟、雄鹰、龙虎、羊角等寓意深刻且被广泛使用。彝族崇拜鹰，视之为神鸟和先祖化身，象征自由和勇敢；崇拜老虎，象征威力，羊文化贯穿彝族整个物质和精神生活，彝族人视羊角为吉符，这些文化及其象征和寓意不仅体现在彝族传统首饰中，而且在其他物质和精神层面也广泛存在。

图3-46　彝族银胸饰

除彝族外，将日、月、星辰作为崇拜对象，并举行祭祀活动的民族还有鄂伦春族、赫哲族、纳西族等，但是将月牙等形态作为重要的民族传统首饰造型的要推巴马瑶族自治县一带的番瑶。番瑶人民认为月亮是民族创始人的化身，是万物之母，这个世界上最美好的东西，因此，他们的胸前挂着月牙银饰，以此象征其民族信仰（月神）。

（二）朴素唯物主义与国学思想

在少数民族传统首饰文化中，除了体现朴素的自然崇拜和民族信仰外，一些朴素的唯物主义思想在传统首饰中也多有体现，如壮族的“麽乜”，苗族的西江型银帽和雷山型银帽。

“麽乜”（图3-47）是广西百色右江流域知名的配饰，历史悠久，“麽乜”的产生源于百色一带的壮族传说。相传很久以前，太阳神的火种龙珠掉落凡间，百色澄碧湖的壮族青年佰皇历经千辛万苦找到龙珠，最后献上自己的生命把龙珠送回天上，让太阳重现光芒，从而拯救了天下苍生。佰皇的妻子雅皇用布和艾草做成怀抱太阳的小人偶，取名“麽乜”戴在身上，以表达对他的思念，“麽乜”二字在壮语中就是“神和母亲”的意思。

“麽乜”被视为壮族吉祥物，赠送和佩戴“麽乜”成了当地壮族人的习俗，还于2011年被列入广西壮族自治区非物质文化遗产保护名录。“麽乜”多采用红、黄、绿、黑、白五种颜色的布料制作，红色属火，主南方；黄色属土，主中央；绿色属木，主东方；黑色属水，主北方；白色属金，主西方。壮族人民认为这五色代表着金、木、水、火、土，五行相生相克，遂能驱疾辟邪。后来，人们还会在“麽乜”内部放入艾草、菖蒲、菊花等十几种草药，壮族妇女相互馈赠这种用中草药制成的人形香囊，特别是婴幼儿必须随身佩戴，人们相信这样的“麽乜”具有安神镇惊、辟邪解毒、驱赶疾病的功效，戴在身上，散发着草药芳香。至此，“麽乜”成为兼具壮族历史文化内涵和保健作用的实用配饰，亦寄托了人们祈求开运辟邪、消除灾难、富足安康的美好祝愿。

其实，不只是“麽乜”，这种朴素唯物主义思想在苗族银帽中也多有体现。如黄平银帽（又名风水帽，图3-48），在设计和制作中蕴含了中国古代朴素唯物主义思想的五行学说（即金、木、水、火、土

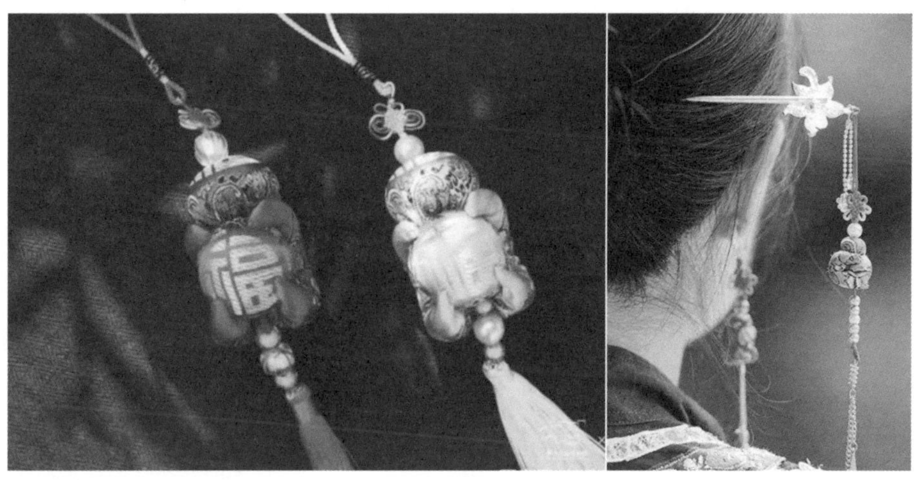
图3-47　壮族"麽乜"配饰

五行相生相克)。银帽通体白色代表"金",太阳花代表"木",太阳代表"火",承载万事万物的帽檐代表"土",水滴代表"水"。五行相生相克,维持事物发展和变化中的平衡与协调。

雷山银帽(又名阴阳帽,图3-49),传说苗族先民为了抵御外来入侵,用水牛牛角装扮头饰,以使自己看起来更威武雄壮,威慑敌人,最后赢得战争。雷山银帽的大银角,外形似水牛角,角非常长,戴在头上高高耸起,这既是苗家先人崇拜信仰的物化,也是以大为美的审美体现。此外,雷山银帽的整体造型还体现了古代朴素唯物主义的国学思想:两只大"银角"代表月亮(阴),中间半圆形代表一轮在地平线冉冉升起的太阳(阳),阴阳相生相合,对立统一互化,调人气,推动事物孕育、变化和发展。

在桂、黔、滇地区少数民族银饰中,耳环是分布最广、款式最多的一种,包括漩涡纹、钱纹、环珠纹、灯笼形、花鸟纹、球形、螺钉形、回旋纹等,这些耳环的设计极具民族特色。如图3-50是一副钱纹银耳环。钱纹象征富贵。在西南少数民族聚居区,耳环并非只是女性的专利,传统国学思想在耳饰中也有明显的体现,如图3-50瑶族男式钱纹银耳环,耳环上部和主体部分分别用了三个和九个同心圆,三和九代表男子的阳性,其实已经道明此耳环为男性佩戴。在中国传统文化中,九在阳数(奇数)中最大,有最尊贵之意,即"九"为最高数,"九"表示多,又与"久"谐音,所以自古为人们所喜爱。

图3-48 黄平银帽

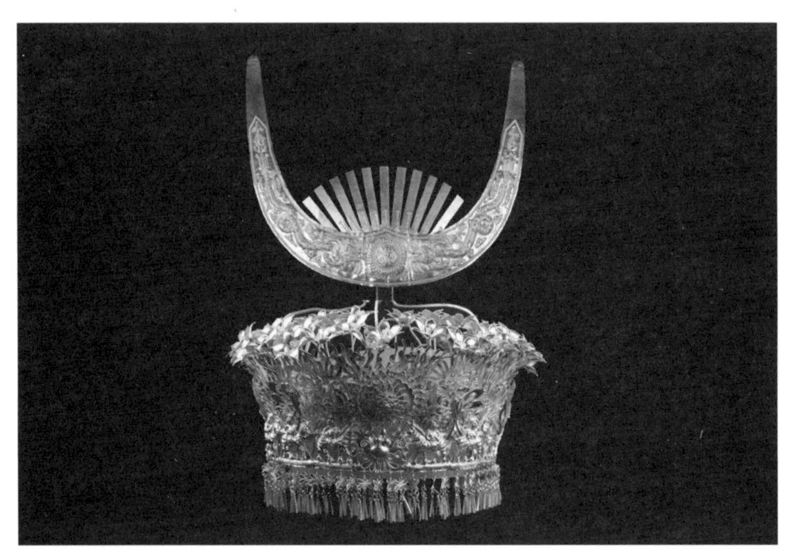

图3-49 雷山银帽

三、首饰中的民间传说与民族纪念印迹

在少数民族传统首饰的思想文化内涵中，不但蕴含表现极为外显的求吉祈福心理，以追求健康平安、幸福美满和似锦前程，还表现非常突出的主观民族信仰思想和朴素唯物主义的国学思想。除此之外，一些民族的民间传说也构成民族传统首饰思想内涵的重要内容，如彝族英雄射落6个太阳和6个月亮，后通过祭祀消除剩余日月的恐惧来恢复人

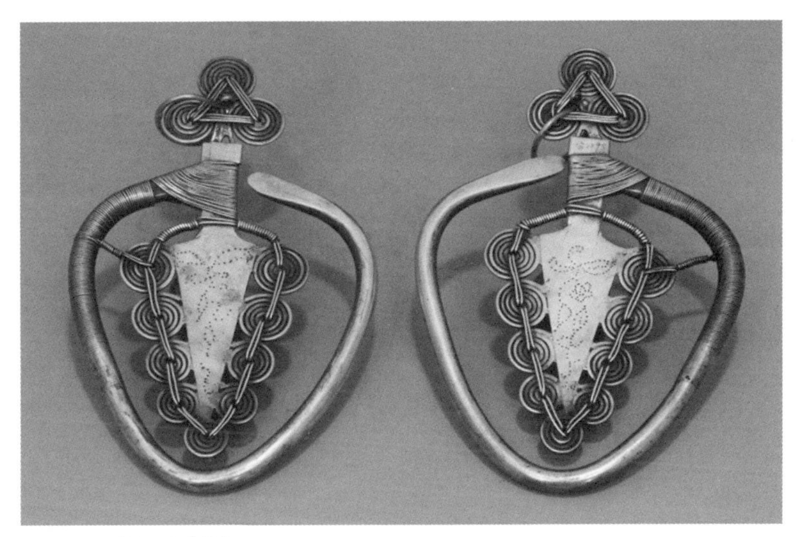

图3-50 瑶族男式钱纹银耳环

间光明，而成彝族传统首饰的日月元素和形态；壮族青年佰皇送龙珠救万民，其妻雅皇做人偶而成壮族配饰“麽乜”等。这些传说和神话既是这些传统首饰产生和成型的源流，也是其精神内核和思想内涵。

（一）瑶族三角帽头饰

据传，瑶族先祖居深山，饱受豺狼虎豹伤害人畜的困扰，有一个成年男子外出狩猎，且家里只有妇弱老幼的夜里，老虎进村破坏，人们用木棍、锄头等武器没能将老虎驱走，反而老虎更加凶狠，一妇人无意中抓起火塘上的三脚架砸向老虎，不偏不斜正好套住了虎头，老虎被这奇怪的东西吓坏而逃走，从而保住了大家的性命。后来瑶族妇女就按这个形状制成三角帽，寓意逢凶化吉，万事如意。

瑶族三角帽在少数民族头饰中独树一帜，别具魅力。三角帽制作简单，用精致竹片搭成框架，再用白布扎住架子四周，并用绳子将架子和白布扎牢，最后用一块绣花青蓝色方帕自后而前覆盖（图3-51）。瑶族各支系三角帽的形态大致相似，但也具备明显的地域差异，如广西贺州市盘瑶妇女的三角帽呈塔形，多达十余层，层层叠叠，这比龙胜三角帽要更为高大、壮观。他们认为密林中的蛇虫等动物一般不会主动攻击人类，因此，戴较大体积的三角帽入深山树林可以惊走蛇虫，从而更好地保护自己安全。但广西金秀一带的部分瑶族妇女更喜欢戴

图3-51　瑶族三角帽

小巧的梯形帽。

其实，瑶族三角帽高而重，戴上后无论是上山砍柴钻树林，还是下田插秧劳作都不太方便。因此，中华人民共和国成立后，戴三角高帽的习俗也慢慢发生改变，除偏远地方一些年长妇女还有保留外，多数瑶族妇女更喜欢直接用四方花巾、花毛巾覆盖头顶而成（即不用竹片作架）。

还有排瑶族女性常常佩戴的银饰如银鼓、手镯、项圈等多会雕刻其“法真”图像，以此纪念带领排瑶人民战胜外族、保全排瑶家乡故土的民族英雄。这是对本民族英雄人物和先祖的缅怀与崇拜，后来还演化为具有驱邪避凶、平安守护寓意的宗教图腾。

（二）布依族包头帕头饰

相传在黔西南州望谟县西北角的坎边乡一带的布依族先祖（百越人的一支），不幸被外族部落征服，他们不断在山区逃亡迁徙，当时正值酷暑高温，再加上长途奔波，口渴难忍，大家基本走不动了。一位老者在渴死前的临终遗愿是听孙女唱山歌，而山歌引来一头未曾见过的花黑相间的水牛，老人根据水牛喜水的生活习性，从而断定不远处定有水源，并根据水牛的脚印找到山间泉池而获救。至此，纪念水牛救命之恩就成了布依族的重要传统，而这种纪念的物质表达形式就是布依族包头帕头饰。

布依族人将牛角的形状和花黑相间的毛色特征融合（图3-52），制作具有民族特色和水牛纪念语义的布依族包头帕，以此表达民族不忘水牛的恩义。到现代，这种最初形态的包头帕也逐渐简化。

（三）苗族双头龙手镯

苗族双头龙手镯主要流行于台江施洞一带（图3—53），该手镯的主要特征是两端都呈龙头形（双头龙），手镯其他地方的龙鳞等纹理采用錾刻等工艺雕刻。其实关于双头龙手镯也有一些变形形式，如苗族龙头绳纹银手镯（图3—54），镯身以细银丝螺旋形缠绕成管状，两端形象地制成两首相对的龙头，似双龙盘旋，生动夸张。双头龙的造型来源于一个苗族传说，相传在很久以前，苗族地区的大批民众得了一种奇怪的病，尝试各种药后也无法治愈。不忍民众的疾苦，本地的保护神双头龙便向天神祈祷，愿意用自己的身体换取众人的康健，天神感念其善良便同意了，于是，双头龙飞身跳下深不见底的“欧闷尤”（蚩尤井）。晚上双头龙托梦给众人，叫他们天明后去挑水洗澡便可治愈疾病，众人照做果然病除。因此，苗族人为了纪念双头龙，感谢其

图3—52 布依族花格布头帕

图3—53 苗族双头龙手镯（贵州省民族博物馆）

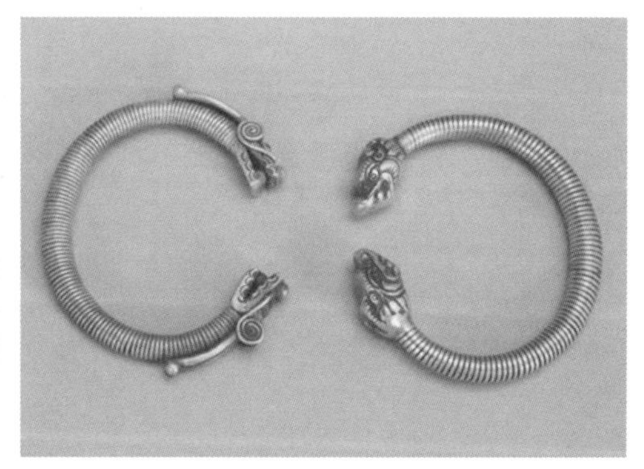

图3—54 苗族龙头绳纹银手镯（桂林博物馆）

舍身救世人的奉献，便将其刻于银饰，随身佩戴，并以此祈祷双头龙保佑人们健康平安。

除了双头龙手镯外，苗族的很多首饰都有其神话溯源，如苗家首饰中被认为可以辟邪除病的银项圈便是其中之一。传说一个叫银花的苗家姑娘被山怪精缠住无法脱身，后来一个疯道士在银花脖子上挂一块亮闪闪的小银镜，而使山怪精不能靠近，据此，银器可以辟邪驱妖成为苗家的一种信仰，久而久之就演变成现在苗家的银项圈了，并流行至今。

第三节　少数民族传统首饰的艺术内涵

一、首饰艺术要素和审美内涵

（一）材质与工艺：以白银为主体的多材质融合与搭配

银本身良好的加工性能使其兼具平面和立体两种手工艺品的表现优势。银具有良好的延展性和韧性，既可以实现铜、铁等金属铸件的立体表现形式，又可以平展，采用剪、刻等方式，实现剪纸、木雕刻等艺术风格。在实际制作中，许多银饰也是多种制作工艺联合使用，各显其优。铸造等立体造型可以体现石雕的质朴拙实、玉器的圆润、铸铁的铿锵简约……千变万化；平面上像剪纸般舒展，纹饰剪刻镂空，秀美流畅，又有木刻般的刀痕凿印而挺拔有力。并且，首饰需要符合人机原则和审美需求。因此，就需要在极小的首饰个体中表达自己想要的主题，如日月星辰、河流山川、花草植被、龙凤鱼虫、神话祥云等，就需选用极为优异的材料（如银），再配合錾刻、锤、焊、雕、花丝等工艺，才能实现首饰形态精巧别致、栩栩如生，尽显首饰的精美和思想内涵。

1. 银的主体地位

虽然少数民族传统首饰的材质具有多样性，但居统治地位的仍然是银。少数民族好银，这既有银作为首饰材料具备良好的审美特性和加工性能等因素，也有生产力低下导致人们对银的理解和认识局限，还有社会发展和民族迁徙等深层社会原因。西南地区的众多少数民族都有一部艰辛的迁徙史，如苗族、侗族、布朗族、傈僳族、哈尼族、拉祜族、彝族等。他们将银制作成首饰，便可以在民族迁徙过程中人走家随，既方便携带，还能避免带现银遭受坏人惦记。再则，纯银质地比较柔软，虽然这便于造型和加工，但成型的首饰却容易被损坏。因此，在少数民族传统首饰的实际制作中几乎都不会使用纯银，而是融入铜、镍、锑、铝等其他材料成为合金。

色泽俱佳的苗银。苗族传统首饰绝大多数以银为主，虽然苗族银饰一般是白色，但是却达不到925银的亮度（925银：银饰品的国际标准银，含铜7.5%、银92.5%的合金）。市面上流通的苗族银饰中纯银饰品并不多，多为“银+铜”的合金，而不同地域的苗银所用的铜又有所差异，主要是白铜、黄铜两种。以黄铜为主的“苗银”主要分布在云南省境内，如云南大理市鹤庆县新华村的银饰品；以白铜为主的“苗银”（银含量为20% ~ 60%）主要分布在贵州省黔东南地区，如贵州省凯里市千户苗寨附近的银匠村，将做好的银饰品再通过电镀、加蜡、上色的工艺处理，形成颇具特色的贵州苗银饰品。白铜（以镍为主要添加元素的铜基合金）呈银白色，有金属光泽，当镍含量超过16%时，白铜的色泽就变得洁白如银，镍含量越高，颜色越白（白铜中镍的含量一般为25%）。因此，以白银和白铜形成的合金（苗银）首饰在颜色、光泽上与纯银首饰没有太大的区别。苗银首饰长时间闲置会变色，虽然可以清洗如新，但却不能无限清洗，一般在4次左右，而纯银首饰则可以永久清洗。

寄托侗人品质的侗银。侗银是一种包含锌铝的合金，其中银含量在50%左右。侗族一直有重银轻金的观念，在侗族文化中，银代表月亮，金为太阳，月亮温婉内敛，纯洁清胜，质朴勤俭，更符合侗家儿女的生活哲学。

深受宗教影响的傣族银镀金。与其他少数民族银饰不同，傣族人在佩戴银饰时非常喜欢给其表面增加镀层，即银镀金。虽然傣族银镀金的实质还是银，其镀层多是透明红或者橙红色等漆料，但其表面的审美效果却与真黄金差异不大，尤其是新首饰，银镀金的色彩、光泽与黄金首饰极为接近。除了漆料外，现在一部分银饰也直接采用黄金来作为镀层，使其视觉效果与黄金首饰无二。

金和银在佛教中地位超然，同属于佛教七宝。“金”在佛教中代表健康长寿，如“金身护体，百病不侵”；“银”在少数民族文化中还是辟邪之物，代表长寿康健，同时银还代表“佛祖光芒”。这就能理解为什么在桂、黔、滇地区众多少数民族中，唯独傣族在银镀金饰品方面独具特色。傣族几乎全民信仰小乘佛教，因此佛家的文化、物品对傣族文化影响较为深远，其中的银镀金首饰就是极具代表性的一个。傣族人用傣银制作完成每个单独的构件，再焊接、抛光和镀金（包括电镀、水镀和硬镀），使傣族银饰在材质内涵方面综合了金和银的宗教内涵。

2. 多材质融合与搭配

在桂、黔、滇地区少数民族传统首饰中，银的确占有统治地位，这既是因为银的货币流通属性，也得益于银良好的可塑性、审美性，以及民族文化赋予银的传统文化内涵。除银外，一些民族在制作首饰时也会运用其他材料与银饰搭配，使其审美性能更加突出。

（1）银和布艺搭配。服和饰本是一体，首饰和服装具有天然的依存关系，因此布料等理所当然就是一种上佳的首饰材料。而且布艺作为配饰也是人体装饰非常重要的内容，这在桂、黔、滇地区少数民族传统首饰中大量存在，成为一道亮丽的风景。

生活在贵州黔南龙里、贵定、惠水交界地的云林深处的海葩苗（苗族的一支），在继承苗族优秀传统银饰文化和高超制作工艺的同时，融合本民族支系的文化思想，从而形成了独具一格的苗族银饰艺术。据传海葩苗来自东海之滨，后经由江西、粤西进入黔地，先是居住在窑上茶山，而后又继续向北迁移，并最终世代定居于云雾山主峰下。“海葩”在汉语中理解为“大海之花”，因此，又被誉为“深山里的大海之花”。海葩苗将“大海”元素融入他们穿衣住行等日常生活，以此遥寄他们对故土的思念，如虽然他们现居地远离海洋，但他们的服饰中却保留着海贝元素；上衣为蓝色象征海洋，百褶裙黑白相间象征蓝天白云。海葩苗最高贵、最神圣礼俗中最具象征意义的“背牌”（图3-55）更是融合了海贝、刺绣、银饰、蜡染等多种材质和工艺，造型别致。

（2）银和宝玉石搭配。在少数民族传统首饰中，银和宝玉石搭配的首饰比较常见，其中除了宝石本身良好的审美属性外，更重要的是宝玉石所蕴含的文化内涵。

图3–55　贵州贵定苗族银背牌（贵州省民族博物馆）

藏族首饰文化受宗教影响较大，因此藏族首饰无论是选材还是配色都带有强烈的宗教色彩，如牛骨、纯银、藏银（含30%银和70%铜的合金）、三色铜、玛瑙、松石、蜜蜡、珊瑚、贝壳等都是藏饰的主要制作原料，也是藏族首饰最主流的搭配，这些材料在佛教中具有特殊的意义。如绿松石的绿色就源于“佩戴绿松石能净化血液”的宗教神话，而珊瑚红也是“尚红”宗教信仰观念的体现，其他如珊瑚的蓝、玛瑙黄，色彩的红、黄、绿、蓝、白色都包含了宗教的象征意蕴，因此这些材料都是藏族首饰的主流材料。

在藏族传统首饰中，银和宝玉石搭配的饰品比比皆是。如藏族项链常见有两种类型：其一是穿成链，即将松石、玛瑙、蜜蜡、青金石、檀木、藏银等材料制作成绿豆大小的珠子，然后穿成项链，颜色多为红色、绿色、黄色、白色等。对于项链珠子的数量虽然没有硬性规定，但一般都会选择108颗，这与藏传佛教中108这个数字的特殊意义有关

（108颗佛珠代表108种烦恼，还与108尊佛的功德一致）；其二是吊坠形（图3–56），藏族项链的吊坠多呈圆形、椭圆形、水滴形等。吊坠材料一般是松石、玛瑙、蜜蜡、青金石、玉石、藏银等多种材料配合，使深色与浅色相间，亮色与暗色搭配，使项链整体艳丽，并呈现韵律美。

（3）非银多材质搭配。少数民族传统首饰除了以银为主要材质外，其他非银材质，或者非金属材质首饰也是传统首饰中一道亮丽的风景。如傈僳族珠帽（也称“俄勒”帽，图3–57）是由珊瑚、料珠、海贝、小铜珠等多种材质搭配而成。傈僳族珠帽是以脑后为海贝串，额前为铜珠串，红白两色珊瑚、料珠串为中心的帘式、半月形珠帽，材质多样，搭配讲究，色彩分明，相映成趣，再搭配由海贝、玛瑙、铜铃、银币等材料制成的项饰、胸饰，更显得婀娜多姿、光彩照人。再如傈僳族人小腿上佩戴的藤篾圈“漆箍”，数量从十几道到上百道不等，篾圈雕刻均匀，光滑柔韧，走起路来沙沙作响。这些非银质饰品不但具有良好的审美特性，还具有防毒蛇草虫叮咬的使用功能，是傈僳族人民长期以来勤劳与智慧的结晶。

图3–56　藏族项链

其实，首饰是各种材料的综合体，各族人民运用自己的审美文化将这些材料有机组合，形成具有各自民族特色的首饰文化。如白族的帽箍与勒子（也称抹额）就是布艺（包括刺绣）、银，以及宝玉石等材料综合运用。白族老年妇女常用的彩绣饰银镶石翡翠头箍（图3-58）是在黑色底布上刺绣多种花卉；头箍主体装饰银镀金蝴蝶、凤凰等金属饰品和方形翡翠片，且在凤凰饰品的颈部配红色弹簧绒球；头箍则用银质菊花、蝴蝶以及佛手等造型，头箍首尾用银质链条连接，以意长寿康健。此头箍所饰的翡翠片也可以间接说明滇西与主要翡翠产地（缅甸）较近的地理优势。

在桂、黔、滇地区少数民族传统首饰中，银的地位一直都很稳固，但这也不影响其他材料首饰的发展，尤其是体现本民族生存环境和自然特色方面的材料，这些材料在民族传统首饰中运用得比较成功。如瑶族竹、木等饰物；德昂族颇为流行的藤篾"腰箍"；基诺族用竹管

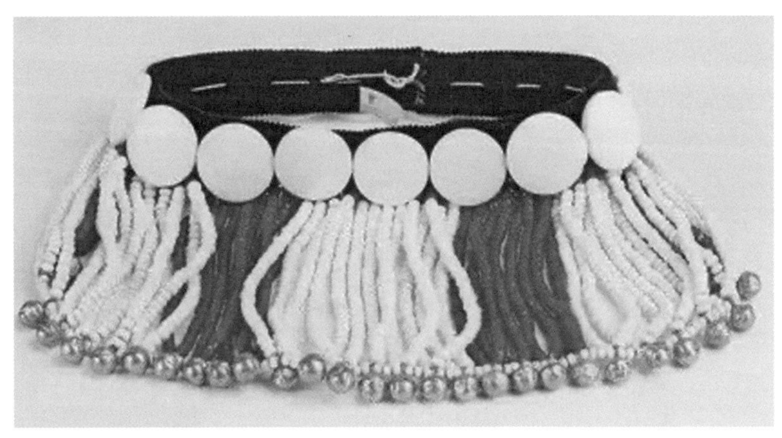

图3-57　傈僳族"俄勒"帽

图3-58　白族彩绣饰银镶石翡翠头箍

和木塞制作的耳饰；佤族佩戴于颈部、手臂、腰间由细藤制作的装饰圈等，这些材料都是民族居住地所产，运用本民族的聪明才智，从而形成具有独特民族韵味的民族首饰文化。

（二）纹样与造型：体现生活形态的物质和精神追求

首饰纹样是首饰文化的重要内容，是人们在生产和生活中创作出来，对人们生活形式和内容的承载与表达，并体现人们的精神心理和思想愿望与追求。

1. 原始崇拜与地区民族纹样

在桂、黔、滇地区，原始的自然崇拜、祖先崇拜、神灵崇拜以及宗教的文化符号和印迹在少数民族传统文化中无处不在。因此，源于原始崇拜和宗教信仰的纹样是该地区少数民族传统首饰文化的独特存在，它记载并反映了该民族的文化侧面，如动植物纹样对农耕文化的反映，图腾纹样对原始崇拜等世界观的反映，自然纹样对崇敬自然的反映等。

在桂、黔、滇地区，少数民族多从事农业，自然万物皆关乎人们的生存和发展。因此他们普遍保持对自然界的崇拜和敬畏，信奉自然万物具有灵性，特别是一些自然现象，以及巨型、有特点的自然物，如苗族的天、地、日、月、巨石、岩洞、大树、竹、山林等；白族的龙、虎、熊、鸡、树、红砂石、白石、黑岩等；水族的古树、巨石、井泉；纳西族的天、地、山、水等；瑶族的天地、日月、高山、大石、雷电、风雨、河流、山溪、草木、竹藤、鸟兽、虫鱼；侗族的山川河流、古树巨石、桥梁、水井等；哈尼族的山、水、树、日、月、风、雷、冰雹等。基于这些原始崇拜物的首饰纹样，一些是直接取其形，更多的则是基于形的审美改造和创意变化，如植物崇拜（太阳花等花草纹、树纹），鱼崇拜（鱼纹），太阳崇拜（太阳纹），天、雷崇拜（云雷纹），龙蛇崇拜（龙蛇纹）等。

其实在源于崇拜信仰的纹样中，最能体现民族特色的要算源于祖先崇拜对象的纹样，因为对一个民族而言，祖先具有唯一性，因此源于祖先崇拜的纹样也最具本民族特色，如苗族视蝴蝶、枫树为祖先，因此这两种纹样在首饰中大量存在；瑶族认为盘王是其祖先，因此神犬盘瓠纹样在瑶族服装、首饰中大量存在，其中盘王印在瑶族首饰中极具代表性和民族特色。

除原始崇拜外，宗教内容的纹样在少数民族传统首饰中也占有较大的比重，一些民族信仰道家的观点和理论，因此其首饰中大量出现八仙的人、物纹样，如彝族首饰挂链中暗八仙系列纹样极为突出，尤其是八仙宝物蕉叶扇、渔鼓、玉箫、宝葫芦、宝剑、玉板、花篮、荷花等常被运用于首饰以祈祷护身辟邪。具有某一宗教信仰的民族，其首饰纹样中的宗教气息极其浓郁，如藏族、傣族首饰中大量存在的佛教元素就很好地体现了这一点。

2.典型的民族传统首饰纹样

(1) 多民族共赏的蝴蝶、鱼等动物纹样

在桂、黔、滇地区少数民族传统首饰纹样中，动物纹样在各少数民族首饰中占有相当大的比重，其中又尤以蝴蝶和鱼纹样最甚。在使用广度方面，蝴蝶和鱼纹是独特的存在，获得了各少数民族一致认可和喜爱。虽然喜欢的原因各有不同，但其运用工艺、呈现的风格等都是对该民族审美风格和文化的清晰体现。

各族的蝴蝶纹样首饰中，内涵最为丰富的要数苗族蝴蝶首饰纹样。苗族人视蝴蝶妈妈为祖先，苗族人民供奉她，把她融入自己喜爱的银饰中，以求保佑村寨安宁、子孙繁衍、五谷丰登。在苗族银饰中，还有一种长着人脸的蝶形造型，如图3-59龙纹錾花银盘梳（局部），这是用神化的手法表达对蝴蝶妈妈的崇拜。苗族人在心理层面对蝴蝶的感情便与众不同，不但数量众多，类型也特别丰富。第一种为写实蝴蝶纹，艺人凭借自己高超的技艺和对蝴蝶形态的细致把握，临摹蝴蝶的自然形体和纹理，生动地展现蝴蝶的动态，这在苗族银帽（如重安江型银帽）上有精致的呈现；第二种是抽象蝴蝶纹，即在把握蝴蝶形态特征的基础上，运用适当的艺术语言进行几何化、抽象化处理，将抽象蝴蝶纹样控制在具象与抽象、似与不似之间（图3-60）；第三种是变异蝴蝶纹，即通过变异的手法对写实蝴蝶纹进行处理，形成具有民族特色的纹样，比较典型的有施洞苗族银饰中运用同构置换处理手法而形成的超现实组合，如“人面鱼尾蝶翼”蝴蝶纹、“蛙身蝶翼”蝴蝶纹、“虎头鹿角鸟翅龙须”蝴蝶纹等。

在彝族一直都有“蝴蝶造天地”的传说，彝族人认为天地是由青、黄两只蝴蝶的各个部位形成的（这类似盘古开天辟地），因此蝴蝶在彝族文化中地位崇高，受万人敬仰，蝴蝶纹也因此深受彝人喜爱，被广泛地运用于服、饰等物品中。如云南弥勒彝族青布缠绣蝴蝶纹头巾上大量的蝴蝶变形纹样（图3-61），还有如彝区流行的蝴蝶形珐琅彩银挂链饰品（图3-62），挂饰主体呈蝴蝶造型、银质，运用镂刻、錾花、掐丝等多种工艺，且挂链上的暗八仙纹样也颇具特色，除了蕉叶扇、渔鼓、玉箫、宝葫芦、宝剑、玉板、花篮、荷花等道家八仙纹样以示祈福外，其珐琅工艺也是一大亮点。在彝族现代首饰中，经过现代工艺和材料重新设计的蝴蝶纹首饰，其艺术表现力愈加强烈（图3-63）。

瑶族历来视蝴蝶为仙子，蝴蝶在瑶族文化中地位崇高，围绕蝴蝶的瑶族文化如蝴蝶大歌、专门为蝴蝶表演的蝴蝶舞等不胜枚举，在银饰中采用蝴蝶意象就更为常见了，如白裤瑶人在儿童帽上展现的蝴蝶银饰，瑶族银背带链（图3-64），以及瑶族蝴蝶纹银戒指（云南文山州麻栗坡）（图3-65）等，不胜枚举。

在苗、彝、瑶等民族文化中，蝴蝶根植于其文化内核，与本民族生存发展深度融合，是其精神寄托和支柱，因此蝴蝶纹在这些民族文化中意义超然。蝴蝶一生伴侣唯一，是昆虫界的忠贞代言人，因此在很多民族文化中，蝴蝶也被视为爱情幸福的象征，常被用来寓指美满的婚姻和对至美爱情的追求，这或许是蝴蝶文化在多个民族广受欢迎的重要原因。各式首饰经常被用来作为爱情的信物和婚嫁的必需品，因此，蝴蝶纹在各少数民族中运用极广。云南文山壮族蝴蝶纹瓜米坠

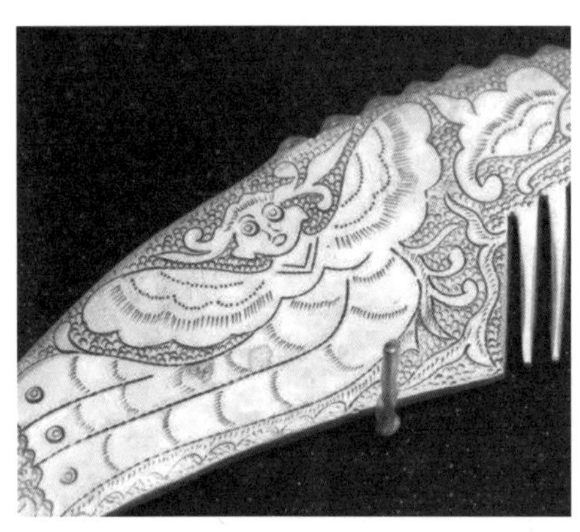

图3-59　苗族龙纹錾花银盘梳（局部）（桂林博物馆）

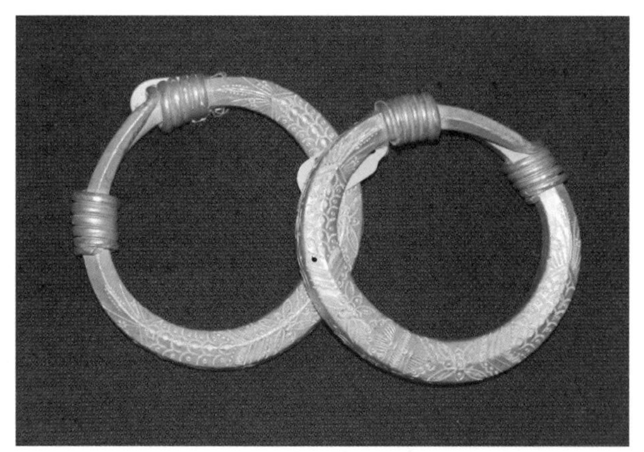

图3-60　施洞苗族六棱形蝴蝶纹银手镯（贵州省民族博物馆）

图3-61 云南弥勒彝族青布缠绣蝴蝶纹头巾（贵州省民族博物馆）

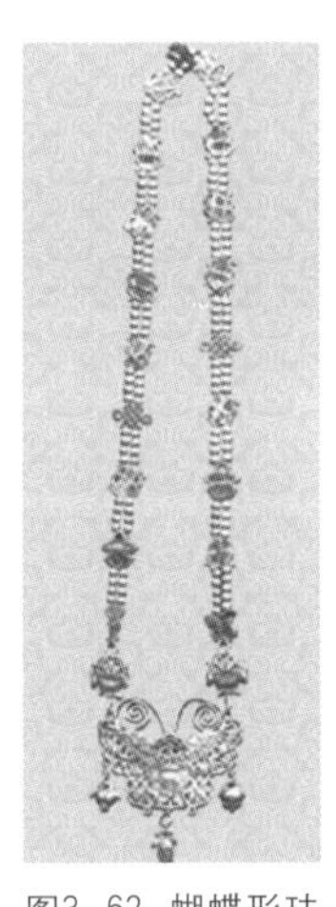
图3-62 蝴蝶形珐琅彩银挂链饰品（云南民族博物馆）

图3-63 现代彝族蝴蝶纹首饰

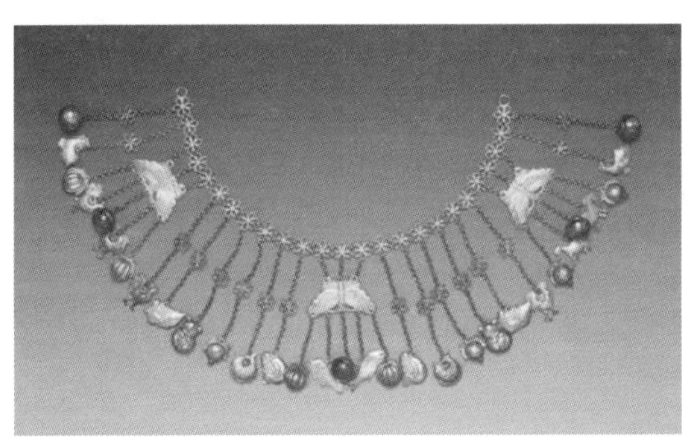
图3-64 瑶族银背带链

图3-65 云南文山州麻栗坡瑶族蝴蝶纹银戒指

银云披（图3-66），整体为云肩形，主要由八片花鸟纹银片和吊坠构成（银片和吊坠固定在约10厘米宽的红色布条上），而吊坠则共有鱼纹、蝴蝶纹，以及瓜米坠等四层；白族牡丹蝴蝶银插簪（图3-67）的蝴蝶纹样刻画更加细致，簪柄对称錾刻变形蝴蝶纹，蝴蝶双翅装饰几何纹，中有起棱。侗族蝴蝶银压领，带链蝴蝶银吊链（图3-68）都是以蝴蝶纹为造型主体；壮族蝴蝶纹银发插（图3-69），簪身扁平尖细，簪头为扇形花边饰件，中间镂空錾刻蝴蝶图案，周围有藤叶、五瓣梅花图案填充，花边阴刻三角纹、绳纹。簪头下端挂坠8条双环相套细链接三角形银牌饰件。

在纹样运用的广度方面，鱼纹丝毫不逊色于蝴蝶纹，除了一个原因是某民族有关于鱼的特殊内涵外，鱼在传统文化中的美好寓意也是

图3-66　云南文山壮族蝴蝶纹瓜米坠银云披

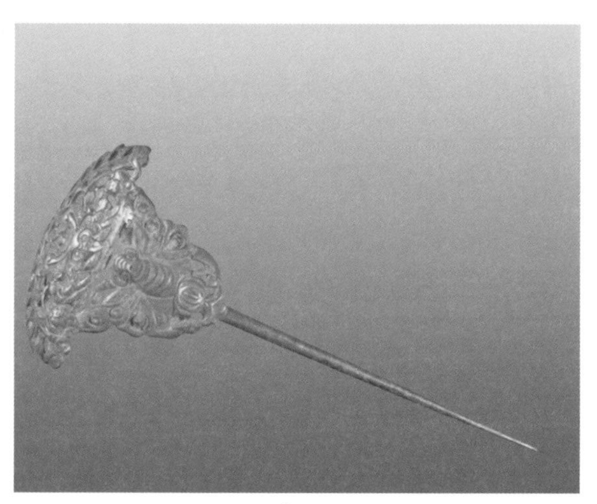

图3-67　白族牡丹蝴蝶银插簪[①]

图3-68 侗族蝴蝶银压领，蝴蝶银吊链

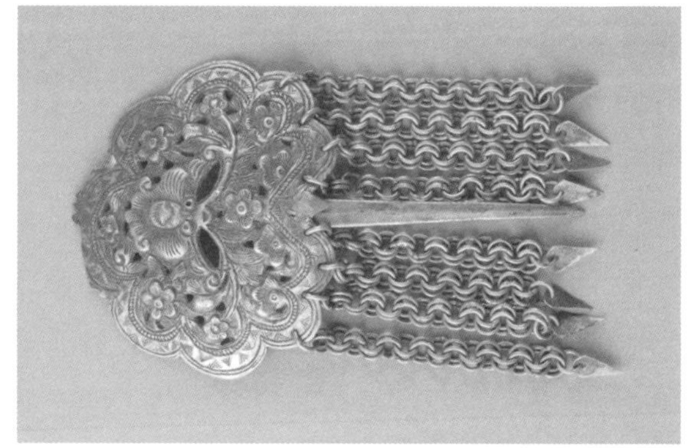

图3-69　壮族蝴蝶纹银发插（广西民族博物馆）

鱼纹被广泛运用的重要原因，如“鱼”“余”谐音，寓意年年有余，生活富足；“鱼跃龙门”寓意仕途通达，官运亨通。鱼的寓意继续扩展为金玉满堂，象征生活幸福，再加上多籽的特性，鱼又被用来寓意儿孙满堂。

哈尼人对“鱼”的感情极为特殊，哈尼族传说认为是鱼创造了人类，神鱼生万物（金鱼“密吾艾西艾玛”创造了天地万物和诸神）；红河一带的哈尼族神话中记载，席卷大地的洪水后，人类正是从鱼肚中取出草种、树种、荞子种、麻种、棉种、谷种、豆种、苞谷种、瓜种等物种才保证了人类的存活和延续。由于这种特殊的鱼文化，鱼纹在哈尼族中受欢迎的程度自是与其他民族不同。鱼纹样被大量运用在哈尼族的生活、文化中，其中又以服装和首饰最甚，最典型当属哈尼

①王珺：《银辉秘语——云南少数民族银器》，云南人民出版社，2018。

族银双鱼须坠（图3–70），该首饰银链（丝线）挂于颈上，扇形银链垂挂于胸前。第一层坠饰是一只大银鱼，第二层坠饰是一排小银鱼或银铃，最底层是许多小银铃或银币。据统计，一位哈尼族少女双鱼须坠上的鱼可以多达24个。就设计而言，哈尼族首饰中的鱼纹多以具象为主，模仿鱼的真实形态，栩栩如生；就寓意来说，这既有对鱼作为创世神的纪念，也有鱼作为美好寓意的象征，以此表达哈尼人对幸福美满生活的追求。其实，像哈尼族这样将鱼意象根植于民族文化的还有很多，如水族始祖传说——双鱼托葫芦，从而繁衍了水族后代，而后鱼也被水族人视为保护神。

除了以鱼的具体形象作为首饰部件外，另一种广泛运用的方式就是将鱼纹刻在首饰上，体现民族的一些寄托，或是对美好生活的向往与追求，如祈望子女繁衍、生生不息、多子多福等。如广西那坡县龙合乡达文屯壮族鱼纹首饰（图3–71）、苗族龙鱼纹錾花三穿银项圈（图3–72）都是将具体的鱼形象进行平面化和抽象化处理，以此既符合首饰的造型要求，又实现寓意承载。

在少数民族传统首饰中，动物纹样是一个大类，除了基于传说、神话而使该动物具有民族特有的寓意外，普通的谐音或者动物特点也是动物纹样被广泛喜欢的主要原因。在少数民族传统首饰中，除了上述蝴蝶和鱼纹样外，还有牛、羊、狗、虎、龙、凤等崇拜动物，以及丹鹤、喜鹊、鸳鸯、蜜蜂、蝙蝠等主吉祥寓意或美好品质的动物。这

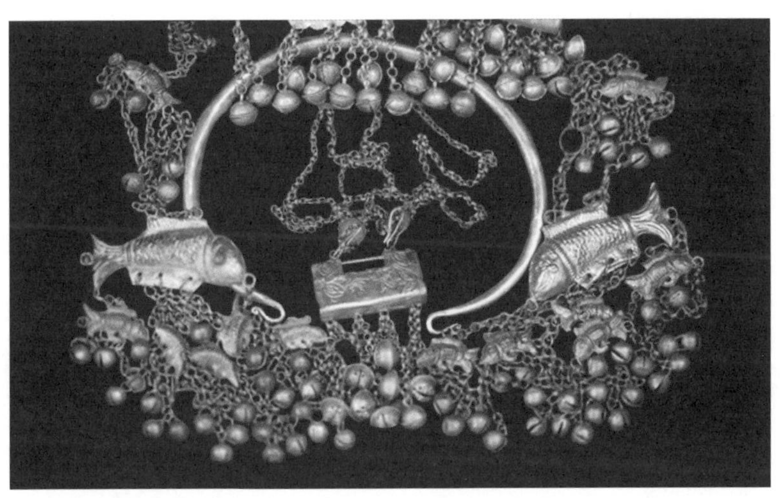

图3–70　哈尼族银双鱼须坠

些意象在其民族服装、首饰中有大量的体现，如苗族崇拜鸟类，因此苗族文化中关于鸟的叙述比较多，如音乐《苗岭的早晨》。各式鸟纹在苗族银饰中也是层出不穷，如银簪“凤鸟插针”中的孔雀形象栩栩如生，雀尾呈扇形打开，造型精美，形态逼真，尤其是对孔雀羽毛的归纳，以及花丝工艺对羽毛的表达使孔雀形象活灵活现（图3–73）；苗族崇拜牛，因此牛的纹样在苗族生活中随处可见，如“牛首银胸饰”主体为立体的长犄角水牛头造型，牛头额上六瓣旋纹，牛头下接三层錾刻花纹银牌，錾刻有玄鸟、瑞兽等纹饰，再搭配小花造型的银扣和乳钉纹圆盘，整体协调统一（图3–74）。

在桂、黔、滇地区少数民族传统首饰纹样中，运用最普遍的应该是蝴蝶纹和鱼纹，这些纹样都是从自然物的真实形象变化而来，因此各民族的蝴蝶纹和鱼纹在造型上具有相似性，但是在表现内涵和处理手法上又受到各自民族文化影响，表现出强烈的民族和地域特色。而其动物纹样在类别上就具有明显的民族特色，如苗族的牛纹、畲族的凤凰纹、彝族的虎纹等，这种民族特色的渊源多以该民族的动物崇拜为主。

（2）以自然崇拜和审美为基础的植物纹样

在少数民族传统首饰纹样中，植物纹样也是较为丰富的一类，除了少部分是根植于神话、传说等民族文化外（如苗族的枫树），还有相当大部分是基于其吉祥寓意和审美，如石榴、葫芦、莲蓬等吉祥寓意，荷花、梅花、松树、兰花等高洁品质承载，以及其他花草植物等纯审美体现等。

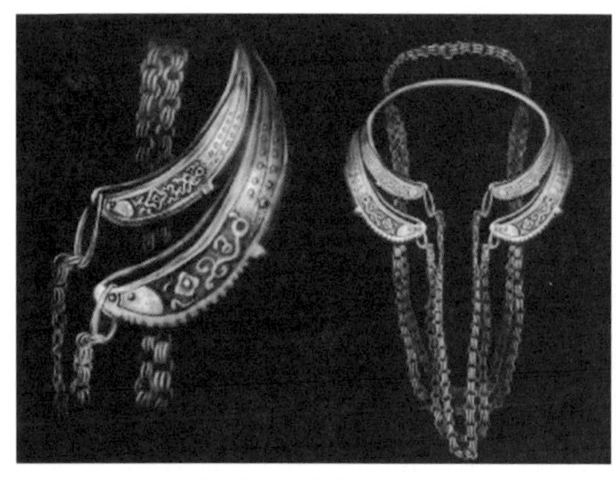

图3–71　广西那坡壮族鱼纹首饰

图3–72　苗族龙鱼纹錾花三穿银项圈（局部）（桂林博物馆）

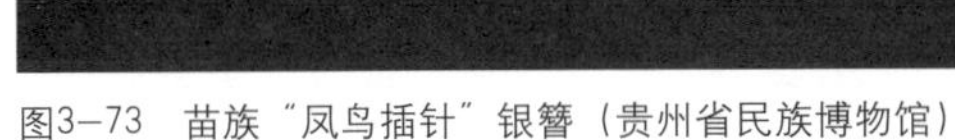

图3–73 苗族“凤鸟插针”银簪（贵州省民族博物馆）

图3–74 苗族牛首银胸饰（柳州博物馆）

苗族银饰纹样比较丰富，既有动物纹样、植物纹样，也有自然现象纹样、人物故事纹样和宗教元素纹样等。其中植物纹样包括桃花、蟠桃、荷花、莲蓬、莲藕、石榴、兰花、桂花、梅花、葡萄、葫芦、柿子、枫树等，如图3–75所示。较为典型的苗族银发簪就多装饰花、草等植物纹样，且样式变化主要集中于簪首，苗族银花梳在纹样装饰和造型方面与发簪的处理手法一致，但在材质和造型方面更为复杂（一般花梳内部为木质梳，梳外部非梳齿部分裹一层银皮，但也有全部是银质的）。

瑶族银饰纹样多取材于生活、自然，如飞禽走兽，花草藤蔓，流水行云，以及各种自然奇观等，这些纹样或一种，或多种组合融入瑶族传统首饰中，如图3–76所示瑶族银花头饰，头饰以银花为主，再结合鱼等动物纹样，以及喇叭形的几何纹样，使佩戴者走路时叮当作响，灵动精神。

基于审美的植物纹样在少数民族传统首饰中也相当丰富，几乎每个部位都有一些植物纹样精品，如傣族錾花银臂箍（图3–77），箍身两圈宽箍面上浅錾水波纹、缠枝莲花纹、水仙花纹、莲花纹。水波纹不但是对傣族临水而居的自然环境的真实反映，而且富有厚德载物、海纳百川的思想寓意；缠枝莲花纹则枝枝相连，连绵不断，有生机勃勃、生生不息之意；水仙花则象征友谊与幸福，在过年等节日还有思念和团圆的意味；莲花是傣族的族花，也是佛教的佛花，生长于淤泥，

图3-75　苗族银发簪花梳（贵州省民族博物馆）

图3-76　瑶族头饰

却能净洁无染地绽开于水面，因此象征“纯洁”，这和佛教追求的“净土”境界一致，是吉祥的象征。再如，壮族花虫纹银手镯（图3-78），其一镯面镂空雕刻瓜果、花叶、虫鸟图案，另一镯面可见缠枝花叶、虫蝶、蔓草等镂雕纹样，图案布局饱满，手镯表面纹样立体，镯身边沿均饰绳纹，整体风格古朴。

其实在日常生活中，少数民族传统首饰的动植物纹样多是联合使用，这一点在侗族银饰中体现明显。侗族首饰大多以花鸟动物为造型，“天人合一,万物和谐”是侗族人民的主张，大自然中的植物都有灵性，能够“显灵”和驱邪避害。植物类纹样通常有杉树、枫树与花，这些纹样不会单独作为银饰的主要部分，一般会穿插在动物类纹样中，与它们共同组成整个银饰。植物类纹样是侗族人民对植物的崇拜，蕴藏着希望子孙后代能如植物一般蓬勃生长和祈求丰收的美好祝愿，如七十二寨侗族花鸟纹喇叭坠银耳环（图3-79），主体为圆形，圆的下半部有双鸟和一大二小三朵珠花呈对称排列，圆的下边缘均匀挂饰13个喇叭坠，圆的中上部和正上方各连一朵珠花，造型美观、大气。

（3）基于自然崇拜的日月星辰纹样

日月星辰崇拜也是少数民族自然崇拜中比较主流的一种，虽然对象不如动植物那般丰富，但仍是民族文化和民族特色的直接呈现。因此在少数民族传统首饰纹样中，日月星辰纹样也是一个极其重要的类别。虽然桂、黔、滇地区少数民族的日月星辰崇拜很普遍，但是日月星辰纹样在首饰方面的运用却不是很普遍。

图3-77　傣族錾花银臂箍（云南省博物馆）

图3-78　壮族花虫纹银手镯（广西民族博物馆）

图3-79　七十二寨侗族花鸟纹喇叭坠银耳环

在壮族神话《三星的故事》中，太阳、月亮、星星是属于同一个家庭的父亲母亲和儿女。在壮族传统文化中，铜鼓是其民族文化“活化石”，鼓上太阳纹样（图3–80）是壮族先民崇拜太阳的直观表现，击铜鼓而祭太阳神，以表示对太阳的崇拜和敬仰。在侗族，太阳地位同样崇高，被认为是族人的保护神。侗族以太阳为本族的始祖母，因此侗族许多服装和首饰中都有太阳纹的身影，尤其是小朋友的服、饰中太阳纹更为丰富，希望太阳能保护儿童健康成长。铜鼓太阳纹有两种：一种太阳纹光芒呈长的锐角；一种细长如针，这种纹样是侗民族文化的特色，具有较强的辨识力，与壮族纹样具有相似性。瑶族传统首饰文化中体现日月崇拜的元素比较多，如瑶族银胸牌的圆形、弧形和长形等形态就是证明。太阳纹作为瑶族人对日月崇拜的直观体现被广泛运用在传统首饰中，如瑶族银顶板（图3–81）是顶板瑶（瑶族支系之一）妇女佩戴的头顶饰物。银顶板中间錾刻太阳纹，有芒10束，芒间錾乳钉纹10枚，其余部分满錾规整的几何纹，装饰圆满，边镶两圈银片。而布努瑶（也称番瑶，生活在巴马瑶族自治县一带）的月牙银饰更是日月星辰纹样在瑶族传统首饰中直接运用的有力佐证，他们认为月亮是这个世界上最美好的东西，是万物之母，也是番瑶创始人的化身。

图3–80　壮族铜鼓太阳纹

图3–81　瑶族银顶板（云南省博物馆）

纳西族将日月星辰纹样上升到民族品质表现的层面，其背饰“披星戴月”的主要特征就是七个圆环纹样，代表七颗与日月争辉的星，以此来象征纳西族妇女勤劳善良的美好品质。现在，日月星辰纹样在纳西族首饰中被广泛使用，如披星戴月系列挂饰（图3-82），以纳西族服装“披星戴月”元素为灵感，采用镂空设计，大银圆盘代表星月，中间以7条银链相连，每条穿有7个银圆盘，代表星星，同时数字“7”引用的也是纳西族7仙女传说元素，链尾应用的是羊皮披肩系带尾部纹饰，与披星戴月呼应。寓纳西族妇女日出而作、日落而归的勤劳，借此来表达对当代女性的美好祝愿和赞美。

在哈尼族，最能体现民族日月崇拜文化的首饰是日月盘（银盘，一种哈尼族挂饰，图3-83）。日月盘中心是太阳、月亮，周围是星星纹样，四周则是鱼、螃蟹、原鸡和青蛙纹样。在哈尼族文化中，鱼是人类祖先，象征生命，鸡是光明神（原鸡叫太阳出），螃蟹是水神（螃蟹打洞出泉水），而青蛙则主天气（青蛙叫天气变），这些都是直接影响哈尼族生活生产的元素。在实际生活中，哈尼族人家嫁女时都会为女儿定制一个精美的“日月盘”，这是一件独一无二的装饰，饱含父母的心意，更是一份沉甸甸的嘱托。在哈尼族文化中，新娘佩戴日月盘出嫁，一是可以辟邪，二是可以给夫家带去新的福气。无论何时，当哈尼族人说“姆拉比”（把一切美好带给你），并送你一个日月盘时，则代表给你最真的祝福。因此，村里来客，女儿远行，婴儿出生，族人、母亲或长辈都会送来“姆拉比”和“日月盘”。

图3-82　纳西族披星戴月系列挂饰

图3-83　哈尼族银盘

其实，每个有日月星辰崇拜的民族都会有日月星辰纹样，这些纹样在他们的民族服装上被广泛运用，如彝族的太阳花系列首饰和太阳谷纹饰项链（图3-84）。

（4）基于民族信仰的宗教元素纹样

宗教信仰和原始崇拜一样都是桂、黔、滇地区少数民族生活和文化的组成部分，它们不仅影响少数民族的吃穿住行等物质生活，而且在其精神世界也影响显著。而民族首饰中宗教元素运用多从两个方面入手：其一是直接以宗教人、物形态作为首饰佩戴，如佩戴佛、观音、罗汉等造型首饰；其二是将宗教元素进行创作处理，作为首饰纹样融入首饰中。

傣族全民信仰小乘佛教，傣族首饰纹样和题材多与佛教有关，这也成了傣族首饰纹样的显著特色（图3-85）。如无忧花树是佛教圣人释迦牟尼出生的地方，因此无忧花树的“诞生”“孕育”概念在民族文化中格外突出，有些没有生育但想得子女的人家，也常常在房前屋后种植一株无忧花以求子孙繁茂。无忧花在傣族首饰中运用极广，如傣族银腰带这种代表爱情的信物。大象在神话传说中是摇光之星生成，能兆灵瑞，古佛就是乘象从天而降，且大象力大无穷，能负重远行，性情温和，憨态可掬，诚实忠厚，被人们称为兽中之德者。还有孔雀大明王菩萨又被尊为佛母，在佛教中地位极高；菩提树是佛教的创始人释迦牟尼觉悟成佛的地方，因此菩提树又名觉悟树、智慧树，被佛教徒称为圣树，这些元素为佛教独有，也是傣族首饰中民族特色的集中表现。

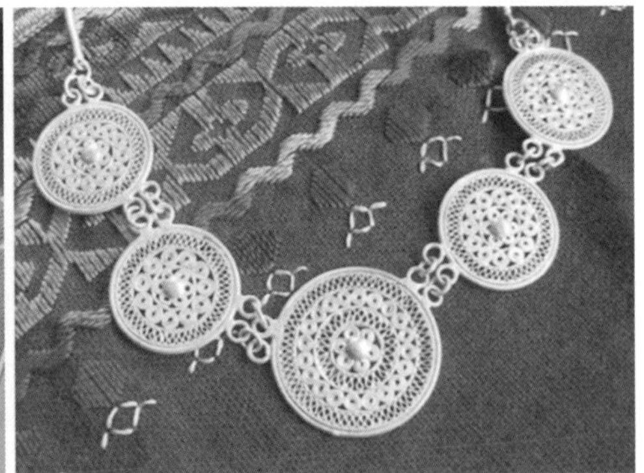

图3-84　彝族太阳花系列首饰和太阳谷纹饰项链

图3-85　傣族无忧花银腰带，大象吊牌，孔雀头饰，一叶一菩提佛牌

白族人民普遍信仰佛教和道教，白族的本主信仰体现了儒、佛、道融合的思想，因此在白族传统首饰中，宗教元素纹样屡见不鲜。白族传统花纹纹样以宝相花纹和莲花纹居多，所谓的“宝相”本身就是佛教徒对佛像的尊称，而宝相花纹是融合莲花、牡丹、菊花的特征，经艺术处理创作出来的，是圣洁、端庄、美观的完美纹样；而莲花形象在佛教中地位也极为尊崇，如佛与菩萨往往都会有座下莲台，佛家也有“五浊恶世开金莲”的说法。

在白族传统首饰中，宝相花纹经常作为首饰装饰纹样的主纹，以卷草纹为辅纹，重复排列，而宝相花瓣一般是6 ~ 9瓣，以单层花瓣为主，花心錾刻放射状排列的小直线（图3-86）。对于莲花纹，我们见得最多的还是在大中型银器皿上，用作辅纹，以浮雕形式雕刻于器物底座，常与弦纹搭配。配饰中也存在其他花纹，缠枝花卉呈S形重复构图，蔓叶齐备，花瓣为4 ~ 6瓣的小花型。与宗教信仰密切相关的莲花纹样在白族传统首饰中应用比较广泛，有高洁清廉、吉祥等寓意，展现出一种朴实雅致的美（图3-87）。除了这种以纹样进行基本的造型设计外，还有直接运用宗教法器作为首饰，如傣族的金质金刚杵吊坠，其整体造型就是源于佛教法器金刚杵（图3-88）。

还有藏族、回族及蒙古族等民族，他们在桂、黔、滇地区分布数量较少，多是从他们的原住地慢慢迁移过来的，这些民族的宗教文化

图3-86　傣族宝相花纹吊饰

图3-87　傣族莲花吊饰

图3-88　傣族金刚杵吊饰

氛围极其浓郁，宗教活动在他们的日常生活中占有重要地位，因此他们的首饰纹样中的宗教意味更加浓郁。

（三）色彩：体现民族色彩偏好和环境特色

各少数民族都有自己的色彩偏好，如彝族、哈尼族崇尚黑色，白族崇尚白色，红瑶崇尚红色，海葩苗崇尚大海的颜色（蓝色）等，他们对色彩的执着在生活中各个层面都有明显的体现，在首饰中也不例外，这种首饰中的色彩属性也成了少数民族传统首饰的重要民族特色。

苗族好“五色”（蓝、黑、红、黄、白），苗族服饰常以蓝、黑（深色）为底色，搭配红、黄、白等色彩。白色作为苗族五色之一，也是苗族首饰的主打颜色。苗族人为了获得想要的首饰色彩，同时又负担不起纯银首饰，因此苗族多选铜来代替。在云南地区，苗银多以黄铜为主，而在黔东南地区，银匠则更偏爱廉价的锌白铜，因此市面上的苗族银饰是以铜为主的合金，银饰整体呈现为月白色。在苗年等盛大节日，苗族人佩戴光华熠熠的银饰盛装出席，包裹在熠熠银光中流光溢彩，这也正好契合了苗族人对白色的偏好（图3–89）。

但是，苗族不同支系在色彩搭配上呈现明显的地域差异，比如有一支被称为深山里的“大海之花”的海葩苗服饰色彩就是最好的例证。“海葩”指一种小海贝（苗语“大海之花”），海葩苗山歌“蓝色海水白浪花，来自海边带海葩”指出海葩苗与“海”的渊源，也映射出他们的色彩偏好，“海贝”“大海”便是他们与其他苗族的主要差异。因此，海葩苗服饰色彩在传统苗服的基础上凸显了海葩苗的地域特色，银饰色彩与苗族传统银饰崇尚的月白色也有一定的变化，即在保持首饰整体白色主色调的同时，加入一些艳丽色彩，使其看起来更加和谐灵动，如背牌就加入了鲜艳的贝类来装饰，光彩夺目；帽饰上也一改苗族传统银帽的单调，加入了红、绿、蓝等色彩（图3–90），五彩斑斓，充分体现出海葩苗率真、活泼的民族特质。

白族，顾名思义，崇尚白色，认为白色是光明、纯洁、高贵的象征，常用青色搭配，给人清爽、淳朴的感觉。青对白也体现清清白白、光明磊落之意。

白族尚“白”，服饰以白色为主，白族有句俗语“要得俏，一身孝”，就是最好的证明。在白族首饰中，白族尚“白”也体现得极为明显，白族喜佩银饰，“生活咫尺繁华，却又避世清幽。正如银器华

图3–89　苗族银帽

图3–90　海葩苗帽饰和背饰

贵典雅，却又不失朴素淡然。光华流转间折射霜雪千年”便是对白族银饰的真实写照。白族头饰充满“风花雪月”的色彩，其中帽顶洁白的“苍山雪”则是对白族尚“白”的色彩偏好最好的回应（图3–91）。

彝族尚黑、红、黄三色，因此彝族服饰多以黑色、靛青色为主，并选择红、黄等亮色纹样装饰。彝族的色彩偏好源于他们对色彩的理解，以黑色为“大”、以黑色为“等级”、以黑色为“尊严”。在彝族文化中，黑色是厚重、坚强的代表，红色与黄色则分别代表吉祥如意和温柔善良，因此他们的服装也多以这三色居多。彝族传统首饰虽以银饰为主，但也不乏体现彝族人色彩偏好的首饰，如彝族彩木手镯（图3–92），以黑、红、黄三色为主，通过三色不同的比例、色块形状来实现首饰多样化，体现彝族首饰的色彩特色。再则，彝族这种首饰采用漆工艺，且首饰以木材这种可再生资源为材质，这在各族首饰中也比较稀少，符合现代绿色生活的主要思想。此外，漆器在汉代达到顶峰，色彩也多以红、黑为主，只不过汉漆多用于实用品，而以漆为主工艺的彝族首饰在桂、黔、滇地区少数民族传统首饰中也是独树一帜。

在桂、黔、滇地区，少数民族多为农耕，世居山区，其服饰多以黑、蓝、白三色为主色，因此其首饰常选用更为亮丽的色彩与之搭配，至于具体颜色的选取又以民族文化为基础，以纯色居多，与主色互补为

图3-91　白族装饰

图3-92　彝族彩木手镯

主。如苗族银饰追求月牙白，白族首饰尚白，彝族首饰喜欢用白、红、黄色来点缀。整体而言，首饰与服装色彩冷暖搭配，层次明显，民族特色突出。

二、传统民族首饰典型的审美特征

在桂、黔、滇地区，各少数民族的传统首饰都有各自的审美特征，比较有代表性的是苗族银饰以“多”“大”“重”为尊的审美意向，这种审美是在一定的历史和经济文化条件下形成的，不但影响现代苗族银饰的审美潮流，而且对桂、黔、滇地区其他少数民族传统首饰审美也产生了深远的影响。

（一）多即是美

在桂、黔、滇地区，各少数民族在佩戴传统首饰（特别是银饰）的时候奉行以“多”为美。其中又以苗族银饰的“以多为美”的审美特征体现得最为淋漓尽致。苗族盛装银饰从头到脚，几乎每个部位都有大量银饰，“多”的艺术特征并不是指同一个部位可以有多样首饰换着佩戴，而表现为同一个部位同时佩戴多个首饰，或全身同时佩戴多种银饰，使苗族人远看如被银光包裹，呈现一种繁缛之美。

银帽以“多”为美的表现：苗族银帽由银花和造型各异的鸟、蝶等动物和银铃等部件构成，其中银花便是苗族银饰“以多为美”艺术特征的典型代表。如重安江型银帽（图3-93），银帽整体呈半珠形，帽顶全封闭，顶端花簇正中矗立数只凤鸟、蝴蝶，中端为大量压花银片，通冠的银花就多达数百只（有的甚至上千只），簇簇拥拥，十分繁密。还有，苗族盛装时，苗族少女的每个耳朵可以佩戴3～4只耳环，不同造型、不同主题，叠至垂肩。

项圈以“多”为美的表现：体现以“多”为美的另一有力例证便是苗族项圈（图3–94），主要有链型项圈和圈型项圈两类，也有链和圈结合的。盛装时，项圈最少也要佩戴2只，多则3～4只。在贵州都柳江一带盛行一种银套圈（排圈），每一套少则数个，多则12个，由内到外，圈径依次增大。除苗族外，还有一些民族的项圈佩戴也遵循以多为美，如桂北壮族妇女的项链和项圈共达9个之多；排瑶项圈通常佩戴12圈，以此象征一年12个月平安。

银衣以“多”为美的表现：银衣由多个银衣片和配片组成，是贵州清水江流域的苗族盛装腰饰的主要饰品之一（图3–95）。银衣主片（银衣片）采用压花工艺，不但造型精致，而且纹饰优美，用作衣摆、衣背的主体；配片形小且简单，主要用于衣袖、衣襟、衣摆边及主片间隙，作补充、烘托之用。如施洞苗族银衣主片多为正方形、长方形、圆形等几何形态，其数量多达44块（件），而帽式银衣泡（配片/辅饰）数量更大，多达595个，蝴蝶铃铛也有60件。其实，在同一区域，银衣片的形态和用法基本一致，但是数量则因家庭经济条件而异，纹饰和题材的内容一般不会脱离本民族的审美认知和文化范围，但纹饰和题材组合的数量庞大，保守估计也有数百种之多。这在一定程度完美地诠释了苗族首饰“以多为美”的审美倾向。

戒指、手镯以“多”为美的表现：在日常生活中，我们经常见到

图3–93　苗族重安江型银帽

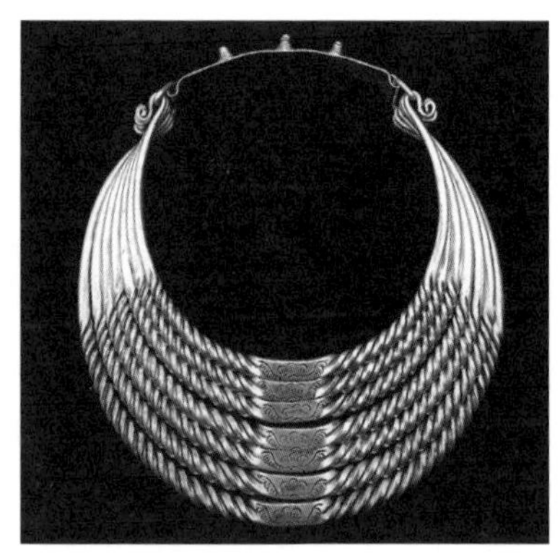

图3–94　苗族七环项圈

人们佩戴的手镯和戒指都不会太多，一般戒指手镯各一个，偶尔手镯也会有两个。这和苗族盛装时的手镯和戒指相比，能清晰观察到“以多为美”的艺术特征在手镯和戒指方面的体现（图3-96）。苗族戒指的戒面较宽，几乎完全覆盖指根表面，戒指正面多用浮雕或者镂空技法表现植物、花鸟等吉祥纹样，在佩戴数量方面近乎夸张，如贵阳一带的苗族盛装时双手需佩戴8枚戒指，除两个拇指外的其他8个手指都要佩戴，安平妇女最多戴4个项圈，10多个戒指（有的一指戴几个）；对于手镯的佩戴也不限于一对，如贵州施洞苗家一般佩戴四五对，从江苗族甚至将手镯做成套镯，以五对为一套，排列佩戴在腕肘之间，这些佩戴习惯和首饰搭配风俗无一不是“以多为美”的具体体现。安平妇女最多戴4个银项圈，10多个戒指（有的一指几个），加起来重一斤多。

辅饰以“多”为美的表现：在苗族首饰中，除了上述主要首饰遵循“以多为美”的艺术表现外，吊坠、须缀、流苏等辅饰也不遑多让。如侗族妇女在盛大节日庆典时都会佩戴各种银饰，如银簪、银钗、银链，颈项穿戴护胸银板等，其中银板套戴的项钏就有四五个之多，银质手镯更是多达10多对，几乎堆叠整个前臂。再如，苗族重安江型银帽单只的齐眉流苏数量至少也有百十来个；贵州黄平一带苗族的银菩萨腰带上就镶嵌了数十乃至上百个银菩萨（贵州省博物馆藏的一件银腰带上就有105个造型各异的银菩萨）；苗族项圈一般有带吊坠和不带吊坠两种，带吊坠的项圈（图3-97）所带的铃铛、鱼、葫芦、狮虎等小吊坠更是覆盖人的整个正面，吊坠数量比银帽的流苏，以及银腰带上的银菩萨还多。

图3-95　苗族银衣片

图3-96　苗族盛装戒指

银泡是少数民族银饰中使用比较广泛、数量较大的一种辅饰，一件苗族帽式银衣上的银泡可以多达六七百个，哈尼族、景颇族、傣族和彝族的帽子、肩饰等地方的银泡更多，比较夸张的是哈尼族猫头鹰纹饰银背心几乎铺满银泡（图3—98），银泡在深色底布上如点点繁星。再如哈尼族布孔支系的女性首饰多为彩布包巾，头巾上镶钉有银泡，左右用彩色毛线扎成飘穗，尤其是求偶期的哈尼族少女浑身上下戴着密密的珠饰、贝饰，更明显地表达她们以“多”为美的审美倾向。

以“多”为美在其他民族首饰中的体现：首先，以“多”为美并不只苗族首饰的一个孤例，这在桂、黔、滇地区其他少数民族传统首饰中也大量存在，如侗族、瑶族、壮族、哈尼族、景颇族、德昂族、佤族、藏族等民族在佩戴首饰（主要是银饰）方面也呈现明显的追“繁”求“多”的特色，特别是盛装时表现得尤为明显；其次，虽然桂、黔、滇地区少数民族传统首饰以“多”为美的例证更多地存在于银饰，但这不是银饰本身的特征造成的，而是因为该区域首饰大多选用银的结果；再则，以“多”为美也不仅局限于银饰，其他材质首饰也多有体现。

德昂族的腰箍（德昂族语称“囊”）（图3—99）是该民族传统服饰中最有特色的装饰品，主要制作材料包括藤篾、竹片、毛线、草和彩色纸等，整个腰箍可以用同一种材料，也可以用几种材料组合（如前半截竹片，后半截银丝等）。腰箍粗细不一，色彩多样，但以黑色为主，

图3—97　苗族项圈吊坠

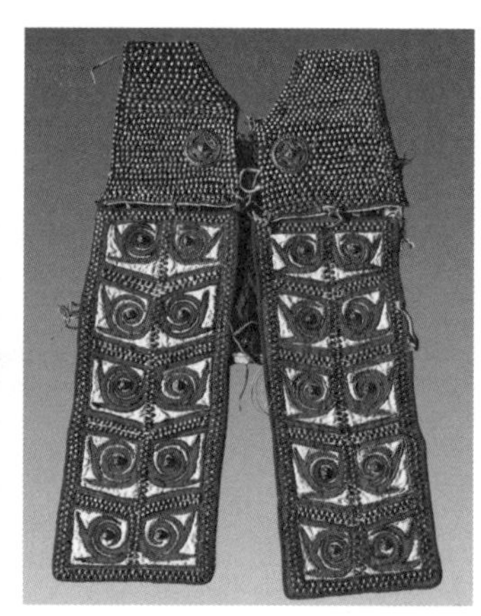
图3—98　哈尼族猫头鹰纹饰银背心

辅以毛线缠绕，又或是银、铝等金属。在德昂族社会生活中，腰箍意义非凡：求偶时，腰箍是爱情的代表，年轻人精心制作有图案的腰箍送给心仪的姑娘以求获得青睐；而姑娘佩戴的质量和数量又是衡量其能干与聪慧与否的标志，在德昂族文化中，佩戴腰箍数量越多、越精致，就表明她越勤劳、聪明、智慧和心灵手巧，一些德昂族人的腰箍甚至多达三四十圈，可谓以“多”为美的典范。还有，如景颇族妇女戴银首饰越多表示越能干、越富有，有的景颇族妇女爱好用藤篾编成藤圈，涂有红漆、黑漆，围在腰部，并认为藤圈越多越美。

傣族男子文身也是典型的以“多”为美。傣族男子文身源于其可以防止“批厄”水怪的传说，后被认为是家族的标记，死后灵魂被先祖辨别的依据，现在文身却成了傣族审美的一种物质形式。由于文身在傣族文化中是男子美的象征，以及勇气和能力的标志，因此傣族人认为文身部位愈宽、图案愈复杂愈美。

其实，在桂、黔、滇地区，首饰呈现明显以“多”为美的审美特征的普遍现象，究其主要原因是在他们文化中“多”就是财富、美、健康、能干、智慧等方面的象征和代名词，苗族有句俗语：“身带银，健康富贵紧相随。”不仅苗族，在桂、黔、滇地区崇尚银饰的民族大多认为“银有驱邪保健康”的作用，银数量是财富的象征；德昂族腰箍的数量是智慧和能力的体现；傣族文身也是男子美和能力与勇气的象征。因此，人们在生活中就追求越多越好，越多就代表自己越优秀。

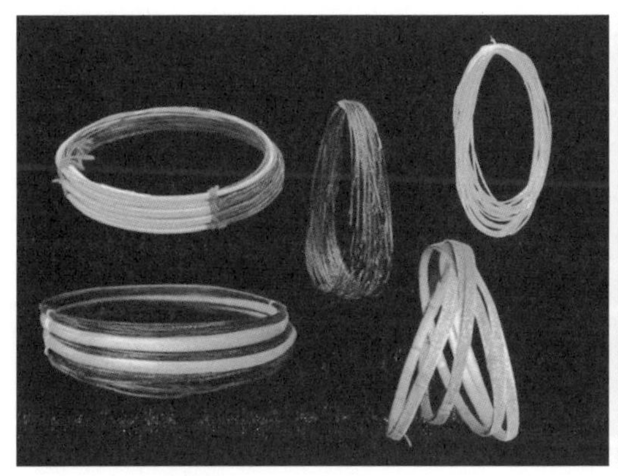
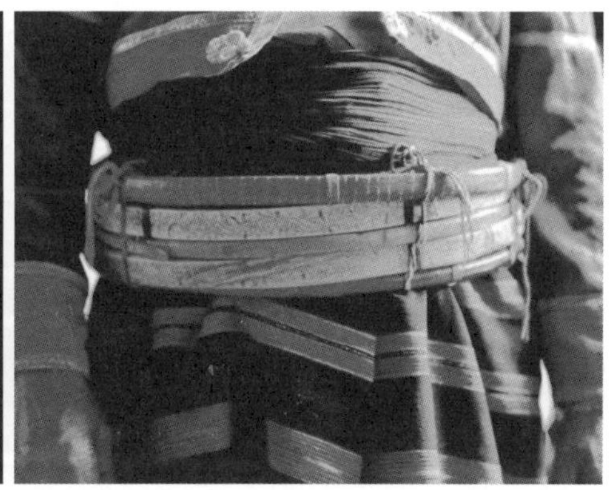
图3—99　德昂族腰箍

（二）重即是美

桂、黔、滇地区少数民族传统首饰尚银，而银属于贵金属，因此银又等于财富，在审美方面除了以“多”为美外，以“重”为美也是一个重要的特色。各个民族对“重”的体现是多样的，既有单个首饰“重”，也有全套首饰整体“重”。其实，佩戴首饰“多”就在一定程度体现了“重”，但也不尽然，这两者有连带关系但关系不是绝对的，属于两个独立的审美特征。

一般而言，首饰以“重”为美是针对全身所有首饰而言，尤其是盛装首饰。如侗族盛装时，首饰佩戴从头到脚每个部位都不缺席，甚至有的部位还佩戴多个首饰，如颈部的护胸银板是由四五个银项钏组成，手镯可以同时佩戴多个，最高时可达十余对，因此侗族全身银饰一般重量可以达到5千克～10千克。随着现代社会经济发展，富裕家庭侗族盛装首饰超过10千克的比比皆是。

苗族银饰“以重为美”的名声源远流长。苗族银饰“以重为美”不仅表现在全身整体的银饰尚“重”，而且对于单件首饰也是尽可能追求重，如苗族女子传统银帽是盛装银饰的装饰重点，银帽重量跨度较大，重的可达5千克～10千克。另外，苗族银项圈也是以重为美的代表（图3–100），如台江施洞苗族的一只绞藤纹项圈就可重达1.5千克，黎平苗族妇女仅一个镂花银排圈就重达4千克。就连耳环，单只重量都可以高达200克，为了确保能戴上当地流行的圆轮形耳环，她们还发明了渐次加粗的方法，即用渐次加粗的圆棍来扩大耳孔，并利用耳环的重量拉长耳垂，为此，一些苗族女性的耳垂还出现了严重的下拉，但她们却乐此不疲。全身银饰一般在10千克～15千克，最重能达20千克，完美诠释了苗族首饰“以重为美”的审美特征。

瑶族首饰以重为美的表现明显有迹可循，如八排龙鱼纹錾花银项圈（图3–101）堪称其中的“重中之重”，足足有5斤多。项圈表面錾刻鱼龙纹，象征子女繁衍，边缘又用银条盘制成16个乳钉状装饰，诠释了对母亲的喜爱，简洁又不失华贵。

图3-100 苗族十二生肖纹錾花七穿银项圈（桂林博物馆）

图3-101 八排龙鱼纹錾花银项圈

（三）大即是美

在桂、黔、滇地区，一些少数民族的传统首饰还存在明显以“大”为美的审美特征，以庞大、华丽、大气，甚至是夸张的造型手法来表达他们的审美需求和倾向。同时银饰的“大”也体现了其家庭良好的经济条件，以及姑娘本身大气的气质。

苗族银饰是“以大为美”的典型代表，堆大为山，呈现出巍峨之美；水大为海，呈现出浩渺之美。在体现苗族首饰以大为美的审美特征中，尤以大银角、凤冠最具代表性，如苗族银角一般在50厘米左右，雷山西江苗族的大银角尤为夸张，宽约85厘米，高约80厘米，整个银角高度几乎为佩戴者身高的一半，正式佩戴时，还要在银角两端插上白鸡羽，鸡羽随风摇曳，使银角显得更为高耸，巍峨壮观，还兼具轻盈飘逸之美（图3-102）。再如，佤族耳环绝对算得上“以大为美”的一个极好佐证（图3-103）。在耳饰方面，佤族人以大为美，佤族耳环大得出奇夸张，有的耳环像缩小的象脚木鼓，直径达3厘米～4厘米，长度6厘米～7厘米，中间空心，朝耳背的一面加盖，有的像锣面，锣面直径甚至达到8厘米以上。

其实，以大为美在少数民族传统首饰中极为普遍，如流行于贵州都柳江一带的蝶形吊坠多达五级，形体极大，总长达85厘米以上；傣族银臂钏重300多克，直径最大可达7厘米，单个臂钏高度就达13厘米，该钏用锤扁银条绕成螺旋圆筒状就达6圈，这在手上的饰品中是一个十足的大个子。

图3-102　苗族西江型大银角

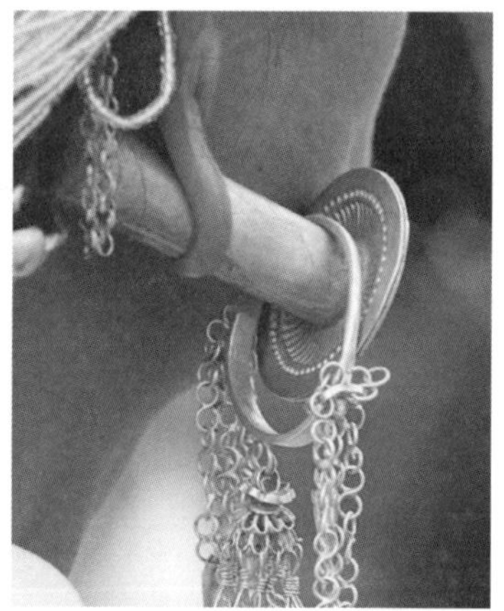

图3-103　佤族大耳环

小结

本章主要从桂、黔、滇地区少数民族传统首饰的社会内涵、思想内涵和艺术内涵三个方面进行阐述，即分析少数民族传统首饰中所蕴含的社会阶层、地位和人生礼仪等生活文化内涵，心理追求、国学思想、民族纪念等思想文化内涵，以及首饰材质与工艺、纹样、造型、色彩等艺术要素和审美内涵等，以此指导少数民族传统首饰的振兴和繁荣。

第四章　少数民族传统首饰的技术文化构成

第四章　少数民族传统首饰的技术文化构成

少数民族传统首饰的技术构成是首饰文化的重要组成部分，是将银、金等首饰材料转化成首饰所依仗的工具和凭借的方法，是传统民族首饰文化中“技”和“艺”的成分。首饰的内涵和意蕴多表达本民族千百年来的文化积淀，以及民族文化所促成的普遍审美；而首饰的技术文化构成则更多地表现为实现这种审美的技术和特制工具，且这种文化主要掌握在少数从业艺人手中。因此，其变化和发展以艺人为主导，同时也受社会技术进步和族人审美要求的影响，如首饰肌理等某些由工艺承载的审美特征会随消费者审美倾向的变化而倒逼艺人在工艺方面做相应的改变。

第一节　传统首饰制作工具及工艺

桂、黔、滇地区少数民族传统首饰在我国民族首饰文化中的地位举足轻重，特别以黔东南苗族侗族银饰文化、滇西傣族金属制作工艺、广西壮族侗族等传统银饰为代表，成为少数民族传统首饰工艺的集大成者。桂、黔、滇地区传统首饰技术层面主要包括加工工具体系、制作工艺体系两个方面。加工工具是制造首饰的器具系统，西南少数民族传统首饰制作工具基本雷同，主要包括钳子、铁砧、铁锤、铜锅、坩埚、錾子、皮老虎、松香板、丝板、印模等。制作工艺是手工艺人利用各类加工工具对首饰制作原材料进行处理最终成为首饰成品的过程，少数民族首饰加工技术最基本的主要有捶揲、模压成形、炸珠、錾刻、镂空、掐丝、珐琅、镶嵌、焊接、酸洗等。錾刻和焊接是最重要的两道工序，少数民族首饰的魅力主要凝结于千锤百炼的造物智慧之中。

一、加工工具体系

西南少数民族传统首饰文化集多种金属工艺于一体，首饰加工方式及工艺种类繁多，在此主要介绍几种常见的手工技艺：铸造工艺、锻造工艺、錾刻工艺、花丝工艺。

（一）铸造加工工具

铸造工艺属于金属热加工工艺，加工历史悠久，因其可实现批量生产，且可以实现特殊的艺术效果，在西南少数民族首饰制作中占有举足轻重的地位。锻造与雪糕的制作过程类似，是指提前做好模具，将熔化好的金属液直接倒入模具成型的过程。这是一个非常高速且快捷的加工技法。铸造工艺主要分为翻砂铸造工艺和失蜡浇铸铸造工艺，砂型铸造是最基本且常有的制作工艺，下面主要以砂型铸造为例阐述铸造首饰工艺的流程，砂型铸造用到的工具主要包括坩埚、模具、砂石（纸、布）。

1. 铸造工具——熔焊工具

熔焊工具主要是通过加热产生的高温使金属局部或整体产生物态变化的过程，主要用在金属熔融和首饰部件的焊接过程中。熔焊类工具关系到首饰的最终呈现效果，这对首饰制作意义重大（图4–1）。

吹火筒是最为传统的熔焊工具，现已很少使用，由胶皮制成，外在造型是七字形筒棍，人工吹气和煤油灯配合使用。工匠长期沉浸在煤油灯释放的有害气体中，容易损伤自己的身体。

皮老虎的作用与风箱相似，主要盛行于20世纪90年代，由皮囊、

早期：吹火筒

中期：风箱和皮老虎

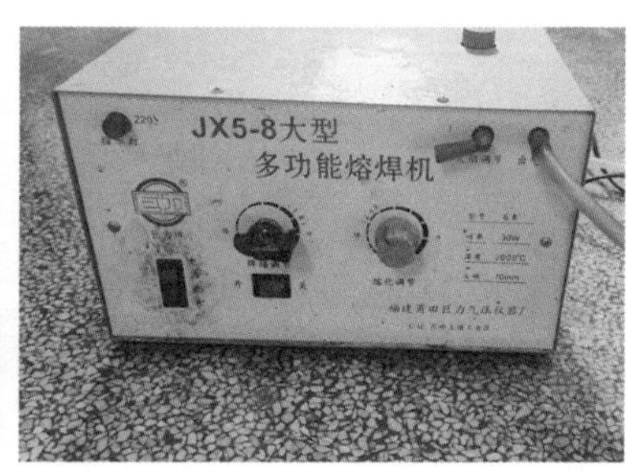

现在：多功能熔焊机

图4–1　熔焊工具发展

脚踏板、油瓶、管子组合而成。使用时，打开铜管前段开关，汽油沿着铜管嘴流出，脚踏板和皮囊通过调节压力的大小控制流向铜管的汽油的流量，开关也可以调节火力的大小。循环踩压脚踏吹风，火力的大小取决于踩压脚踏板的力度，力度越大温度越高，皮老虎能够帮助工匠很好地控制火温。

汽油焊枪和液化焊枪也是现在使用较为广泛的熔焊工具。液化焊枪和汽油焊枪各有千秋，前者火力猛、升温快、受热面积广，后者火力虽小，但受热点集中；前者适合退火，后者适合点焊。

2. 铸造工具——坩埚和模具

坩埚是由极耐火的材料（如黏土、石墨、瓷土、石英或较难熔化的金属铁等）所制的深底器皿或熔化罐，金属熔化坩埚底部一般较小，需要架在泥三角上才能以火直接加热，坩埚加热后不可立刻将其置于冷的金属桌面上，以避免其因急剧冷却而破裂（图4–2）。

少数民族首饰制作中模具的制作和使用非常常见，部分工匠可以根据纹样造型的需求制作不同类型的模具，阴模和阳模能够帮助金属快速地成型。

3. 铸造工具——其他辅助工具（镊子、锤子、刮刀、刷子）

（二）锻造加工工具

传统锻造技术是在制作前先将金属材料熔化，铸成块体，以火加热，直至金属块变红。之后即可放置于砧上锤打锻造。反复锤打，令其延展变形。锻造工艺是一门非常传统的金银器手工加工工艺，是金属首饰成型的主要环节。其加工工具主要分为锤子、剪子、钳子、垫

坩埚

阴模

阳模

图4–2　坩埚和模具

打工具、金属熔炉、喷枪、焊枪、坩埚、量具、钢卷尺、工作台等。以锻造铜银器为例，主要原料和辅助材料有废旧紫铜或银制品、焊药、松香、硼砂、硫酸等。

1. 锤子

锤子是金属手工艺人非常重要的加工工具，占据手工艺人制作工具的三分之二左右，锻打工具一般会选择坚硬的金属铁作为锤头，因铁质材料密度高，不易变形，手柄选择具有隔热功能的木柄。根据用途不同，西南少数民族锤具也会有所差别，常用的锻打锤有手锤、收放锤、深锤、鸡蛋锤、勾当锤等（图4-3）。手锤按重量和大小可分为大锤、小锤、二火锤等。大锤较重，一般双手操作，主要用于锻打粗成型。小锤小而轻，二火锤比大锤轻一点，小锤和二火锤主要用于开片和开条。收放锤主要用于特定银胎的放大或缩小，有两个不同锤头，一端为圆弧锤面，另一端为短粗单边收放锤。深锤主要用于器物成型初始状态的凹陷和凸起，锤头较长，不同锤头形状的深锤使用情境存在差异，如圆形锤面用于敲击深度大的金属器物，而方平锤面用于最终成品的安装与检查。鸡蛋锤外形似鸡蛋，锤头一端为圆球面，另一边为圆柱面或方柱面，锤身一般较长。除了这四种典型的锤子外，还有一些常用的锤子（图4-4），这些锤子在进行某一些特殊形态处理时往往更为方便。

2. 垫打工具

垫打工具是为了锻打金属各部位而设计的辅助工具，垫打工利用不同角度与弧度的铁马来制作金属表面纹理（图4-5）。

3. 剪子

为了金属加工的顺畅和舒适，云南白族在锻造银铜器时使用的剪子经过一定的改良，右端的刀柄由封闭式改成敞开状，并将剪刀尾巴上

图4-3 常见锻造用锤（手锤、收放锤、深锤、鸡蛋锤）

翘，以避免实际操作时被刀柄夹伤。此外，因制作需要形成了外形相似但功能差别较大的各类剪子。如直剪、坐剪、弯剪、闸剪等（图4-6）。

4. 钳子

钳子主要在固定金属、退火或锻打时使用，用于夹持固定金属，分为钳头和钳柄两部分，钳头的凹凸齿主要用于增加夹持摩擦力，有些工匠为了使用方便，还会将手柄加长。具体可将钳子分为回火钳、尖嘴钳和普通拉丝钳。

5. 辅助工具

包括各式圆规、不同规格尺子、夹子、金属秤、垫打木桩、水泥桩等。

（三）錾刻加工工具

錾刻工艺是西南少数民族首饰制作中最为精细的传统技艺之一，几乎是所有匠人必须掌握的首饰制作基本技法。錾刻工艺是对金属片或半成品进行纹饰塑造的技艺，需要手工艺人熟悉图案特征，一刀一刀一点一点地在首饰制品表面产生平面的花纹效果，也可形成高于金

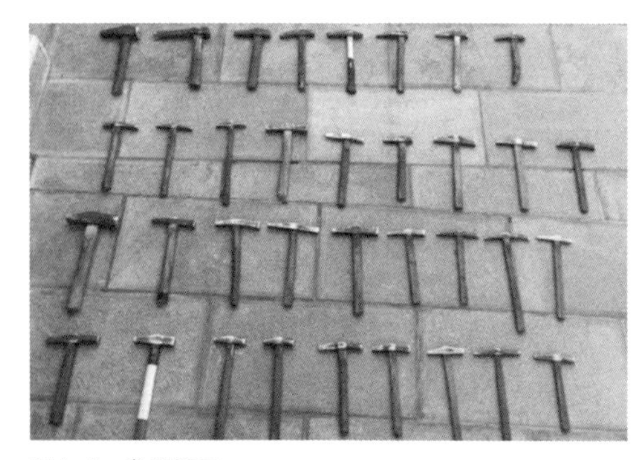

图4-4 常用锤子

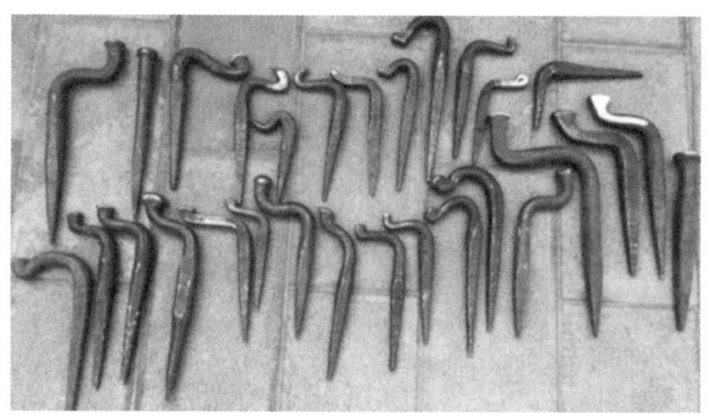

图4-5 各型垫打工具

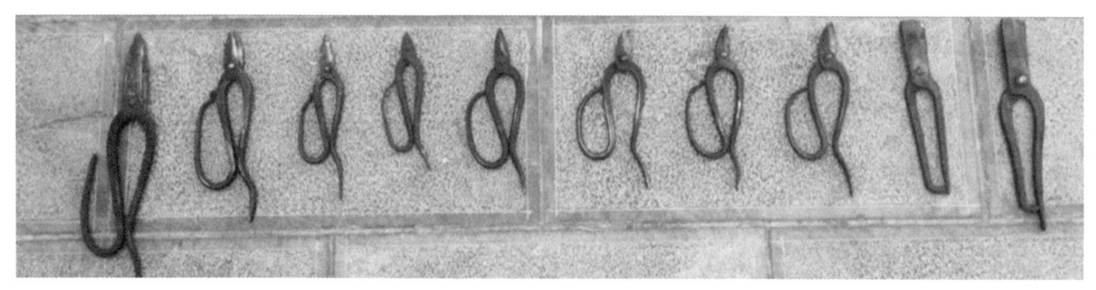

图4-6 白族锻造用剪

锻造工艺工具列表

编号	工具名称	分类	用途
1	锤子	手锤	锻打
		收放锤	器物的放大或缩小
		深锤	成型
		鸡蛋锤	锻打、检修
2	剪子	直剪	剪料
		弯剪	
		闸剪	
		坐剪	
3	钳子	手钳	夹取器物
		尖嘴钳	
		回火钳	
4	垫打工具	砧子	锻打金属各部位而设计的辅助工具
		铁马	
5	辅助工具	卡尺、金属秤、圆规等	

属表面或低于金属表面的装饰图案，最终成品的精美生动离不开手工人日复一日的耐心与悟性。錾刻用到的工具包括锤子、胶板或铁板以及各式各样的錾子。不同地区的錾刻工具的名称及形制略微不同，但功能基本是一致的。

錾子是錾刻工艺中最重要的工具，錾子品类丰富，根据錾子材料不同，可分为弹簧钢錾子、青铜錾和木錾，其中大部分錾子是由韧性较好的弹簧钢制成，还有些手工艺人喜用青铜錾子，木錾主要用于形体的凹凸塑造。根据錾子的功能不同，可以分为錾凹錾、錾凸錾。形态大小不一的錾子可錾出效果不同的花纹，长约10cm的錾子可分为上、中、下三段。上段为錾顶，不需加工；中段为手持部分，一般会有较粗的防滑凹槽；下段为工作区域，经过特殊锤打、锉磨和淬火等加工而成。

1. **錾凹錾**

錾凹錾又分为线錾、异形錾、冲印錾、压錾及整平錾等（图4-7）。

（1）线錾：线錾可分为直錾和弯錾，直錾常用在金属上勾勒图案轮廓，横截面为圆形、椭圆形、半椭圆形、方形、长方形等，相同横

异形錾

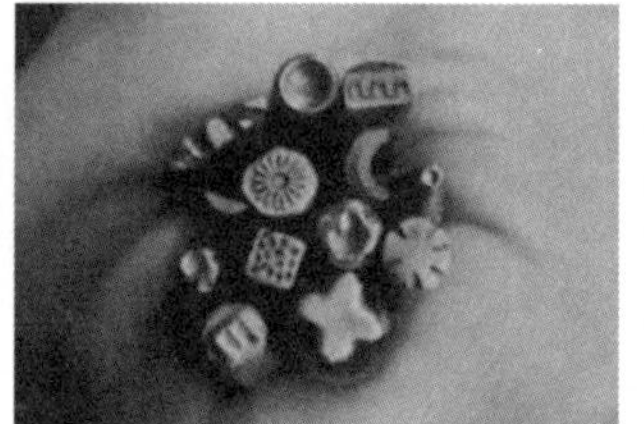
冲印錾

线錾

图4-7　各式錾子

截面的錾子还可进一步细分为不同锋利程度。弯錾形状像弯弯的月牙，带刀口，主要用于錾刻弧线或圆形装饰，可帮助增加主体立体感，也可协助直錾錾刻弯曲处。

（2）异形錾：这类錾子用来做特殊花纹的金属纹理。异形錾造型丰富，前段有锥子状、圆锥状、半圆锥状，用于呈现沙子状纹样；有横截面如波浪状的，可用于大面积排线；也有前段为方形、圆形、椭圆形的，用于压底，可大面积做出肌理效果。

（3）冲印錾：冲印錾可用于在金属表面压出完整的纹样。最常见的冲印錾前端为数字或字母，这类錾在金属表面留下的图形边缘比较清晰。

（4）压錾：錾子的头部是平的，横截面为圆形或方形，用于压低紧实纹饰边缘，使花纹造型更加突出。

（5）整平錾：整平錾的錾头为平滑状，用于使金属表面平整，该步骤为錾凹工序的最后一步。

2. 錾凸錾

錾凸錾又称冲头，是用于使金属正面凸起的工具。錾凸錾的錾头一般为圆形，手持端一般较粗，可由钢材、木头或青铜制成，也有一些工匠用树脂或尼龙材料制作（图4-8）。

在錾刻过程中也会用到固定金属的胶，錾刻胶是金属支撑物，具有一定的黏性和弹性，可以承受锤子錾子带来的敲击力。其主要成分为一定比例的碳酸钙粉、石蜡和松香，碳酸钙粉可使松香凝结变硬，石蜡可使松香软化。按照胶在常温下的质地，可分为软胶和硬胶，硬胶常作为底衬，通常置于金属平面之下，使用时先用火熔化胶的表层，待表层胶气泡流动后，放置金属片，待胶冷却即可用錾子在金属片上

錾凸錾

操作中

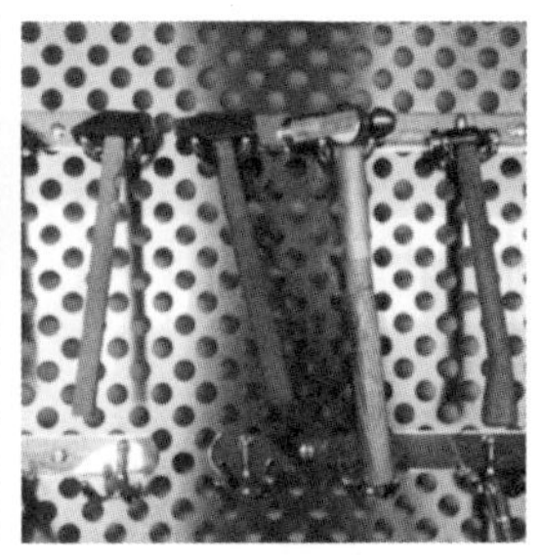
各种材料的锤子

图4-8 錾凸錾

造型，造型结束后，用火熔化胶层后，用镊子取下金属片并放冷水冷却。软胶可塑性很强，一般用作空心器物的填充物，使用时将软胶加热熔化倒入空心器皿，待胶凝固冷却后对器皿进行后续錾刻加工。

锤子是錾刻工艺不可或缺的工具，通过敲击改变金属之间的连接结构，从而帮助塑造需要的金属形体。锤子主要可分为铁锤、木槌和胶槌，铁锤主要用于锻造起形，木槌用于金属局部细节塑造，胶槌既可用于减少器物痕迹，也可用于配合錾刻细节，还可用于紧实修平器形。

（四）花丝加工工具

花丝工艺是我国历史悠久的传统手工技艺之一，据传在1572年，西双版纳向缅甸东吁王朝纳贡的贡品中就有花丝物品。花丝工艺又称为细金工艺或累金工艺，常用材料为易于塑形的金银，金银丝经过盘曲、掐花、填丝、堆垒等过程制成不同纹样的花丝制品。花丝工艺技法分为掐、填、攒、焊、织、垒、编等。制作工具包括拉丝板、钳子、镊子、焊接工具、圆规及测量工具、铜丝刷等。

1. 拉丝板：拉丝板是制作银丝用的板子，板子上有大小不同的空洞，金属拉丝是花丝工艺的基础，早期拉丝板很粗糙简陋，材料为铁板，工匠手工制作一些大小不等的孔。目前西南少数民族所用拉丝板都是市面购置而来的钢丝板，小孔数量多且规范，便于拉制银丝。

2. 压片压条机：早期利用扁锤手工锤打成银条，现在借助手动或电动压片压条机，极大提高了工作效率（图4-9）。

3. 锉刀：按照造型的不同可分为半圆锉刀、扁平锉刀，用于不同弧度金属表面的加工，在花丝工艺中主要用于金银丝前段的锉细。

图4-9　拉丝板、压片压条机

4.焊接工具：包括液化气、焊接枪、焊药。主要用于花丝各部分的安装。最早焊接使用的是相对原始的煤油灯和吹气管，后期改进为风箱、皮老虎等。

二、制作工艺体系

(一) 铸造工艺及流程

浇铸成型工艺最初用在青铜器上，后这种省时、省力，且能够保持金银制品较高准确性的工艺逐步被拓展到金属首饰领域，尤以云南白族、藏族对其运用得最为成熟。其工艺特点及主要流程包括阴、阳模砂型制作和金属首饰铸造。

1.阴模砂型制作主要流程

(1) 制作方形台基面。筛选不含杂草、碎石、毛发等杂物，且细度均匀的褐黄色砂土，拍打形成平坦的方形台基面。

(2) 放置铜模具和可调节的木框。放置前清洁表面杂质，使纹样更为清晰，铜模具位置尽量靠近工匠，轻轻按压使其固定在砂土之上。再放置可调节的木框，在长边内侧有3个可调节大小的凹槽，选择合适的尺寸，将木框与砂型台基面垂直摆放。

(3) 撒草木灰。将草木灰均匀地撒在铜模具和砂土上，有助于后期铜模具与砂土分离。

(4) 夯实木框砂土。向木框内撒入细砂土，在撒入的同时用锤子辅助拍实，直至木框与砂土高度齐平，砂土中部略高于周围，用刮刀取出砂型。

(5) 用刮刀剔除砂型内表面和铜模具周围的草木灰，使砂土层略低于铜模具。

(6) 用刮刀剔出四角和水口。在木框四角开出半圆形沟槽，方便后期上下部结合的时候找准位置，同时剔出水口位置，在木框内刻出喇叭形的道口，连接铜模具型腔没有装饰细节的部分，使金属熔液能够顺利到达铜模具的每个角落。

(7) 取出铜模型，滴水加固。钳子轻敲，取出铜模具，洗毛笔蘸水滴入铜模具型腔内部图层中，并对内壁表面进行修正。刷干净刚取下的铜模具，放回原位。

2. 阳模砂型的制作

(1) 将阴模砂型反放于砂土上。

(2) 将另一相同尺寸的木框置于已完成的半块砂型之上。

(3) 撒入草木灰，使草木灰均匀附着在砂型内表面和铜模具露出部分；夯实框内砂土（方法同阴模制作），并修正外形，清理木框周围多余的砂土，取下木框，用刮刀修正砂模外形。

(4) 取出铜模具，用刮刀剔出水口和定位浇口。

(5) 滴水加固，修整内壁。

(6) 取出铜模型。

3. 烘干砂型，熔融铸造

烘干时间约3～4小时。将阴模和阳模捆绑，浇口朝上，在坩埚中熔融金属片，将金属熔液从浇口处倒入，待冷却后，解开捆绑的砂模，取出铸造好的首饰配件。

(二) 锻造工艺及流程

金银铜锻造工艺是以手工锤打方式进行金银铜器加工的工艺，不同少数民族锻造工具和辅助材料存在细微差异，但制作过程大同小异，主要分为化料、锻打雏形、精细锻造、酸洗、后期工艺效果处理等步骤。

1. 化料是锻造金属工艺的开始，手工艺人又称之为“火中取宝”，铜匠师傅一般为了节约成本，利用废品回收站的废旧铜制品熔化得到锻造原材料，银匠师傅有些熔化碎银，更多的是购置现成的银片或银丝，西南少数民族锻造黄金相对较少。以化铜为例，具体分为称铜料、化铜料、注铜水，锻打成铜板。

2. 锻打雏形是利用金属的延展性形成初始器物外形。在锻打过程中需保证用力均匀，外形厚度一致，且需不断退火与锻打交替进行，在提高工作效率的同时也要保证工艺效果。云南白族坡头邑村在铜器锻打雏形阶段引进了空气锤，利用空气锤的巨大冲击力锻打圆铜板，极大地提高了工作效率。

3. 手工精细锻打环节包括器物整圆、形状转折处理等。利用铁锤在砧子上边转动边敲击，金属与砧子的角度、锤打的力度及准确度都需要传统手工艺人日复一日长期实践，手工锻造过程更是凝结了西南少数民族的文化精髓。

4. 酸洗过程是为了去除金属表层氧化物和脏物，清洁溶剂一般为硫酸溶液。酸洗后的金属表面光洁亮丽，便于后面的工艺效果处理。

后期工艺效果处理主要是根据客户需求或设计师需要，对锻造产品进行装饰，如錾花、花丝、鎏金、锤打肌理等。

（三）錾刻工艺及流程

因纯银的硬度较低且延展性好，西南少数民族经常使用纯银作为錾刻的基本材料，錾刻所用银片一般厚度为0.3毫米～0.5毫米。

1. 錾刻工艺的基本技法

錾刻是云南少数民族特别是云南白族铜银技艺中最为核心的技艺之一，该技艺经过日积月累的生产实践及改良创新，已形成了独特的制作风格。通过梳理、研究西南少数民族錾刻技艺的手法，能够为少数民族首饰文化的可持续发展提供坚实基础。熟练的手工艺人可以通过锤子和錾子的相互作用，在金属器具上展示生动韵律的纹饰效果。以云南白族錾刻过程为例，手与工具的默契配合，将多种技法穿插混合使用，以充分展示雕刻纹样的肌理之美。錾刻呈现的形式包括平面类、下凹类、上凸类。

平面类錾刻是属于单层线性錾刻最基础的技法，常用于錾刻没有起伏的植物纹和几何纹。下凹类錾刻对工匠的能力要求较高，在金属表面錾出凹痕，呈现立体效果，是一种更为精细表现各类花纹造型的装饰技法。上凸类錾刻制作方法略微复杂，是錾刻工艺中较为常见的使用方法，需按纹样结构的不同层次，从图案最高层向底层依次錾刻，直到形成立体感强烈的花纹，目的在于使器物达到层次鲜明、生动活泼的视觉效果，阴錾、阳錾和镂空技艺常搭配使用，镂空技艺是根据设计图案将不需要的部分錾透掉。

勾、落、串、戗、台、压、采、丝等是錾刻的基本手法。勾是使用錾子粗略勾勒器具外轮廓；落是錾刻的深加工过程，使器物整体形状变形的过程；串是为加强整体造型的立体感，在金属背面进行的加工工艺步骤；戗是利用“戗”这种工具刻出能表现明暗的浅浮雕纹饰效果，增强对比和艺术感染力；台是指金属成型时使用的模具；压是指制作模子时所用的手部力道；采是指纹样成型后的细致刻画；丝是使錾刻纹样边缘更清晰立体的錾刻过程。

2. 錾刻的工艺流程

錾刻工艺虽经过数百年的锤炼和积累，但主要工艺流程没有太多的变化，具体包括绘制纹样、錾花、焊接、打磨、抛光、清洗等步骤。但新时代科学技术发展带来了制作工具及使用材料的变革，部分流程被机械化替代，如压片厂、制模厂等的建立，分工合作的产业化格局也更为清晰。很多手工艺人只涉足金属加工的某一个环节，全能型的手工艺人越来越少，这一发展态势一方面极大提高了生产效率，提升了少数民族手工艺制品的商业价值，但也在一定程度损害了手工艺产品的文化传承性。錾花工艺的基本流程如下（图4–10）。

（1）绘制图案：传统工匠绘图是用笔直接在金属表面描绘纹样，然后在胶或铅上固定金属片方便錾刻花纹，描绘纹样要求线条流畅精准、图案完整。现在工匠制作了模具纹样，方便錾刻难度系数较低的纹样。另外网上丰富的图样资源及复印技术，帮助工匠进一步丰富纹

绘制图案

錾花

成型

图4–10 錾刻工艺

样内容。

(2) 錾花：錾花一般分为蜡雕、锌雕和铅雕三种。蜡雕是将金属片固定在配置的胶粉上，但因支撑力有限，一般用于錾刻简单的花纹，细小花纹难以成型。锌雕则是将金属片固定在锌板上，一般用于制作阳錾效果。铅雕则是将金属片固定在铅板上，铅的比重大、质地细腻、支撑力好，便于勾勒细节，錾刻完成后需在金属表面涂上保护剂，以免在加热底衬时造成錾刻作品遭受破坏。

(3) 焊接：简单首饰錾刻完成后不需要进行焊接，但相对复杂精美的首饰需要对首饰部件进行焊接。焊药的使用、焊接技术的熟练度都会影响后期作品的精美度。

(4) 修正及抛光：上述工艺完成后，还需仔细检查首饰，对不完美的部分进行局部调整，利用木槌、砂纸、锉刀、玛瑙刀等仔细打磨抛光，最后将打磨好的首饰成品放入清洗液中去除杂质。

(四) 花丝工艺及流程

花丝工艺作为中华文明历史长河中遗留的珍贵传统技法，以“燕京八绝”最负盛名。花丝工艺精细、造型华丽而优美，且文化底蕴十分浓厚，是见证各个时代各个地区工艺发展水平和历史文化底蕴的活化石，更是早在2008年就入选国家非物质文化遗产名录。花丝工艺是一种古老的手工艺技法，传统认为花丝工艺既包括传统纯金属“花丝”工艺，也包括“镶嵌”工艺。花丝工艺是利用金属的延展性搓成丝状，具体技艺包括掐、填、攒、焊、编、堆、垒等。

掐即在镊子的帮助下塑造首饰外轮廓的方式。掐丝所用镊子多具有圆润厚重的尖端，方便工匠借力操作的同时还能有效保护金属丝。

填花丝也称为平填，指在平面上对掐好的外轮廓首饰造型进行填充。最常用花丝填充形态为扁丝，原因有二：一则扁丝更容易与造型贴合紧密，其他形态与尺寸的金属丝填充时易留出缝隙；二则扁丝填充更加凸显花丝的精致和细腻。

攒是指将制作完成的花丝配件进行组合、组装。

焊是利用熔化的焊药连接配件的技法，焊是花丝工艺中最基本亦是最主要的工序，是决定花丝镶嵌首饰成功和精致的关键所在。

编织是用金属丝以交横纵叉的方式完成造型的技法，是一种冷链接塑造纹样与肌理的技法。

堆可以实现封闭的立体镂空造型，具体是指利用灰泥塑造出立体造型，灰泥的主要成分为白芨与炭粉，起到填充材料的作用。将花丝贴在其表面，控制好火焰温度和加热时间，将灰泥烧为灰烬，即可得到立体造型的花丝首饰。

垒也是花丝工艺中立体造型方法之一，指利用焊接方式将花丝配件层层叠加。

以上这些花丝技法仅为基础制作技法，在实际制作环节，手工艺师傅需要组合或改良不同的技法帮助塑造精美繁复且创新的花丝首饰。

花丝基础工艺流程主要有8个基本步骤，以银材料为例（图4-11）。

1.化料：根据设计款式，预测所需银重量，当需要的银较多时，需要在火炉中用木炭熔化。若银块较大，需在熔化前切成小块，放置于坩埚中，坩埚放在炉火中鼓风加热，银子熔化后倒入铁槽，待其冷却后形成完整的银条。

2.拔丝：将银条捶揲成细银棍，然后利用机器进行机器压丝，将

拔丝　搓丝　掐丝

焊接　清洗　成品

图4-11　花丝工艺

银棍压成直径1mm左右的方丝，也可直接用拉丝板上略小于银棍的孔进行拉丝，拉丝前先利用锉刀打磨银棍前段，使其略小于拉丝孔，将银棍尖端穿过拉丝孔，利用钳子夹住尖端往外拉，如此反复，不断选择更小的孔径，银棍越拉越细，直到拉完得到所需尺寸的银丝。常用银丝有圆丝和扁丝两种，圆丝又称为素丝，圆丝直径尺寸有1mm、0.8mm、0.6mm、0.4mm、0.3mm，扁丝直径尺寸分为0.8mm、0.6mm、0.4mm。

3.搓丝：素丝需经过搓制，形成各种带花纹的组合丝才可以进行首饰的制作，“花丝”之名由此而来。最常见最简单的花丝是由两三根素丝搓成的，如麻花丝。每搓丝一遍退火一次，在此过程中保证力道一致，保证整条疏密一致。

4.膘丝：用模板将搓好的花丝压扁，缠绕在直径为2厘米以上的圆柱上，用白芨或白乳胶将其固定。

5.掐丝：根据设计图纸，借助镊子进行造型。

6.填丝：把膘好的银丝取下，以6根为一组塑形，一次可以完成6个完全一样的造型。用小火均匀加热5秒左右，使银丝经历一个由白变黑的过程，待冷却后用镊子轻轻挤压，即可将成组膘丝分开。稍作整形后填入掐好的造型中。注意尽量不留缝隙为佳，可使用白芨或白乳胶将造型粘贴在纸上。

7.焊接：花丝作品多是几个部件组合而成的，部件之间的接合需要用到焊接工艺。焊药的配置技术性很强，一般是银加少量的铜配置而成，好的焊药在保证熔化温度低于银器的情况下，还能保证焊接面光滑顺畅。焊药配置好后，可用平头锤小心地敲打，使之平整。然后，再将其剪成小碎片，提前与硼砂混合，放置于小铜容器中备用。焊药的使用分为两种：一种是将焊药与水混合为膏状使用，称为湿焊药；另一种是将焊药直接均匀地撒在需要焊接的部件衔接处上，称为干焊药。

8.清洗：这是花丝工艺的最后一道工序，加工完成的银器，往往表面会沾上杂质，或因表面氧化呈现不同程度的黑色或黄色，需要利用清洗环节让银器白洁如新。如若在焊接过程中，为了保护过于纤细的部位，使用泥土或涂改液遮盖保护，在酸洗前需要使用超声波清洗机进行首次清洗，同时检验焊接部件是否牢固；若未作遮盖，可直接进行酸洗，酸洗是将银器放入含有酸性溶液的铜锅中，早期西南少数民族使用的是植物酸，如没有成熟的酸李子，后来加入白矾，现在直接购买硫酸氢钠或稀硫酸，酸洗干净后取出银器，用铜丝刷刷洗干净即可。

三、总结

首饰制作工具是首饰的物质基础，也是首饰工艺的实现载体，不同的首饰、不同的工艺需要不同的制作工具来实现，因此，工具是民族传统首饰文化的重要组成部分。在民族传统首饰文化变化、发展的历程中，首饰制作工具的发展一直都是一个非常重要的促进因素。工具和工艺是一个有机整体，不同工艺可以实现不同的艺术特色、审美感观，但不同工艺需要不同的工具和工序配合，并辅以相应的操作手法才能实现，因此工具和工艺是最重要的技术文化构成。

第二节　云南鹤庆县白族银铜器锻造工艺及文化调查

一、大理鹤庆地区金属工艺及文化发展

云南素有“金属王国”之美誉，特别是滇西的银、铜矿资源十分丰富，其中以大理最为典型，丰富的矿产资源为新华村银器手工业的形成与发展提供了必要条件。剑川海门口遗址出土铜斧、铜锛、铜镰、铜刀等铜器和铸铜石范，大理地区在三千年前的商代就已进入青铜文化时期，确切的地层关系也表明大理地区是云贵高原青铜文化和青铜冶铸技术的重要起源地之一。西汉早期大理青铜冶炼技术已较为成熟，西汉晚期大理地区正式步入铁器时代，南诏时期的冶炼铸造工艺更是达到了较高的技术水平和艺术审美水平，明清时期更是将大理地区的冶炼铸造业推向较高的历史地位。《鹤庆县志》记载，明朝洪武初年，有一中原汉族洪姓参将军在新华石寨子屯戍，屯军中有善冶炼和以铜、银加工器具者，村民又习之，诸技艺均能，世代传袭。从明代中期至今五百多年世代相传，以新华村、秀邑村、大板桥等白族村寨最为著名。中华人民共和国成立之后，因其得天独厚的地理位置优势，东有金沙江与永胜县为界，西有马耳山脉与洱源隔山相连，北有石门关与

丽江玉龙雪山遥遥相望，其地理位置正处于茶马古道的中轴线上，使鹤庆被复杂的滇、川、藏及东南亚和印度文化所包围，白族居民更易接触藏文化、汉文化，鹤庆地区的小炉匠携带简单朴素的手艺工具外出“找活路”，帮助鹤庆的炉匠薪火相传，学习继承金属加工工艺。改革开放初期，“走夷方”的师傅不再局限于周边地区，开始深入迪庆藏族自治州、西藏、青海等藏族聚居区，谋生的同时进一步学习技艺，完成了鹤庆银铜器锻造经验的进一步积累。鹤庆银铜器锻造工艺吸收了捶揲、錾刻、浇铸、花丝、珐琅、焊接等中国传统金属工艺和藏族、苗族等少数民族银器加工的特点，博采众长且自成一家。

随着云南旅游市场的繁荣，大理鹤庆县的独特地理优势再度显现出来，鹤庆政府成功打造“银都水乡”白族旅游村，为鹤庆的金属锻造工艺提供了一个“走进来”“走出去”更加开放包容的环境，鹤庆工匠带着独特的银铜器锻造工艺“走出去”，通过培训、讲座、授课等方式将其分享给更多的其他少数民族工匠、院校师生等。高校师生、独立设计师及工匠同样带着现代技术和前卫的设计审美理念“走进来”，形成了互惠互补的双向信息流动，使鹤庆金属工艺的传承发展迎来了新的发展机遇。鹤庆银铜器加工逐渐走向多元化、规模化，形成了以新华村为核心，包括新华、秀邑、沙登等村镇在内的庞大银铜器加工产业集群。鹤庆银器锻制技艺更是在2014年就被列入国家级非物质文化遗产名录。

二、锻造工艺——新华村白族一体壶制作

新华村坐落于鹤庆县西北部，位于丽江和大理两大历史文化古城之间，是一个风景秀丽、民风淳朴的白族村寨，该村坚持党建引领、政企共担、推动创新高质量发展，精心打造“前店后坊”的金属工艺品生产加工为一体的特色产业集群，形成一个特色鲜明的“一村一品、一村多品”传承与创新相结合的多元产业循环体系。新华村业已成为西南地区规模最大的民族银铜工艺品加工产业基地和旅游商品销售集散地，特别是银制品产品远销海外多个国家，如泰国、印度、尼泊尔、日本、美国等，奠定了鹤庆新华手工银器产业在手工银器加工行业的重要地位，新华村也因此成为鹤庆银器锻制工艺的重要文化名片。借

助“互联网+”这股东风，新华村成立云南鹤庆银器直播基地，带动了新华村夜间经济业态的发展，在“跨界碰撞”中释放出产业化发展的新能量。2021年，新华村银器产值达26亿元，荣获“中国淘宝村”殊荣。2022年初，新华村入选第一批云南省夜间文化和旅游消费聚集区，直播基地成为助力新华村破疫情困境、创新转型发展的重要途径。

（一）银壶文化发展

银壶多作为盛酒和茶饮工具，是我国酒文化和茶文化的重要载体，古人常说煮水以银壶为贵，泡茶以银壶为尊，银壶自古便是尊贵身份地位的象征，是中国金银器文化的重要组成部分。银壶使用历史可追溯至秦汉时期，传青海上孙家寨汉晋墓出土银壶器型优美，是迄今为止出土最早的银壶实物制品。秦汉时期，银壶的生产规模开始逐渐扩大，工艺精湛异彩纷呈的银器则主要出现在唐朝，被誉为茶仙的唐代茶学家陆羽在《茶经》中写道：“瓷与石皆雅器也，性非坚实，难可持久，用银为之，至洁，但涉于侈丽，雅则雅矣，洁亦洁矣，若用之恒，而卒归于银也。”可见银壶在盛唐时期的历史地位极高，也是在唐代，中国银壶工艺及文化传到日本，在那里得到进一步发展和延续。明代杭州人许次纾在《茶疏》一书中曰：“茶注以不受他气者为良，故首银次锡。”银壶自宋朝开始逐渐平民化和商品化，这极大地促进了民间工匠的手工艺发展。明清银壶制作工艺已十分精湛，镶嵌、錾刻、镂空、花丝、珐琅等各种工艺百花齐放，极大提高了银壶华贵的艺术装饰美感，清末更有银壶出口欧洲国家。清末之后，国内政治、经济、文化受到重创，金银器加工技艺开始凋敝，银壶也成了收藏级行家专宠，“文化大革命”期间打银工艺遭遇浩劫。改革开放后，随着国内外茶文化的兴起，小炉匠守旧业，重拾制壶工艺。目前，国内银壶制作主要集中在云南鹤庆、贵州黔东南、河北遵化、福建宁德、广东深圳等地，尤以云南鹤庆新华村最为知名。白族银壶在其延续和演变过程中，善于取长补短，将银壶这一工艺精湛、器型丰富、造型精美的实用器皿转变成集工艺文化、民族文化于一身的高贵艺术品，形成了国内标志性银壶加工销售一体化产业集群，其中的原因及经验值得深入探究和总结，以便为其他传统手工业传承创新提供转型发展的新思路。

党的十八大以来，习近平总书记多次强调文化自信。文化自信是更基础、更广泛、更深厚的自信，是更基本、更深沉、更持久的力量，从中央到地方都非常重视民族民间工艺的保护、传承和创新发展。新华村是鹤庆银器锻制技艺非物质文化遗产的主要流传地和传承人聚集地，鹤庆银器锻造产业发展布局也主要以新华村为中心向外逐渐辐射，各级非物质文化遗产传承人新华村就有82人，从一定层面展现了新华村银器锻造的工艺水平和历史文化内核。银壶作为鹤庆新华村白族银饰文化的代表性产物，随着市场认可度越来越高，白族银壶也迎来了历史性的发展良机。

（二）“一张打”工艺

白族银壶作为国家级非物质文化遗产，鹤庆银饰工艺的代表产品，其制作工艺集合锻打、錾刻、焊接、镶嵌、组装、打磨、抛光等，是白族工匠继承历代先辈的技艺，同时融合其他民族金属工艺而形成具有其独特民族气息的技艺。按照装饰纹样的特点可分为素面型、抽象肌理型、镜面型、做旧型和花纹型等；按用途又可分为酥油壶、烧水壶、泡茶壶、酒壶等；从银壶嘴形可分为短嘴壶、长嘴壶、方嘴壶、兽嘴壶；按照材料细分为木纹银壶、铜包银壶以及足银壶；按壶的外形特点可分为九龙壶、乳钉壶、南瓜壶、神兽壶、方壶、珐琅彩壶等；按加工工艺可分为一体壶、焊接壶和机器壶。

新华村银匠在学会“一张打”这一技艺前，壶身、壶嘴、壶耳是相互分离的，后经焊接组装在一起。在新华村，银匠掌握了一片银打壶身的技艺后，银壶制作匠人就将用此方法锻造的银壶称为“一张打”银壶或“壶整张”。一体成型工艺相比普通组装焊接的银壶，除更为节省人工和物料外，更能体现金属加工工艺的价值。“一张打”银壶看似工艺简单，只需反复退火锤打，然大道至简，越是简单的事情，实际掌握起来越难，成型需历经千锤百炼，只有经验丰富的工匠才能完成这一工艺，极为考究工匠的耐心和细心。该工艺需要依赖匠人多年经验形成的肌肉记忆，实现对敲击力量的绝对把握。一体壶银壶制作工艺流程包括器型设计、熔银开片、下料定底、锻打壶身、修正形体、錾刻花纹、组装壶把、清洗等工序。

在调研中，我们有幸采访到“广西工艺美术大师”、“中国民族金属艺术大师”、桂林旅游学院客座教授、桂林大银工坊的首席设计师杨焕龙。杨大师从小生活在云南，沐浴在工艺风尚浓厚的环境下，从十几岁开始从事金属工艺、首饰加工已有16年之久，其间辗转于云南、西藏、湖南、广西等地进行学习与提升，精通各种工艺。十八岁进藏学习制作金属工艺，以制作藏族生活用品和佛教用品为主，2007年他回到云南拜银器大师母炳林为师，从事银器旅游产品的研发与制作，对于“一张打”工艺，杨大师有很深的造诣，从头到尾给我们讲解并演示了“一张打”工艺是如何将一块铜片变成一个壶的（图4–12）。

1. 设计定稿。设计器形是制作银壶的开始，根据客户需求设计出所需壶形、尺寸及银壶厚度，计算出壶的大致重量。

2. 熔银开片。根据计算银壶的重量熔化相应克数的银珠或旧银，

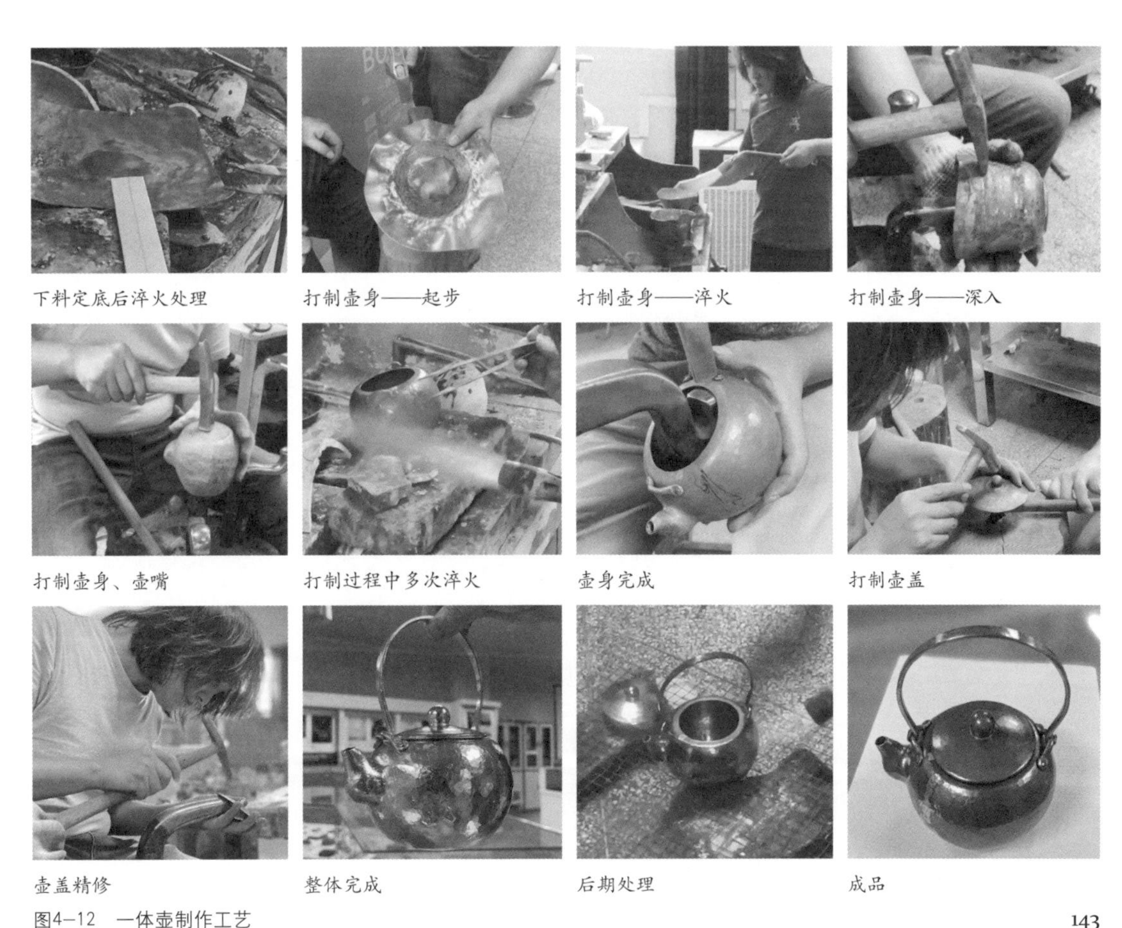

下料定底后淬火处理　打制壶身——起步　打制壶身——淬火　打制壶身——深入

打制壶身、壶嘴　打制过程中多次淬火　壶身完成　打制壶盖

壶盖精修　整体完成　后期处理　成品

图4–12　一体壶制作工艺

锻打成0.5mm ~ 2mm厚度（根据需要）和所需大小的片状，要求所开银片厚度均匀，尺度合适。

3.下料定底。沿中心点用圆规画出所要下料的圆形面积，剪刀沿着圆形边缘下料，下料过程要保证边缘圆滑，以便锻打。圆银片上根据设计稿定好壶底。

4.打制碗状壶身。定好壶底之后锻打，退火和锻打交替进行，直到壶身锻打成圆筒形。

5.起壶嘴。壶嘴部分制作最难，一般使用周围借料的方法，用锤子一点点将壶锤打，将厚度集中在壶口位置，使壶口位置逐渐变厚变鼓，利用特定壶嘴加工工具，边收壶形边锻打壶嘴，经过一遍遍塑形调整，直至壶身和壶嘴符合设计图纸。

6.器形修正。修整、微调、检平使壶身厚度均匀器身周正，将壶底进行肌理化处理，增加壶底的摩擦力。

7.錾刻等工艺处理。如图要在壶身錾刻一些纹样，需要灌胶填充壶身，錾刻结束后加热熔化壶内胶，提梁进行组装焊接后，打磨抛光，最后进行清洗检验称重。

三、总结

金属工艺是相通的，从铸造工艺、锻造工艺到錾刻工艺、花丝工艺等无不是既可以用在金属制品上，又可以用于首饰，两者相互促进，在金属生活用品上取得成功的技能技法可以移用到首饰中，促进首饰工艺的改良，反过来也成立。云南鹤庆县白族银铜器锻造工艺在西南少数民族金属工艺中独具特色，并且在保证首饰工艺传承中也功不可没。在以前很长一段时间，受机械加工的影响，民族传统首饰市场不景气，传统工艺从业人员的经济效益不理想，从而导致一些民族传统手工艺者转行，致使他们的民族传统首饰也只能依靠其他民族手工艺人来打制。久而久之，民族工艺传承出现危机，而白族工匠凭借手工制作生活器皿，即使在传统首饰行情低下时也保证了从业者稳定可观的经济收入，避免了白族首饰从业人员的流失，从而保证了传统工艺的传承和发展。

第三节 贵州基场水族乡花丝工艺及文化调查

贵州水族与苗族、侗族、布依族等少数民族相邻，主要聚居在黔南的三都水族自治县，其次还分布在与三都毗邻的荔波县、独山县、都匀市及黔东南的榕江、丹寨、雷山、从江、剑河等县。在民族大融合的背景下，水族与汉族、苗族、布依族、壮族等一直保持着相融共进的友好互助关系，形成了独特多样的文化体系和丰富深厚的文化底蕴，彰显了本民族独特的文化特色与精神追求。水族银饰在重大节日、宗教礼仪或是日常社交场合中都有着举足轻重的地位。不同于苗族银饰呈现出大、多、繁、复的特点，水族银饰以秀气阴柔著称，有着造型别致、自然清秀、纹样丰富、工艺精致等特点。水族银饰作为在少数民族金银加工技术中的一朵奇葩，其制作过程颇为讲究，特别是对火候的把握以及对工序的严格控制，可以充分体现银匠的工艺水平。除工艺价值和审美价值外，水族银饰更是体现民族信仰与精神内核的活化石，不仅彰显财富和地位，还具有更深层次的社会属性，既是凝聚民族精神的民族崇拜物，也是水族居民缔结良缘的见证者，还能够替代图腾给族人带来生活上的安全感，这些根植于民族土壤中的文化基因是水族银饰的灵魂。

基场水族乡隶属于贵州省黔南布依族苗族自治州都匀市，位于都匀市东南部，居住着水族、苗族、布依族等少数民族。基场水族乡也是水族银匠聚集较多的地区之一，此地因交通不便，经济发展水平较为落后，水族传统民族银饰工艺不同于云南白族“走夷方”博采众长的兼容属性，较少受到外界的干扰，其工艺更为古朴而纯粹，我们有责任和义务让水族银饰这一传统手工技艺得到复兴、传承和发展，实现这一技艺从技到心的升华。本章节通过对贵州基场水族乡银饰制作工艺进行综述分析，以期思考水族银饰特色工艺发展新路径，为水族非物质文化遗产的保护和活态传承提供多元化的发展方向。

一、花丝工艺发展脉络梳理

现今普遍认为的花丝工艺又称为细金工艺，是花丝和镶嵌工艺的统称，是一门传承久远的手工制作技艺，2008年入选国家级非物质文化遗产名录，是宫廷艺术的主要表现形式之一。而传统意义上的花丝工艺单指“花丝”这一技术，又称为“累丝工艺”，是指将柔韧性好、延展性强的金属拔出的粗细不同的丝，通过搓、编、扎等技法制成带有花纹的横截面为圆形或扁形的金属丝，通过盘曲、掐攒、堆叠等技法加工成所需形态，焊接于器物之上。花丝工艺作为见证中华民族五千年历史文明发展的古老技法，文化底蕴十分浓厚，其流传下来的传世瑰宝如活化石一般，向我们展示着各个时代的工艺发展水平及发展脉络。

花丝镶嵌制作技艺可追溯至商周时期的金银错工艺，有些学者认为金银错工艺是花丝工艺的雏形，主要作为装饰图案用在各种青铜器上，如生活器皿、车马器具及兵器等实用器物，国宝级文物越王勾践剑在近格处剑面，就有金错鸟篆“越王勾践自作用剑”八字（图4–13）。

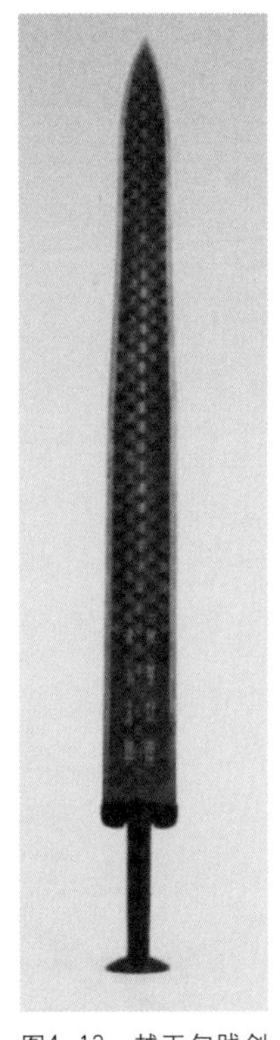
图4–13　越王勾践剑
（春秋　湖北省博物馆）

汉代之前花丝工艺还属于青铜铸造工艺范畴，常用于制作实用器具，尚未形成规模化制作。汉代后期到元代，丝绸之路的开辟促进我们与西亚各国的经济文化交流，花丝工艺进入发展时期，逐渐从青铜器工艺中分离出来，成为独立的金属工艺分支，这一时期出现了錾刻、镶嵌等新技法。东汉中山穆王墓出土美到极致的稀世珍宝掐丝镶嵌金辟邪除用到花丝工艺外，还运用了很特殊的炸珠工艺，周身及双目还镶嵌了五颜六色的彩色宝石，躯体用金丝布成羽翅及花纹；角、尾利用细金丝缠绕制成，昂首仰天、姿态雄武（图4–14）。此外一同出土的还有制作精巧、形象生动的掐丝金羊群、掐丝金龙等。

隋唐时期，稳定的经济社会环境促进了工艺美术快速发展，花丝技艺被更广泛地运用到女性首饰制品上，这一时期的花丝工艺技术成熟，金银器器型种类繁多，装饰纹饰精美多样，制作工艺达到了前所未有的水平，花丝制作工艺也进入了一个全新的发展时期。唐代还设立了金银作坊院，制定严格的工匠考核制度选拔金银工匠，这一时期的花丝工艺风格也逐渐从简洁转变为雍容华贵，唐代也成为金银器工艺发展的黄金时代。如何家村窖藏文物半月形金梳背在双层半月形金片上掐丝焊接出繁复的花纹，辅以各种边饰。该金梳背制作技法高超，形制精巧，堪称唐代金银器装饰品中的优秀之作（图4-15）。

宋代花丝工艺受当时文人士大夫阶层审美情趣的影响，不喜奢华，很多唐代盛行的华丽风格工艺品皆视为奢侈品，被限制生产和制作，花丝工艺也受到影响，不再如唐朝时恢宏华丽，开始慢慢追求文雅清新，以典雅质朴见长，现存的宋代花丝器物与其他时期金银器相比数量上少很多。如江阴夏港出土的五头凤鸟纹金花簪，纹饰镂空，做工精致（图4-16）。

元代时期，花丝工艺获得进一步发展。元朝专设“银局”，掌管金银制作。1988年山西省大同市灵丘县曲寺村出土了一批金银器，双飞蝴蝶簪、缠枝唐草纹耳坠、金花步摇等几件金银器的制作都充分运用了细花丝工艺中的掐、攒、填、焊、堆、垒、织、编等制作工艺，技艺精湛，可见花丝工艺已达到非常成熟的程度。其中，以金飞天为代表（图4-17），裙带以金丝和金箔条制成，整个结构舒展大方，线条流畅。

图4-14 掐丝镶嵌金辟邪（东汉 定州博物馆）

图4-15 金梳背（唐 何家村窖藏文物）

图4-16　五头金花簪（宋　江阴博物馆）

图4-17　金飞天（元）

明代开启了花丝工艺发展的巅峰时期，花丝镶嵌工艺被称为“燕京八绝”之一。在技术复杂程度、精细程度和艺术造诣上都可以称得上是登峰造极。明代还专门设立了二十四监局，其中包括银作局，集合了全国能工巧匠，分工更加细致，促进了花丝工艺的合作与深度交流。明代定陵出土了一大批花丝金银制品，制作工艺复杂，除花丝工艺外，往往包含錾刻、珐琅、点翠等两种或两种以上的工艺。明代万历金丝翼善冠体现了明代花丝制作技艺的高超水平（图4-18），其工艺以金属编制为主，具体采用了花丝、錾刻、焊接等多道工序，浑然一体，结构巧妙，是我国古代花丝工艺饰品制作水平的集大成者。再如，明益

图4—18　金冠（明）

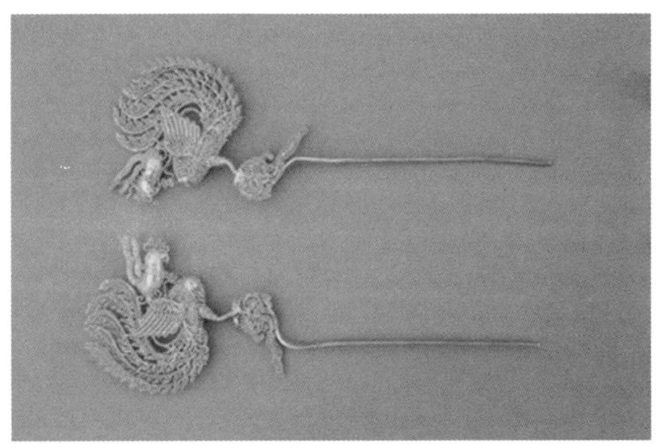

图4—19　累丝金凤簪（明　福建博物院）

端王墓出土的凤形金簪（图4—19），簪体大体用累丝技法制成，金凤脚踏祥云，展翅翱翔之姿栩栩如生，加之极富节奏感和韵律感的凤尾设计使整体造型十分精美。这只金簪是宫廷花丝技艺的典型代表，也是我国古代劳动人民聪明智慧和艺术创造力的结晶。不同于京派花丝的宫廷华丽风格，西南少数民族聚居区花丝首饰风格清丽雅致，累丝工艺使用更为频繁，本章内容所述花丝工艺指代的是传统意义上的累丝工艺。

清康熙年间，宫廷养心殿成立了内务府属的造办处，专职负责制造皇家御用装饰品。“造办处”下属“银作”将花丝镶嵌细分为化银、炼金、累丝、錾花等数十个工种，清代金属工艺逐步走向专业化生产，造办处集结了全国技艺卓绝的金属工匠，器物取型题材的内容和形式较明朝更为宽泛，优秀花丝作品层出不穷，承接了明朝优秀技艺的花丝镶嵌得到进一步发展。

鸦片战争以后，由于社会政治等原因，中国沦为半殖民地半封建国家，中国人民开始承受更加深重的苦难，金银工艺停滞不前，南北花丝镶嵌行业岌岌可危。中华人民共和国成立以后，稳定的政治环境和快速的经济发展使金属工艺重新恢复了发展生机。

二、水族花丝制作工艺

中国花丝工艺商周萌芽至明清繁盛，经历了三千多年的发展，一直未有间断。虽花丝工艺因社会经济文化变迁几经沉浮，然工艺技法在民间工艺传承的保护中仍曲折发展。南北两派虽在花丝工艺基本技法上相差无几，但在艺术风格和审美情趣上却截然不同，西南花丝清新雅致，京派华贵精美，两者皆为我国金工技艺的瑰宝。西南花丝首饰制作主要集中在贵州、四川、云南、广西等地区，尤以贵州、四川最具代表性。其中，贵州水族银匠因善于花丝点珠、盘龙团凤，且工艺精湛而扬名内外。

水族花丝不同于市场上较为常见的“花丝镶嵌”制品，水族族民信奉“万物有灵”，每件花丝制品皆于神话故事或自然现象获取灵感，虽不华丽但却灵动而有生命力。韦良恩大师设计制作的银质器具《八角九龙九凤碗》（图4–20）在2019年第十一届中国非物质文化遗产浙江博览会上斩获全国非遗薪传奖传统工艺大展金奖，该工艺品采用传统水族编织镂空工艺，制作精美，九龙九凤活灵活现，极具观赏价值。水族花丝工艺流程与传统花丝大同小异，但工序严苛，繁杂缜密。以水族花丝大发簪制作流程为例，其制作过程大体可分为9部分：拔丝，搓丝，胶丝，掐丝，焊接，剪坯，半成品组装，洗白，成品组装。

整体而言，各族花丝工艺的流程相似，主要分拉丝、塑形、焊接、组装等几个环节。但是水族花丝工艺的民族特色格外显著，与其他民族花丝工艺差异明显，这种差异在花丝制作过程中就已经铸就，特别是具体操作细节和对银丝要求等方面的差异是形成水族花丝与众不同的关键原因。

1. 花丝工艺的第一道工序是拉制花丝。拉丝方法：水族经验丰富的工匠一般使用几百年延续下来的“手工拉丝”方法。花丝规格：水

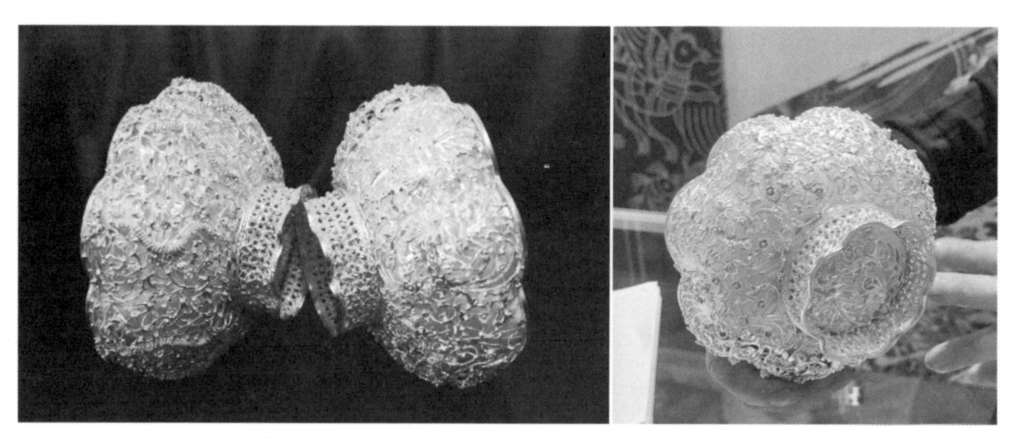

图4–20　八角九龙九凤碗（韦良恩）

族发簪花丝一般拉至0.14mm，这比汉族花丝常用的0.22mm（以上）更加纤细，当然拉制难度也更大。拉制过程中工艺处理：水族制备的花丝都会尽可能长，有时长达25m，水族工匠在拉丝过程中一般采用炭火退火。

2. 搓丝。花簪使用的一般为扁丝，将徒手拉制的花丝用压片机压扁，剪出8根十多米长的扁丝，利用两块木头和一个直径一米多的不锈钢大盆搓丝。搓丝过程是对师傅工艺水平的最大考验，经验丰富的水族师傅能够保证搓丝细致而紧密。

3. 钉丝、胶丝。与膘丝类似，大花簪零部件比较多，需要将搓好的丝固定在准备好的木板上（钉花丝）。水族师傅一般都会使用自己熬制的牛胶，牛胶冷却时成为如松香一般的块状，使用时加热成黏性极佳的如焦糖般的液体。

4. 掐丝。晾干的花丝从木板上取下，水族师傅在巴掌大的玻璃板上掐制纹样，纹样线条流畅优美，对口处要做到严丝合缝。水族大发簪用到的掐丝纹样较多，将掐丝花样平铺在铜板上埋入木炭中退火，去除牛胶。

5. 焊接。焊接需保证花丝与底板焊接稳定和花丝纹路清晰，整体干净整洁，需至少两次焊接才能完成。焊接前的准备工作称为码丝和搭焊药。码丝指将银丝码在涂有硼砂水厚0.25mm的银片上。为节省银片及方便后期剪坯，尽可能保证每个花丝纹样都紧挨着；搭焊药指将焊药放在细密的花丝线上、图案关节处、图案间的衔接处，需保证纹样空白处干净无焊药残留麻点。首次焊接仅为固定作用，水族焊接工具为一个MM型简易烤架。将码好丝和搭好焊药的银片放在烤架上，焊药缓慢受热，手持镊子夹持烧红的木炭轻点即将熔化的焊药。完成第一次焊接后，需检查未焊接处，进行第二次补焊，补焊一般需从正面进行焊接。焊接成功的标准是花丝与银板结合紧密、花丝纹理清晰可见、图案无变形无翘丝。

6. 剪坯。简单酸洗一下焊接好的银片。沿着花丝边缘用剪刀剪下花丝银片。利用圆头錾子和皮垫子慢慢调整银片花丝的外形。

7. 半成品组装。水族发簪元素常有蝴蝶、鸟、植物等，以花束组装为例，花瓣与叶子的连接依靠花蕊，花蕊常用直径0.45mm、长约

6cm的银丝制成，将5根花蕊穿过造型不同的花瓣和叶子后，打结点焊固定。完成半成品组装。发簪龙骨簪挺部分一般使用锻造工艺制作而成，簪挺直径6mm，长约25cm，簪首前端敲成耳挖，水族称之为“定海神针”，簪挺上还会用直径1.2mm的银丝盘成次级龙骨焊接在“定海神针”上。

8.洗白。因花丝制品衔接处较多，稀硫酸无法实现充分清洗，白族银饰常用白矾水煮洗白，白矾可彻底清洗零部件的每一个细小角落。

9.成品组装。绕在次龙骨上，调整各个部件的位置、角度、层次。组装出具有很强空间感和节奏感的水族特色花簪。

三、总结

水族花丝是水族传统首饰中最具文化和经济价值的瑰宝，水族花丝的别致和精彩不但根植于水族花丝的用料、工艺、工序等方面，而且在造型和内涵等方面也是别具一格，体现水族传统文化的精髓。有别于藏族花丝的精美、大气，苗族花丝的粗犷，以及傣族花丝的别致造型，水族花丝体现了水族首饰一贯的质朴、真挚和灵动美。以花丝为代表的水族银饰在形制上也并非一成不变，工匠在与其他民族金银铜器技术交流的过程中，随着大众审美趋势的转变也在不断进行着设计理念的转换重构以及加工技术的变革创新。

第五章　少数民族传统首饰的设计影响因素

第五章　少数民族传统首饰的设计影响因素

本研究计划通过定量、定性相结合的方法，对少数民族传统首饰进行研究。从设计学科的角度来思考“传统首饰”的规律性，分析和研究“传统首饰”中和设计相关、不以人的意志为转移的本质和规律。重点考虑桂、黔、滇地区少数民族传统首饰与民族传统文化和民族认同之间的关联，地域文化、地理环境在传统首饰上的反映，原始崇拜和宗教信仰对首饰的影响，以及与其他民族的文化交融在首饰设计中的呈现，以此分析内外因素对桂、黔、滇地区少数民族传统首饰的显著影响。

少数民族传统首饰其本质是一种具体的物质形态，由此衍生出一系列问题，如传统首饰是如何演变成今天的形态的？为什么某个首饰的形态与别的首饰的形态存在巨大差异呢？为什么同类首饰在不同的地域、不同的文化背景中又呈现出不同的形态呢？其演变过程的形成及相应的影响因素又是怎样的呢？整个少数民族传统首饰的演变原则是什么？基于对这些问题的解答来探讨桂、黔、滇地区少数民族传统首饰设计的影响因素和规律。

第一节　民族认同及民族文化传承

桂、黔、滇地区少数民族多聚居在偏僻的大山深处，长期与外界隔绝，受外来文化的影响较少，过着自给自足的生活。这虽然影响了少数民族的发展与对外交流，但从另一个角度看，这也有效地保护了富有特色的民族传统首饰文化。如一些少数民族传统首饰，在设计上体现了本民族的审美倾向，描述着本民族源远流长的神话史诗，錾刻着与民族历史渊源关联的民族图案和纹样，甚至连首饰的佩戴方式都是本民族特有的。用传统首饰来承载民族历史与民族记忆，是名副其实的“穿在身上的书本、戴在身上的传说”，这在无文字或少文字的少数民族文化传承中尤为贴切和重要。他们首饰的设计、款型、纹样、工艺特色，以及其变迁轨迹就是民族文化和民族历史的生动描述。

古代苗族时常迁移，漂泊不定，因此他们喜爱把全部的财富穿戴在身上，人走则家随，这是苗族人喜欢银饰的重要原因。民族迁徙是苗族人民谱写的一首壮歌，迁徙文化是刻在苗族人骨子里的文化烙印，是苗族传统文化的重要组成部分。因此，苗族文化对民族迁徙的记忆与表达形式多种多样，其中苗族银冠上的“骏马飞渡”图案就是最为典型的一种（图5-1）。“骏马飞渡”由马和骑士组成，这十多个骑士和马匹顺序排列在饰带上（象征浑水河），以此记载苗族先民漫长而悲壮的迁徙历程，同时该图案也被视为苗族族群的标志符号。以钱为饰，保值资产，在这种不断的迁徙中，苗族人用饰品在不经意间记录着民族的史诗，描绘着民族的未来。

图5-1 “骏马飞渡”苗族银冠

再如，施洞苗族妇女装饰于前额的饰品——苗族银马围帕也是苗族人纪念先祖迁徙和征战的最好例证（图5-2）。围帕正中嵌一火轮圆镜，左右两侧分饰多名骑马武士，相向而驰，造型生动。该首饰图案描写的苗族先祖驰骋疆场、不断迁徙的征战场面已固化在苗族民族文化中，虽已经定居多年，但苗族人漫长迁徙和征战历程在苗族生活中依然有着不可磨灭的烙印，他们依然铭记着祖先迁徙和征战的千难万险，崇拜着祖先的勇敢顽强，更是民族认同的一种体现。

还有藏族人民的头饰，经常在骨角、金银中镶嵌绿松石、珊瑚、珍珠等，头戴珊瑚玉石可以使乌黑的头发闪烁红绿色的光芒（图5-3）。其实，这在藏族人民心中还有更深刻的含义，它蕴含着对当年文成公主和亲史实的纪念和对美好事物的怀念。各民族人民通过首饰装扮，既表达了对美好形象的期待，同时也传承着民族历史、积淀着民族文化，展现出一种历史的积淀美、淳朴厚重的民风美、委婉悠长的情谊美。

傣族被称为“水的民族”，傣族的“水文化”被称为傣族的代表文化。水之所以被称为傣族的命脉，除了关系到水稻种植、傍水而居的居住习惯外，还因为傣族人生性喜水、爱水，认为这是生命的源泉，大地母亲的乳汁。傣族的许多传统习俗、文化也都与水息息相关，如小孩呱呱坠地就需用小脚丫子沾水，以祈求保佑一切顺利；传说中傣族歌舞也是姑娘听泉水“叮咚、叮咚”，心有所感，而后伴水而生，

图5-2　苗族银马围帕（贵州省民族博物馆）

图5-3　藏族头饰、项饰

滴水成歌，随饮水的孔雀起舞，然后有了傣族歌舞。从现代傣族的“滴水颂词”“孔雀舞”等歌曲舞蹈作品中也能明显体会到傣族的水文化，就连傣族最隆重的泼水节主角都是“水”。如果说蒙古族是“狼图腾”，那么傣族就是“水图腾”。水不单单只是物质层面满足生活需要，更是代表了傣族这个民族的精、气、神，整个民族的生活、文化都扎根在这生命的水中。

水文化是傣族的文化符号，在傣族的首饰领域有极致的体现。傣族首饰最典型的工艺是花丝，傣族花丝首饰不但形式多样，种类繁多，而且造型别致。傣族花丝最具代表性的是漩涡纹（图5-4），这种纹样与水纹十分相近，是傣族“水文化”在传统首饰中的再现，受“水文化”驱动，展现傣族民族文化认同。

图5-4　傣族漩涡纹首饰

各少数民族人民在自我文化认同的同时，也在传达本民族的审美文化。如苗族的银梳、银冠，居住在澜沧江畔阿佤山区佤族妇女的半月形发箍，景颇族的银泡衣，藏族妇女的巴珠，傈僳族用珊瑚、贝壳、料珠编织的“俄勒”（图5-5）等都具有显著的民族特色，带有本民族独特的文化符号。因此，无论首饰形态还是内涵都是与其他民族区别的重要标志。

其实，各少数民族都保留着本民族区域的古老图案，传承与积淀其民族历史与文化。不同少数民族的首饰是其民族准确的文化归属符号，几乎没有哪两个民族的首饰及首饰文化是完全相同的，从漫长的演进史实来看，首饰可以说是不同地域、不同民族自我认同的外在呈现和标志。

图5-5　苗族十八锥形银梳（桂林博物馆），佤族银钻花头箍（云南省博物馆），景颇族银泡衣，藏族巴珠，傈僳族“俄勒”

第二节　经济形态及生活文化驱动

少数民族传统首饰是在一定的经济条件下存在的，它的物质、精神要素，以及文化内涵都反映一定范围、一定族群的经济文化生活形态，当然这些要素的选择和形成必然受这些条件的驱动和约束。

桂、黔、滇少数民族聚居地区多山，自然环境复杂，云贵地区是典型的喀斯特地貌，多红壤，有“红土高原”之称，而广西沟壑众多，号称有“十万大山”。桂、黔、滇地区的少数民族多聚居在这些地理环境艰难、不利于耕作的区域。所以，少数民族的农耕生产和梯田文化成了该区域的典型经济特征和文化特色，而这些经济状况和生活状态又反过来影响少数民族传统首饰文化的形成和变化。

哈尼族传统首饰是受地区、民族经济形态和生活文化驱动的典型。哈尼族以梯田农业为主要生产方式，因此，哈尼族尚黑，无论男女，哈尼族人服装均以黑色为主基调，这对高山农耕经济形态的生产者来说，有保暖、耐脏的优势。而且服饰的原料、色彩、款式、装饰手法等，都与梯田农耕生产的经济形态密切相关。

哈尼族头上的银饰主要体现在妇女包头的布巾上，多以银泡为主（图5–6）。受农耕经济形态的影响，哈尼族头饰上的银泡也有着强烈的农耕文化意义，排排银泡的镶嵌，象征着哈尼族人对大自然的崇拜，也象征着浩瀚的苍穹，并且银泡作为哈尼族服饰装饰中的一大特色，

图5–6　哈尼族头饰（上海纺织博物馆）

一般在重大节日时佩戴，如姑娘节、敬老节。其实，不仅是头饰，哈尼族全身衣服，无论正面还是背面都以多银泡为美。

除银泡外，哈尼族首饰最有特色的就是银质羊奶果饰品（图5–7）和鱼形元素饰品，这是哈尼族经济状态和生活形态在首饰领域的直观反映。哈尼族特别擅长梯田稻作，高山梯田又是稻田养鱼的最好环境，所以银饰中大部分银鱼的配饰也是梯田文化的反映，还有羊奶果等生活中常见的农作物物品也变成了身上的装饰品，表明这些装饰与其生产劳动和社会文化发展有着密切的关系。哈尼族服饰的完美是因为有了银饰才得以展现，而银饰又是哈尼族梯田文化和农耕经济的内生产物。

以梯田农耕生产和梯田文化为主体的社会经济形态以及生活方式决定了哈尼族传统首饰内涵多以反映梯田文化为主，这是哈尼族社会历史文化发展、哀牢山自然环境，以及梯田稻作农业经济形态等多方面因素共同决定的。

水族是水稻民族，他们很早就掌握了种植水稻的方法，且水族聚居地多山地梯田，因此牛在水族中地位较高，水族人将水牛当成是实现自己生活富足的重要保障。再则，水族人民尚“水”，爱“鱼”，以“鱼”为图腾，饭稻羹鱼是族内重要习俗，这种经济形态，以及水族人信仰和饮食方面的习俗偏好对水族银饰的花纹和造型产生了重要的影响。比如很多水族银饰的造型上都采用了鱼形（图5–8）、人鱼形等，这些都是水族爱“鱼”和以“鱼”为图腾的民族文化在传统首饰中的

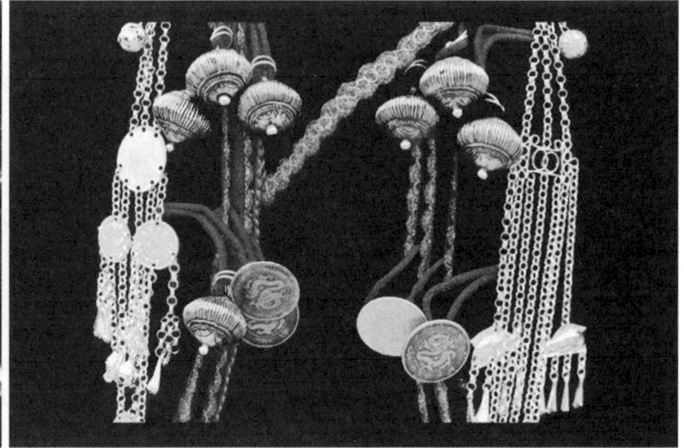

图5–7　哈尼族银质羊奶果饰品

直观表现；而耕牛也因其在水族经济形态中的地位，以及其任劳任怨的形象而受到追捧，因而成为模仿对象，以至于新娘出嫁时都要佩戴牛角状银钗（图5-9），来祝愿新人勤劳、善良。

水族银饰以花丝著称，其工匠善于花丝点珠，盘龙团凤，工艺精细至极，但水族银饰和其他民族银饰最大的不同，却不在于工艺和造型，而在于丰富而深沉的文化内涵。所以水族银饰呈现在世人面前的，并非一个个物质意义上的饰品，而是一种将水族物质与精神文明紧密

图5-8 水族头饰

图5-9 水族牛角状银钗

结合的文化现象。

其实，和水族一样，受生活习性、生活文化驱动的民族传统首饰不在少数，如侗族对鱼的喜好除了侗人的“鱼”崇拜外，还和侗族作为农耕民族有莫大的关系。侗族是一个农耕民族，侗族先民依水而居，多在田中养鱼，生活中也好鱼，甚至在一些民族风俗礼仪中也离不开鱼（酸鱼）。因此，他们常将鱼的形象（纹样）刻画在传统首饰中，以此祝福渔、农生产顺利，同时也寓意侗族家族可以如同鱼儿一样多子多福。

再如，苗族的扭丝银项圈（图5-10），主体为多圈绳状扭丝，两端管形，制作工艺简单，但古枝虬藤的造型却令人感受到山野清新的气息，这也是对苗族聚居的山区环境和生活文化的一种隐喻。同时，这种循环无穷的扭丝造型，寓意一种生生不息的现实愿望，还是苗族妇女追求以重为美，显示自己富贵的一种体现。与之相对应的是白族首饰，白族一直属于云南土著民族中的上层民族，没有经历大规模的民族迁徙和战争动荡，经济持续富庶，因此在白族首饰纹样中以植物、花鸟、鱼虫居多（图5-11），而很少有沉重史实的题材，其装饰纹样总体倾向于自然轻松的风格，充满了对日常生活的细致观察，反映出一种宁静平和的生存状态。

在马克思主义经济学中，首饰等艺术文化属于上层建筑，上层建筑的产生和发展必然是由经济基础决定的，即少数民族传统首饰文化是由民族经济形态决定，受经济形态影响，反过来，首饰文化又反映经济的发展和状态。因此，就桂、黔、滇地区而言，农耕的经济形态就决定了传统首饰的形态、材质和内涵等。

图5-10　苗族的扭丝银项圈

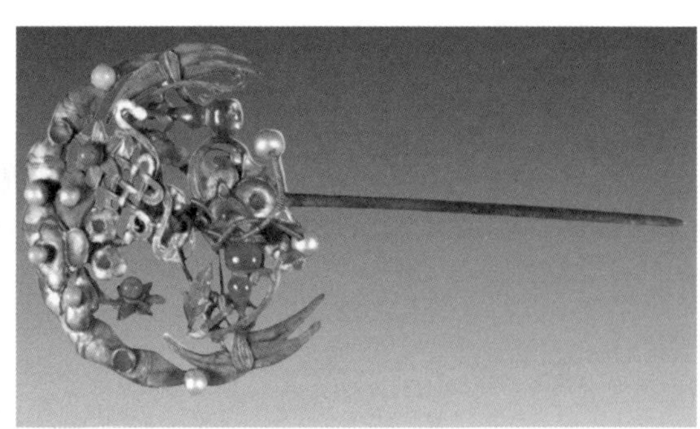

图5-11　白族点翠镶珠石珊瑚簪

第三节　地域文化及自然环境反映

桂、黔、滇地区少数民族传统首饰的形成、变化、发展都依托了桂、黔、滇地区以农耕文化为主体的社会生活形态背景，也必然从地域文化和地理环境中吸收了营养。因此，地域文化和地理环境与传统首饰之间构成互相依存的对应关系。

一、地域环境在首饰上的体现

首饰是一种佩戴在身上的装饰品，装饰性是首饰艺术的主要功能，但对于少数民族来说，佩戴首饰不仅仅是对美的追求，更是浓厚区域文化色彩和特征的呈现。地域文化形成的原因很多，但因自然因素而造成的文化隔离是一个极为重要的原因。少数民族特殊的地理环境和相对封闭的生活环境，使其民族传统首饰文化的发展受外界文化的影响较少。因此，地域性的社会文化和自然文化都会在首饰中有突出的表现，如首饰文化传承也更多地保留本民族区域古老的图案造型，传统首饰的制作更多地体现本地的材料优势，山区的自然环境特色，以及地形特征也更多地出现在传统首饰设计创作中。

在旧石器时代，人们制作首饰的材料多为他们居住环境周围就能找到或利用的动植物的齿、骨、纤维或种子。因此，居住在山区的人常选用动物的牙齿、骨头、角、尾巴、羽毛和石头等物制作首饰（图5–12）；而居住在海边的部落则选用鱼骨、贝壳、龟壳、珊瑚等物品作为首饰材料（图5–13）。

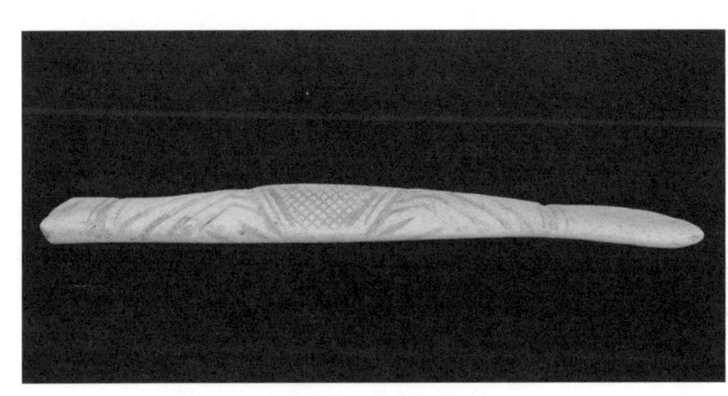

图5–12　新石器时代鱼形蟹纹骨饰（平凉博物馆）

图5–13　贝壳首饰

（一）首饰中的气候因素

随着少数民族文化的发展，传统首饰的地域特色属性更加强烈，如苗族人好银，除了因苗族人频繁迁移，以及银本身的货币财富属性和良好的审美、加工锻造属性外，苗族人的居住环境也是苗族人好银的重要原因：苗族人多居南方山区，山区虽环境优美，但湿气较重，佩戴银饰可以祛除体内湿气，有益身体健康。

凉山山高，气候寒冷，是彝族的世居之地，正是这种独特的气候环境催生了独特的彝族首饰——领牌。为了抵御寒冷，彝族人设计了上衣和领子分开的独特服饰，再将领子和领牌结合成单独的配饰——领牌（图5-14）。以黑色或者红色布作为领座衬底，再以长条形银领覆之，或是系缀数颗（朵）银泡、银钉、银花等小饰件，并且这些饰件以一定的几何形态排列，显示出独特的审美特性；最后将叶形、花形银片缝在圆形布领带上，并在领牌上加饰银扣、银泡等。银领牌不但可以御寒，还是彝族人以修长颈部为美的审美体现。与之居住环境相似的羌族也有相似领饰，只不过镶嵌在领上的小饰品更多的是显示羌族的文化特色。

环境对少数民族传统首饰的影响是全方位的，如广西壮族自治区地处中、南亚热带季风气候区，气候温暖，有利于农业生产，这是壮族人民世居此地并形成独特文化艺术的主要原因。也正因为这种气候、自然环境，壮族民族服饰不但主深色，而且色彩变化不多，因此与之搭配的首饰则多用鲜艳色彩或高亮色金属（主要是银），使服和饰对

图5-14　彝族银领牌

比鲜明，从而突出首饰的美感，以及人体整体装饰的和谐。

（二）首饰中的地理环境

傈僳族靠怒江而居，因此怒江就是傈僳族文化中最显著的自然环境特色，自然而然，在傈僳族的民族文化中，“江”元素就得到了充分的展现。如傈僳族的“腊袪”（一种主打装饰用的挎包）是傈僳族颇具民族特色的配饰（图5–15），穿衣靠它装饰，情爱用它传达。傈僳族“腊袪”以棉为底，并以海贝和植物珠镶嵌其上，这海贝和植物珠正是依傈僳族生活环境（怒江）就地取材的结果。

水族被称为“住在水边的人”，因发祥于睢水流域而得名，族人多居住在溪流河畔，生活习俗、自然崇拜和民间传说多与水有关。自然，水族首饰也会受到水的影响，带有丰富的“水”元素。水族饰品以银饰为主，工艺主打錾凿，形状多为龙、鸟、鱼、花、草等自然造型，但最能体现水族民族生活自然环境（水）的首饰还是银质发髻（图5–16），银髻束发形似舟，并在其上、下、左、右、前、后等部位分别插上七件银饰，是为龙头、定海针、船帆、揽素桩、防盖、船桨，以及一只展翅凤凰。舟船造型映景水族溪流河畔的生活环境——舟是

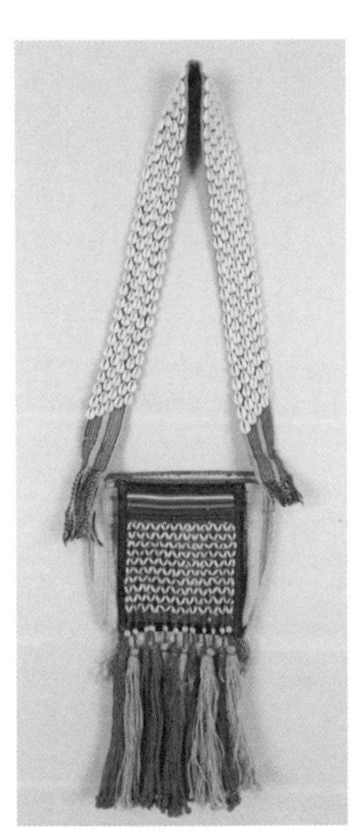
图5–15 傈僳族“腊袪”

图5–16 水族发饰

该环境中最具有代表性的物质，也是最常见的交通工具，这是对水族生活区域地理环境的折射；欲飞凤凰传达水族信仰，展现水族人民蓬勃生机与精、气、神。

与水族相似，傣族也长期依水而居，傣族花丝中最具有代表性的漩涡纹，正是源自傣族的“水”属性，是他们依水而居生活环境的真实写照。再则，漩涡纹的圆在传统文化中也代表“祥和”“圆满”，以及人与人“和谐共处”。

在少数民族传统首饰对特色地理环境呈现中，白族头饰“风花雪月”极为典型，它将白族聚居地“上关、下关、苍山、洱海”的主要景观“花（大理四季盛开的鲜花——绣花头巾）、风（下关风——雪白的缨穗）、雪（苍山雪——茂密雪白的绒毛）、月（洱海月——发辫）”融合进白族的头饰中，呈现独特地域、地理特色的民族传统首饰。

（三）首饰中的地域特色

除了地理特征外，某些地区独有，或是靠近产地、数量多，抑或是质量好、名声响的产品，都呈现显著的地域特色，将这些产品的物质属性、形态灵活应用到传统首饰中，从而使少数民族传统首饰也展现出相应的地域和自然特色，如滇西北各族人民在首饰中镶嵌红珊瑚珠、绿松石、孔雀石等。

牦牛是藏族聚居区特有的动物，是和藏族人生活息息相关的神圣动物，带有藏族聚居区典型的地域属性，在此文化下，刻有经文的牦牛头骨被认为有辟邪、保平安的功效。因此，藏族人喜欢在身上和头上佩戴牦牛骨饰品，以期盼能在健康、财源、事业、爱情、学业等方面获得好运。如图5-17外表粗糙的牦牛骨饰品却蕴含藏族人数千年的生活哲理和思想内涵。

同样，云南的瓦猫也是区域独有，为白族、纳西族等民族钟爱，具有显著的地域属性。在云南少数民族文化中，瓦猫有镇宅辟邪、招财迎吉等寓意，常被用作镇宅，多被放置在房屋、大门中央，或是屋顶、飞檐的瓦脊上以震慑八方，保一家平安，体现对平安、富足生活的期盼，是云南多彩民俗文化之一。而将瓦猫形态运用于首饰中（图

图5-17 牦牛骨饰品

图5-18 瓦猫挂饰

5-18），不仅具有浓浓的云南地方风味，还体现少数民族的精神内涵和审美特性。

还有，羌族盛产青稞、大麦，因此古代羌人就在头簪上錾刻麦吊、青稞吊；古代羌人善游猎，因此，无论是羌人的鼓花发簪（两头尖）还是平刻簪都源于狩猎武器，深具浓郁的民族地域特色。

二、地域差异在首饰上的反映

少数民族传统首饰除了在造型和内涵等方面反映地域文化和环境风貌外，还会因地域差异影响首饰的风格和形态，从另一个侧面表达少数民族传统首饰的地域性。北方和南方差异巨大，山区和平地情况迥异，河边和山上资源不同，这些差异都会造成首饰地域差异。如北方气候寒冷，以游牧为主，少数民族性格粗犷，因此他们多喜欢粗大厚重的首饰；南方地区气候温润，以农耕为主，穿着打扮更喜轻便，在首饰上偏重小巧、精致和工艺精湛。

同一个民族往往具有相同的文化发展和迁徙经历，但是不同的迁徙地和迁徙后发展往往会促成原本相同的首饰呈差异化体现。如广西那坡和云南文山相隔仅500公里，山水相连，两地壮族的首饰也大体上一致，佩戴同样形制的项圈，但在具体细节上却有明显区别，如项圈反折造型就差异巨大，即那坡黑衣壮人的项圈（图5-19），主体以菱形银条弯曲而成，项圈身錾三角填线纹，下端开口较大，且两端均向上折回做扁叶形银饰片，银饰片外圈錾绳纹，内饰祥云纹；而文山壮族的项圈反折有尖喙（似鹭鸟头）（图5-20），这明显受到文山白鹭的启示，是两地地域差异的体现。

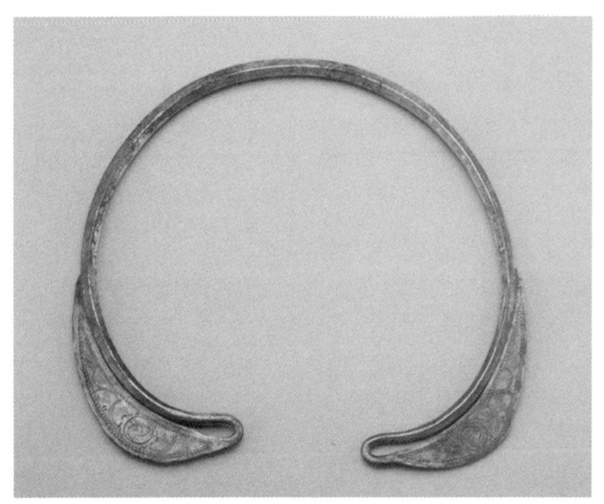

图5-19　那坡壮族银项圈（广西民族博物馆）

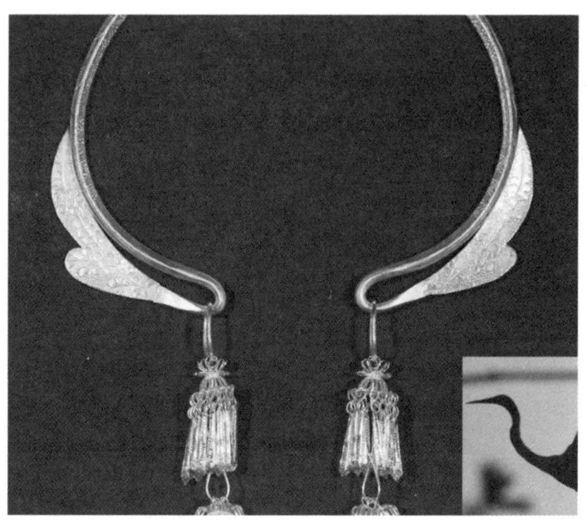

图5-20　文山壮族项圈

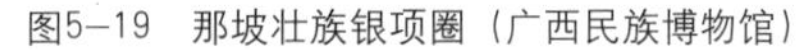

这种地域差异在首饰上的表现层出不穷，如同为白族，大理市白族喜用扎染花布为头帕，洱海东部更爱用绣花巾或黑布包头，再佩戴丝网或簪子，而剑川的青年女子却钟情于小帽、鼓钉帽等；再如，苗族银饰也一样，贵州凯里地区苗族人喜欢佩戴水牛角状的银角帽，而贵州从江地区苗族人注重银项圈和银项链，以此展示颈部美；还有藏族的巴珠，前藏（拉萨地区一带）喜欢三角形状，后藏（日喀则市周围）则偏爱弓形状。首饰地域性是少数民族生活区域集自然、社会文化差异的总和。

第四节　原始崇拜及宗教信仰影响

对于桂、黔、滇地区少数民族传统文化来说，原始崇拜和宗教信仰的影响无处不在，无论是传统节日、习俗，还是穿衣、住、行，乃至思维兴趣等，都有它的影子。瑶族人视犬神盘瓠为祖先，忌食狗肉，不仅如此，盘瓠化人形未成，需要包头裹腿，故瑶族人至今仍保持包头裹腿的习惯。当然首饰文化也不例外，而且表现格外显著。

一、图腾崇拜对首饰的影响

原始崇拜和图腾是生产力低下的情况下，人们在面对不能理解的客观世界时产生的。一些少数民族认为自己的民族源于某一自然物或虚拟物，从而构成了图腾崇拜的核心，将图腾作为自己民族神话后的祖先和保护者，并以这个自然物或者虚拟物作为民族的标志和象征，这其实是因为人类早期征服自然的能力低下，希望通过图腾获得庇佑。

在桂、黔、滇等地少数民族传统首饰文化中，无论是从造型构思、纹饰纹样，还是内涵意蕴，原始崇拜和宗教信仰都对其产生了巨大的影响。如依据瑶族盘王的印玺（盘王印）而制作的盘王印系列首饰——瑶族银鼓头饰；彝族罗罗支系（即虎族）崇拜老虎，因此，老虎形象在他们服饰文化中占有重要地位，如南华、楚雄一带彝族小孩普遍戴虎头帽，老人穿虎形鞋，妇女围虎头围裙，衣服上刺虎皮纹饰；再如，纳西族的羊皮七星披肩是青蛙图腾崇拜的象征，傣族文身的图案也是以图腾崇拜为主。

要论民族传统首饰中的图腾运用，苗族绝对不能忽略。在苗族文化中，蝴蝶是创世始祖，也是民族图腾。此外，苗族图腾还有枫木、盘瓠等（图5–21），因此，蝴蝶纹首饰在苗族传统首饰中使用广泛，几乎每个部位都有蝴蝶纹首饰。贵州西江流域的苗族人自视为蚩尤后裔，他们爱牛、敬牛，并以银角冠为他们民族头饰的代表。在银泡、银片组成的银冠两侧，高高扬起两弯长长的牛角状银片，既是美丽的象征，也是他们图腾文化的体现（图5–22）。

黔地畲族妇女的凤凰冠则是一种凤凰崇拜的遗迹，冠身和尾饰意味着凤凰的冠和尾，再穿上饰有五彩花边的凤凰装，便是一只完整生动的凤鸟形象，充分显示了畲族浓厚的崇拜凤凰的观念（图5–23）。

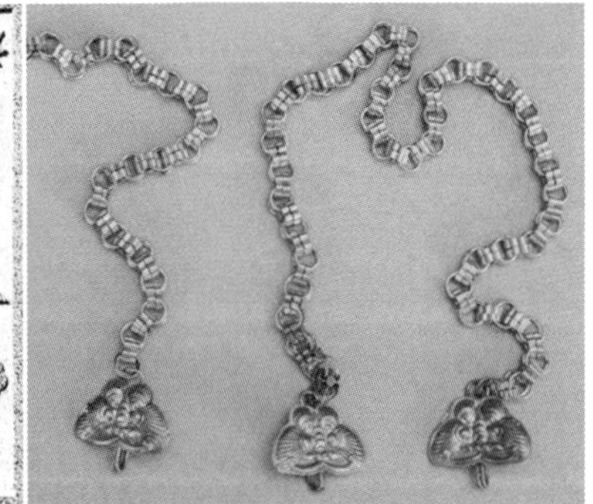

图5–21 蝴蝶妈妈、苗族徽章（蝴蝶 枫木 芦笙 牛 龙 麒麟）

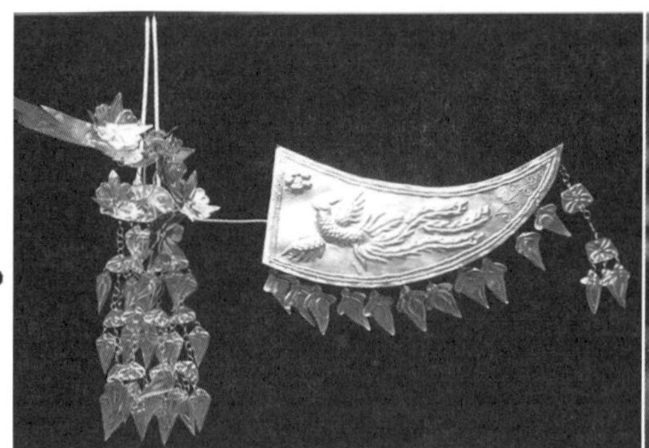

图5—22 蚩尤画像、苗族牛角状银饰

图5—23 畲族凤凰装和凤凰冠

对于少数民族来说，以原始崇拜符号、物质作为首饰的设计元素非常普遍，如高山族项饰多用兽牙，壮族儿童则在项饰和脚饰中多用狗牙（图5—24），傣族人对野猪牙和獐牙情有独钟（图5—25），而珞巴族的腕饰、腰饰则更爱熊牙……这些都是他们民族原始信仰的体现，因为在他们的信仰中，牙、骨等物质是有灵性的，佩戴可以辟邪。还有一些崇拜山、水等自然物的民族也一样，如侗族崇拜水神，因此，水神纹样在侗族银饰中大量运用（图5—26），水神图案变形后再以水纹的方式构成，呈现波浪状，既体现侗族信仰文化，还能呈现水到渠成等吉祥寓意。

其实，在历代出土的首饰文物中也可以清楚看到图腾崇拜的影响，如在广西宁明县明江镇土司墓出土的金凤饰件（明代，图5—27）、花鸟纹金戒指（明代，图5—28）。金凤饰件主体为凤凰造型，凤凰昂首展翅，尾上翘。工艺系采用錾刻、捶揲、累丝、焊接、镶嵌等手法精

图5-24 壮族儿童身佩狗（狼）牙项饰

图5-25 野猪牙辟邪件

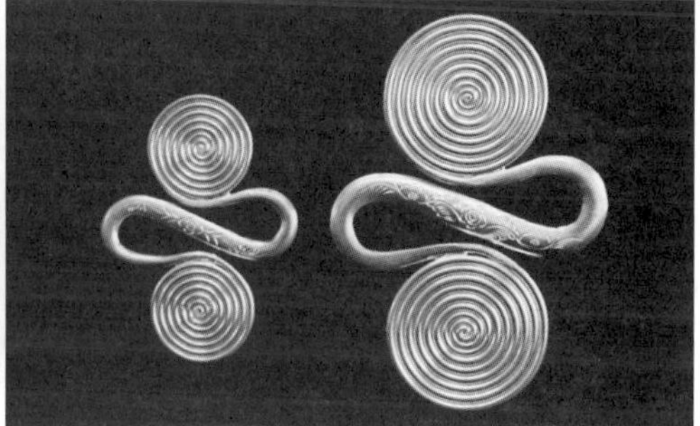
图5-26 侗族水波纹耳饰、背扣

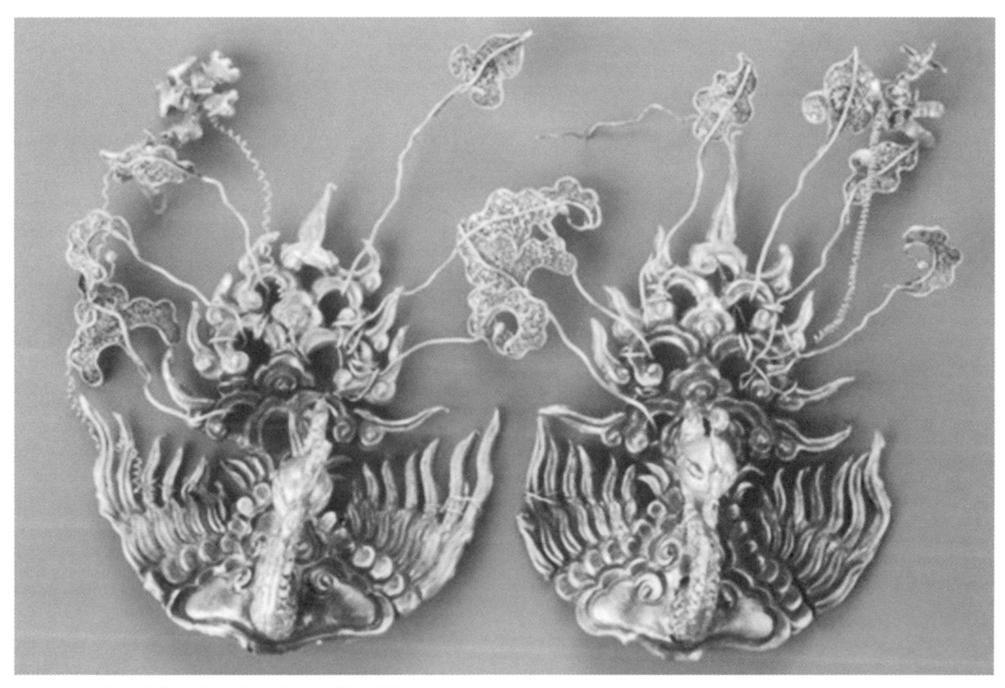
图5-27 金凤饰件（广西壮族自治区博物馆）

图5-28　花鸟纹金戒指（广西壮族自治区博物馆）

制而成；花鸟纹金戒指，戒指整体为扁径圆圈状，其中两件戒指面两端饰有一兽头，戒面饰花鸟纹，另一件戒面两端饰如意纹，戒面饰花鸟纹。这些动物、植物形象都是少数民族图腾崇拜中的典型。

二、宗教对首饰的影响

除原始崇拜和图腾外，宗教信仰是少数民族文化中另一个重要的部分。宗教文化对首饰的影响一般从材料、纹样和造型几个方面呈现。

藏族人信仰藏传佛教，在“人世皆苦海”的教义影响下，他们对大海极尽向往，称高山湖泊为“海子”。源于绿松石大海般的蓝色，藏族人把绿松石看作是大海的精灵，是神力的象征，因而在藏饰中，绿松石是神圣的装饰用品。而红珊瑚在佛教中是如来佛祖化身，因此，这两种材料在藏饰中运用极广，以求消灾保平安，如藏族镶珊瑚松石银耳环（图5-29）。基于藏族佛教文化，藏族“嘎乌”首饰的宗教性属性就更为直白（图5-30），“嘎乌”通常装有佛像、经咒、舍利、金刚结等佛教代表性物质，并佩戴于腰间或者项上，以图时时获得佛的庇佑，驱灾求福；水族人普遍信奉“万物有灵”的原始宗教，在水族的银饰中，出现有很多鱼纹、鸟纹、种子纹等自然界生灵的图案与造型，如水族银压领（图5-31）。

傣族多信仰小乘佛教，因此，傣族传统首饰受宗教影响也极其明显。傣族首饰最有特色的是头饰部分，主要包括冠饰、勒子、发夹、发簪等种类，其中又属冠饰最为精细。在实际使用时，冠饰需要附着在裹帕上，与裹帕联合使用，并通过冠饰背面的挂钩或孔来固定。如傣族银镀金垂帘发饰（图5-32），该发饰最上一层由一南传上座部佛

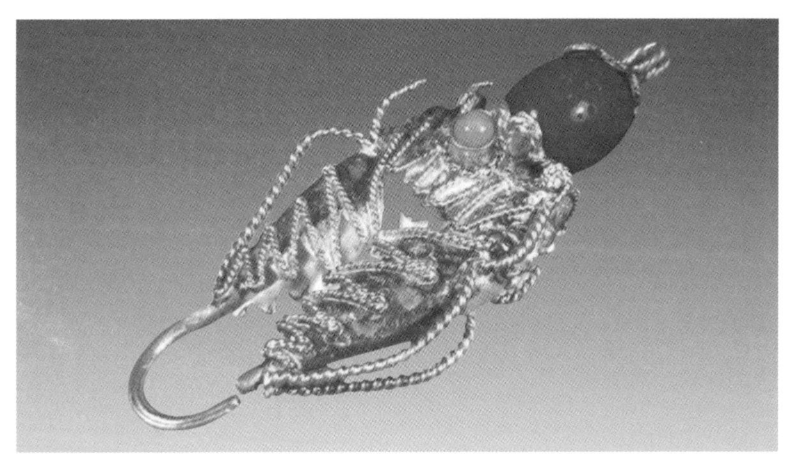
图5-29　藏族镶珊瑚松石银耳环

图5-30　纯银鎏金绿碧玺护身嘎乌盒

图5-31　水族银压领

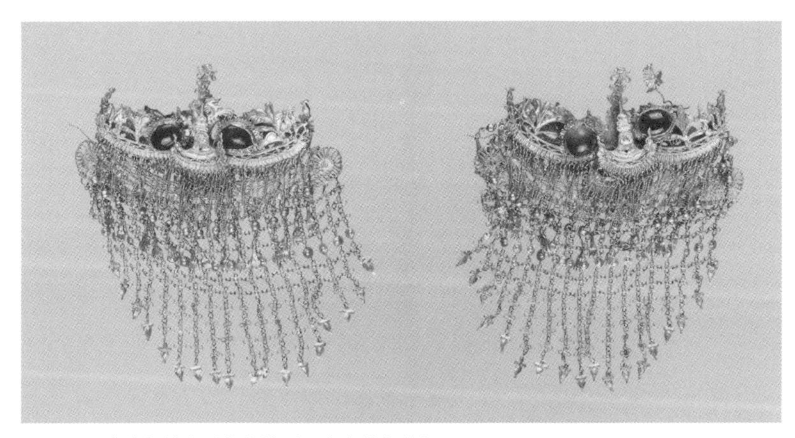
图5-32　傣族银镀金垂帘发饰（云南省博物馆）

教的佛塔居于正中；其下一层上端飞檐铺满菩提叶，下端排列整齐细密的扭丝银须，底端坠以小圆球；最下一层以羽状造型为底，中间镶嵌两颗红宝石，坠以半月形网状垂帘，垂帘主要由镂空四瓣花编织连接而成，其间还编入一层中央凸起圆点的小圆片，边坠芝麻银片小铃坠。这个发饰是傣族贵族在婚礼等重要场合的用品，是身份的体现。发饰造型考究，做工精致，充分展现傣族银饰的高超制作工艺；发饰的佛塔和菩提叶造型都是源自佛教文化，发饰的创意和形态都深受佛教的影响，是傣族宗教信仰在传统首饰中的体现。

其实，在傣族传统首饰中，受佛教文化的影响，佛塔的运用非常广泛，特别是在发簪等头饰方面。如景东出土的明代陶氏傣族土司金银宝石发簪（图5—33），其造型主体就是源于佛塔造型，再镶嵌各色宝石。在现代傣族首饰中，花丝工艺是傣族传统首饰工艺中的集大成者，不仅造型别致、形式多样，而且在内容上还极具傣族民族特色，并且许多传统手工艺人都能很好地将工艺和内容表现，特别是与佛教文化很好地融合（图5—34）。

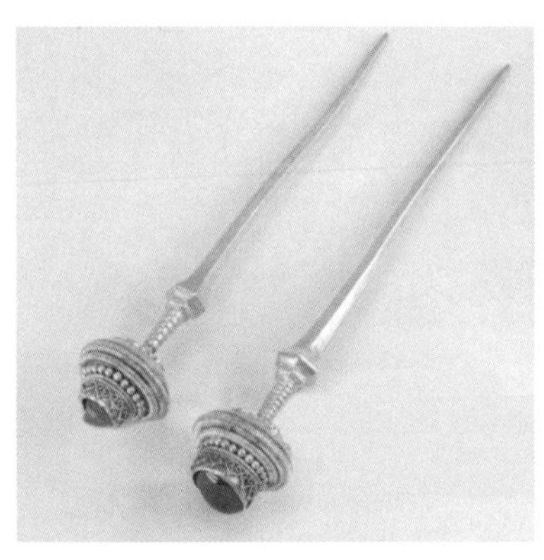

图5—33　陶氏傣族土司金银宝石发簪

图5—34　傣族花丝首饰

第五节　文化交流及文化摄入融合

在少数民族传统首饰的发展过程中，除了受到民族首饰自身发展规律影响，民族文化与民族认同影响，民族经济形态和生活状态、地域文化及地理环境，以及图腾崇拜和宗教信仰等方面的影响外，受其他民族文化的影响也是传统首饰变化和发展的重要因素。

一、多民族间首饰文化的交流和创新

在桂、黔、滇地区，各少数民族处于大杂居小聚居的状态，民族与民族在日常生活中交流频繁，因此民族文化在日常交流中就会处于相互学习、彼此吸收先进的文化要素。如彝族和哈尼族是云南人口较多的少数民族，生活空间距离的靠近促进了两族人民文化交流，无论是广度还是深度都达到了相当的程度。这在两族首饰中有明显的体现，尤其是在彝族坎肩上银泡的运用总能看到哈尼族的影子。哈尼族对银泡的喜好在少数民族中无出其右，银泡作为哈尼族服饰装饰中的一大特色，无论是头饰还是服饰都会大量嵌之（图5–35），以此象征哈尼人对浩瀚苍穹、自然的崇拜及对农耕文化的展现。而哈尼族人这种密集镶嵌银泡的装饰手法明显影响到了彝族人的审美，并被彝族人借鉴、运用到他们的服饰中，如彝族坎肩（图5–36），多为彝族婚礼上盛装服饰所用，坎肩镶满银泡，依肩银铃坠9组，坎肩摆镶银铃坠24组，这种银泡密集镶嵌的手法带有明显的哈尼族风格，是民族文化交融、相互学习的最好见证。

但是，在银泡的运用方面还有一些民族的处理方式与哈尼族银泡相似，但又有明显的差异，如景颇族在银泡的使用上就没有执意追求数量"多"（图5–37），并且银泡排列的"密集"程度远不如哈尼族和彝族首饰；再则，景颇族银泡单体在造型上也与哈尼族和彝族差异巨大，尤其是单体的尺寸比彝族和哈尼族银泡大得多，而且在造型上

图5–35　哈尼族头饰（上海纺织博物馆）

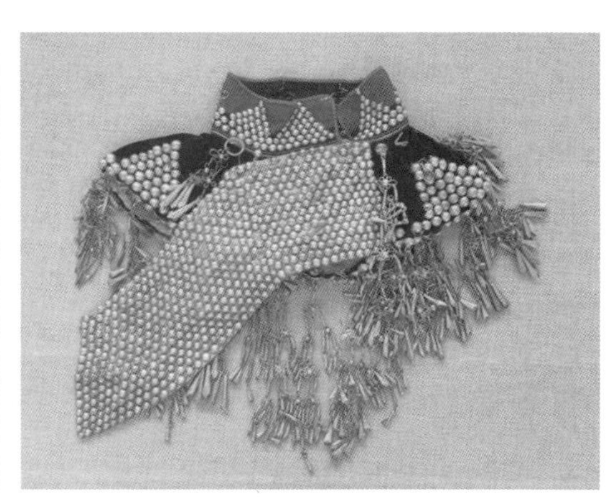
图5–36　彝族坎肩（云南省博物馆）

也多一些变化，如每个银泡都有一个平卷的边缘，每一个边缘银泡有一个银质的吊坠。因此，从这一点来说，景颇族银泡的单体造型和大小与侗族配饰上的银泡更接近，如侗族绣鱼纹饰银泡银响铃儿童马甲（图5–38），但是侗族银泡单体的平卷边缘更大，像草帽形，而且坠饰多用铃铛而非鱼坠。从地理位置来看，景颇族与哈尼族和彝族相距更近，但是从银泡的形态和排列相似性来说，似乎景颇族与侗族的文化交流更多。

纳西族在服饰文化中最著名的是“披星戴月”，主要特征是一字横排的七个彩绣的圆形布盘，圆心各垂两根白色的羊皮飘带（优轭崩），代表北斗七星。服饰中的这一特色也被广泛地运用到纳西族头饰中（图5–39），它们在设计时吸收了“披星戴月”各单元的形制及排列方式等，从而形成了现在的纳西族所钟爱的头饰。而与之相似的独龙族头饰（图5–40），头饰最主要的造型单元采用了与纳西族头饰相似的构成方式和组合形式，而材质、纹样等方面都与纳西族头饰有

图5–37　景颇族银泡

图5–38　侗族绣鱼纹饰银泡银响铃儿童马甲

图5–39　纳西族头饰

图5–40　独龙族头饰

显著的差异，从这个层面看，两者之间有相互借鉴的影子，但又融入了各自的民族文化，呈现显著的民族特色，整体上表现出强烈的民族首饰文化交流和民族文化借鉴、摄入。

二、其他文化的首饰内化与摄入

少数民族传统首饰的龙文化非常深刻地展现了民族文化交融和文化摄入现象。作为汉文化中特有的至尊、至威的龙纹样，随民族迁移、杂居和文化交流，传递到其他少数民族，并与本民族文化结合，形成了有别于汉文化的龙文化。如龙在汉文化中是力量的象征，而苗族认为龙是护家之神（接龙帽）。苗族将自己崇拜的牛、蛇、鱼等对象与龙身结合，形成独具苗族文化特色的水牛龙、鱼龙等。此外，还有蛇龙、鸟龙、猪龙、羊龙、马龙、蚕龙、蜈蚣龙、蚯蚓龙、螺蛳龙、虾身龙、鸡头龙、双头龙、饕餮龙、狃龙、麒麟龙、穿山甲龙等。这些因为文化交融而被重新创作出来的龙纹样成了苗族传统首饰的文化亮点。

苗族女性项圈上龙纹较为普遍，而苗族银角上则多为双龙戏珠、龙凤呈祥等吉祥纹样，一些手镯上也盛行錾刻双龙纹样，如苗族双龙錾花宽边银手镯等（图5–41）。不只是苗族，其他民族的龙纹样也运用广泛，如侗族的双龙抢宝纹錾花空心银项圈等（图5–42）。还有傣族婚嫁时也喜用龙凤纹，如傣族婚嫁常用项链——镶石银鎏金项圈，傣族银镀金龙凤镶石喜冠（图5–43）等饰品的主要纹样就是龙和凤，都是龙文化在少数民族传统首饰中的精彩表现。可见龙凤纹样在少数民族传统首饰中的大量运用，是各民族在长期交往过程中文化交流的结果。

图5–41　苗族双龙錾花宽边银手镯（桂林博物馆）

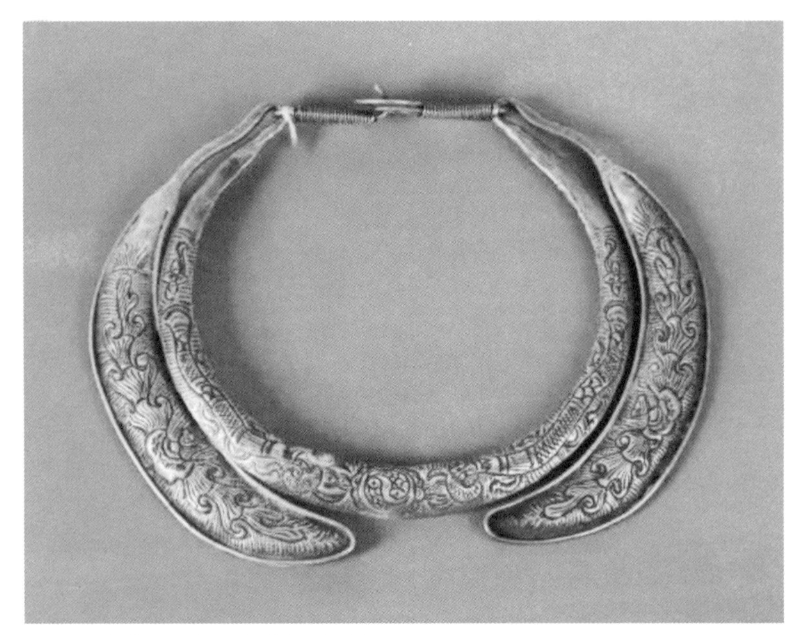

图5-42　侗族双龙抢宝纹錾花空心银项圈

图5-43　德宏傣族银镀金龙凤镶石喜冠

除了从其他民族的首饰文化中借鉴、实现文化融合和文化摄入外，从同一民族的非首饰文化中寻找灵感也是首饰创新进化的一条坦途，这样的例子在传统首饰中不在少数，许多传统首饰中都采用了建筑、纺织、竹编等工艺手法。如傣族开口錾花花丝银扁镯（图5-44），该手镯素面卷边，两端开口处各有一朵被四角花朵簇拥的珠蕊菊花，镯身分为上、中、下三层，上下均为连续人字花丝镂空花纹，中间为镂空花丝珠蕊纹，这在形制上与傣族竹编不谋而合，可以称得上是傣族首饰文化与竹编文化交融、相互影响的又一力证。

图5-44 傣族开口錾花花丝银扁镯与傣族竹编

三、首饰工艺的引入与运用

景泰蓝的确切起源时间和地点，学界仍然没有一个定论，有人说源于唐代，也有人认为是元代忽必烈西征从西亚引入，先在云南等地流行，后传入京城，并于明宣德年间达到顶峰。可以看出，景泰蓝在苗族首饰中的运用并没有特别长的历史，但是将景泰蓝引入苗族首饰本身就是西南少数民族与周边民族文化交流的结果。

如三江苗族传统景泰蓝胸饰挂件（图5-45），第一层景泰蓝马头塑像，下端饰有7个吊环接短链，左右两个吊环接有鸳鸯塑像；第二层为景泰蓝花朵塑像，下接鸳鸯和花瓶塑像；第三层为景泰蓝蝴蝶塑像，下接9个吊环共饰有9个景泰蓝花、鸟、寿字等塑像，再接17把箭、刀等各式长条形武器。该银胸饰色彩艳丽，造型华丽，工艺精巧，向人们呈现了一个瑰丽多彩的艺术世界。还有，苗族景泰蓝嵌珠银发簪（图5-46），发簪主体表面镂空，覆上银丝花朵，再用红、黄、绿色景泰蓝填色，插针上还带有吊穗，插针顶端和吊穗上各嵌有一颗红色的料珠，这种装饰手法在传统的苗族首饰中并不多见，明显是受到其他民族文化的影响，是民族文化交流交融和文化摄入的结果。

图5-45 民国三江苗族景泰蓝胸饰挂件（广西民族博物馆）

除景泰蓝外，烧蓝工艺在首饰中也运用极广，景泰蓝和烧蓝工艺都属于珐琅中的掐丝珐琅。制作景泰蓝的主要步骤有制胎、掐丝粘丝、点蓝、烧蓝、磨光和镀金，因此，“烧蓝”工艺其实仅是景泰蓝工艺中的一个步骤。当然这种工艺也是民族文化交流、借鉴的结果，并在原来的工艺基础上进行了一定的创新。

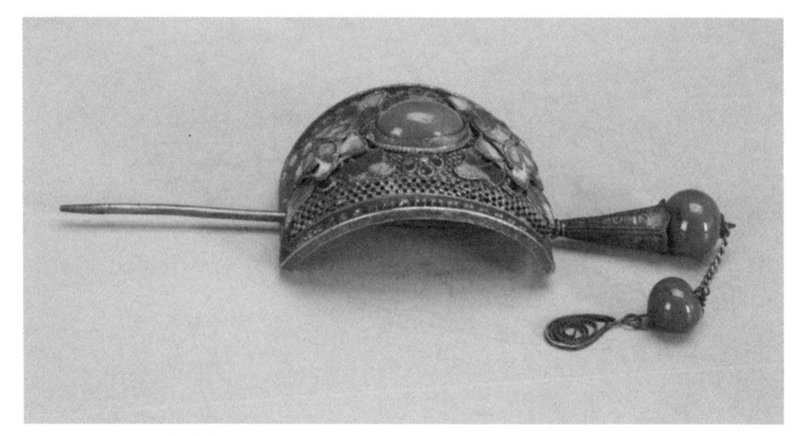

图5–46　苗族景泰蓝嵌珠银发簪（桂林博物馆）

烧蓝工艺的料块类似低温玻璃，色彩具有水彩画的透明感，这在传统首饰中具有很高的审美价值，如侗族烧蓝吊花铃银头钗（图5–47），头钗整体形似汉族步摇，顶端以錾刻花卉纹的莲花状银片为底座，由底座竖起数根扭丝支起三朵红绒线小花，烧蓝是该头钗最亮眼的工艺，有烧蓝蝴蝶、烧蓝花卉、烧蓝凤鸟等，错落有致；底座一侧边缘挂四瓣烧蓝花卉接圆锥形坠件，花蕊处用扭丝支起8颗银石榴；另一侧垂挂花卉形、果形坠件；头钗末端扁条形双插针，中间有槽。整个头钗装饰繁杂，工艺精湛，造型灵动。再如苗族烧蓝银耳环也是烧蓝工艺的典型代表（图5–48），耳环挂坠采用蓝、绿、黄色烧蓝重瓣菊花饰件，菊花呈盛开状，花心凸起，四层花瓣层层堆叠，逐层增

图5–47　侗族烧蓝吊花铃银头钗（广西民族博物馆）

图5-48 清代苗族烧蓝银耳环（广西民族博物馆）

大。菊花饰件下坠两层烧蓝叶形穗，一层四片，二层五片，相伴于菊花前后，做工精细，富有层次感。

小结

少数民族传统首饰除了要受到本民族内在的风俗习惯、原始崇拜、宗教文化的因素影响外，还要受到地理环境、生产方式、经济形态，以及其他民族文化等客观因素的影响。在首饰发展的历史长河中，桂、黔、滇地区少数民族首饰在设计上既表现出原有的传统民族特色，也凸显民族发展的融合特性。就其发展的漫长设计演化过程而言，既是民族延续的历史长歌，也是民族文化的自我表达。

第六章　桂、黔、滇地区少数民族传统首饰设计振兴思路与策略

第六章　桂、黔、滇地区少数民族传统首饰设计振兴思路与策略

中华首饰文化源远流长，从人类有意识装饰、美化自身起，贝壳、玉、珍珠、金、银等首饰就与人类结下不解之缘。传统首饰文化作为中国传统文化中极其重要的组成部分，深刻地影响着中国历史和文化。目前，设计界对首饰产品的开发和利用非常重视，尤其是对流行饰品的研究更是不遗余力，但从学术高度探讨桂、黔、滇地区少数民族传统首饰设计振兴思路和策略的系统性研究还较为缺乏。

第一节　少数民族传统首饰振兴脉络和发展

涉及少数民族传统首饰设计振兴的相关政策驱动已持续了相当长时间，从“文旅融合”“乡村振兴”到“非遗活化”等，无不为少数民族传统首饰产业的振兴和繁荣提供助力。在桂、黔、滇地区，传统首饰既是少数民族引以为傲的民族文化精华，也是他们非常倚重的经济产业。同样，传统首饰也可以作为桂、黔、滇地区少数民族乡村振兴的着力点和抓手，通过传统首饰产业的振兴，提高人们的生活水平，进而实现习近平同志2017年在党的十九大提出的乡村振兴战略；2018年提出的“文旅融合”概念更是为少数民族传统首饰繁荣和市场拓展指明了方向；而2015年华庆第一次在全国提出的“非遗活化”则在更高层次上将少数民族传统首饰文化和工艺的保护、传承和活化应用系统化，以促进更加科学高效的设计振兴。目前，苗族、彝族、畲族的银饰，以及鹤庆银器锻制技艺入选了国家级非遗名目，省级则更多，壮族、傣族、水族、侗族、瑶族等银饰制作技艺包括在内。地方层面，相关的政策措施也积极展开，2016年9月2日在贵阳召开的“滇桂黔政协主席联席会议”，审议通过《关于滇桂黔三省区共同打造中国滇桂黔民族文化旅游示范区的建议》等报告，将三地包括传统首饰在内的

民族文化繁荣和创新开发提升到一个新的高度。

在此期间，传统首饰产业发展也是进入了一个快车道，尤其又以贵州苗族首饰和云南白族首饰产业发展效果更为显著。在贵州，形成了以凯里、台江、雷山为中心的苗族银饰集中地，不但银饰特色鲜明，而且市场开发也极为成功，借助苗族传统节日展现苗族文化，以文化促进旅游，以旅游带动苗族银饰走向世界，又以银饰突出苗族的特色首饰文化，文、旅相互促进，彼此融合，共同发展，形成了以西江苗寨为标志的一批名片。在云南，白族银器一直是他们最具代表性的成果，这一点从入选国家级非遗的鹤庆银器锻制技艺也可以看出。白族银饰和银器的锻制技艺相通，将银饰技艺扩展到银器生活用品，既是白族银饰工艺活态传承的一个方向，又可以保证在银饰市场不景气时银饰艺人依然有不错的收入来源，极大地避免了人才流失，间接地促进了工艺的传承。

然而，这一切还不够，这样成功的例子太少，样本不多，一些少数民族传统首饰文化保存度和普及相对弱的地方对政策的回应力度较小，传统首饰文化开发还有很长的路要走。比如广西少数民族数量庞大，还是桂、黔、滇地区唯一一个少数民族自治区，少数民族传统首饰文化也很发达，但却没有出现像云南白族和贵州苗族银饰那样的规模，且没有知名度较高的传统首饰文化开发基地，连省级首饰非遗目录也只有三江侗族银饰锻制技艺被收录，这相较于贵州苗族银饰的规模小多了。其实对广西少数民族经济成分调研中也不难看出，首饰经济在广西少数民族经济中所占比例较少，唯一称得上规模的也只有广西梧州的人工宝石经济，为此梧州市还成立了宝石局，但最近十年，梧州人工宝石经济也持续低迷，市场容量和经济形势不容乐观。

其实，当前少数民族传统首饰推广的重大问题之一便是传统首饰文化多停留在民族文化展现，并没有将首饰文化的繁荣转变成首饰经济的繁荣，不能惠及整个少数民族传统首饰产业和地方经济，从而导致发展后劲不足，规模有限。当然，影响少数民族传统首饰发展的原因还很多，如首饰本身的原因、市场原因、政府原因等，但无论什么原因，这都不是一个孤立的原因，而是一个综合的系统因素。

第二节　少数民族传统首饰现状分析

在桂、黔、滇少数民族聚居区，崎岖复杂的地形将该区域分隔成了众多彼此隔绝、连通不便的地域单元，地域单元周边是崎岖的山地、幽深的峡谷、茫茫的密林，抑或是浩瀚的海洋等，这都可以形成难以逾越的天然屏障，致使区域单元内与外部文化交流变得相当困难。在当时生产力条件下，这在一定程度上促使民族传统首饰文化在较长时期内保持稳定，却也在相当程度上阻碍了传统首饰的发展和进化，从而削弱了少数民族传统首饰本身在当今市场的竞争力。在产业发展方面，当前少数民族传统首饰的重大问题之一便是传统首饰文化推广多停留在民族文化展现上，并没有将首饰文化的繁荣转变成首饰经济的繁荣，不能惠及整个少数民族传统首饰产业和地方民族经济，从而导致发展后劲不足，规模有限。整体而言，当前，桂、黔、滇地区除了极少数民族传统首饰处于正常发展外，其他相当部分还处于本源文化失真，创新不足，市场表现乏力的状态。

一、传统首饰创新乏力

1. 传统纹饰坚守，缺少应有变化

首饰纹样是少数民族传统首饰体现民族特色的重要表现层面，是传统首饰中一个民族区别于另外一个民族的标志性元素，是本民族经千百年沉淀而成，具有外显的唯一性和识别性。但当前市场，特别是在少数民族聚居地本民族佩戴的首饰，其纹样多遵循历史传统，当地居民（尤其长居本地的居民）更愿意接受原汁原味祖上流传下来的纹样范式，而对首饰纹样的创新，一些人并不看好其文化价值，甚至认为这是民族文化的割裂或缺失。随着民族交流加深，大量年轻人外出学习、工作，其审美倾向发生了显著变化，他们虽然都喜欢自己民族的传统文化，但是却更多地希望与时俱进，而非一成不变。

2. 手工工艺制约，首饰创新受限

少数民族传统首饰的品质依赖手工艺人的工艺水平，同一种材料、造型，不同水平的师傅最后得到的成品质量相差很大。在传统首饰工艺界，手工艺人的大部分精力都用在制作技艺的精炼方面，而传统首饰的形制则多源于师傅面授。要成为手艺高超的师傅需要很多时间去实践，即使手艺学成，那也主要是针对成熟造型首饰而言，对于许多复杂形体（包括异形）的首饰造型往往无能为力。一言以蔽之，在传统首饰制作中，设计师的制作技能常常会限制设计作品的实现，特别是对一些自然形态的展现，对非秩序化的表达，以及对过程独立审美的呈现方面，手工工艺往往难以实现。因此，设计师的工艺技能限制也成为少数民族传统首饰在设计上创新受限的一个重要原因。

3. 人员流失严重，传承后继乏力

在少数民族传统首饰发展中最致命的问题就是入行人数锐减，工艺传承后继乏力。桂、黔、滇少数民族聚居区多为农耕经济，而农业经济的显著特点就是一年之中半忙半闲，因此许多人就会投入首饰制作加工这一行业，在农闲时用自己的首饰制作手艺来补贴家用，提高家人的生活水平。对于那个时候没有更多赚钱渠道的少数民族来说，这无疑是一门好营生，因此许多人在年轻时就学习传统首饰制作工艺，从业人数充足自然就不存在工艺传承危机。但当前，市场经济繁荣，首饰制作的经济收入对首饰工艺人来说已非最优选，再加上机械自动化、3D打印等生产方式的挤压，致使传统手工艺人的发挥空间进一步受限，转行的人数激增，即使好不容易坚持下来的人也要从其他方面增加收入才能维持生活，传统首饰制作工艺传承和创新受到前所未有的挑战。

二、传统首饰市场维护不佳，拓展无力

1. 日常穿戴频率过低，市场规模萎缩

少数民族传统首饰的兴盛与他们的生活形态息息相关，当他们把首饰当成日常着装的装饰元素时，传统首饰的普及程度和市场接受度极高，市场维护较易。但是当前现状是少数民族传统首饰多出现在重大节日、活动时，尤其是盛装首饰更是如此，如苗族的苗年节、姊妹节、龙船节、茅人节、吃新节，白族的三月街、火把节等，瑶族的盘王节、祭春节、达努节、耍歌堂、啪嗄节，壮族的三月三、七月十四，傣族的泼水节、花街节等，以及婚嫁等场合，人们会将自己的传统首饰统

统穿戴在身上，尽显民族文化和风貌，但在平时日常生活中，少数民族多会佩戴一些简单的饰品，而这些极其奢华的盛装首饰则会安安静静地躺在箱中沉睡，等待下一次召唤。实际上这种盛装首饰不但价格昂贵，而且多是一生一次置办，市场规模有限，因此，平时生活中所用首饰的普及程度就成了传统首饰市场稳定发展的重要因素，然而现状是少数民族在日常生活中对重饰喜好程度有所降低，因此传统首饰的市场规模也受到严重影响。

2. 穿戴习惯外化，传统首饰的佩戴需求降低

桂、黔、滇地区少数民族由于地理原因，其文化保持了相对的独立，特别是服饰方面，其民族特色尤为显著，首饰和服装搭配相得益彰，如白族上衣的纽扣位置和他们的蛇骨链的佩戴方式是严丝合缝的。随着经济的发展和社会开放的深入，人们的衣食住行等生活形态都会受到外界的影响，这对民族文化而言是文化的涵化，与之相对应，原文化越是独立，文化涵化后与原文化的差异就越大。因此，改变后的穿着服装往往并不符合传统首饰的佩戴美学要求，这无疑大大减少了他们对传统首饰的需求。

3. 品牌意识淡薄，缺乏引领市场潮流的明星品牌

在少数民族传统首饰开发中，品牌号召力不足，严重影响传统首饰发展壮大。民族的就是世界的，少数民族传统首饰在文化承载、工艺传承等方面都有独特的文化与经济价值，但是在市场开发与品牌构建方面却差强人意。许多传统首饰仍以家庭、作坊等小规模生产方式为主，一些技艺上佳的手工艺人虽有技术绝活，并受市场热捧，但所制作首饰没有形成品牌，无论是出于品质保证还是开发延续，都十分不利。虽然市场上有许多主打民族传统首饰开发的品牌公司，但是有影响力的公司却寥寥无几，真正能引领时尚潮流的顶尖企业几乎没有，没有头部企业引领，很难形成潮流，也就很难带动传统首饰在现代市场上的繁荣。君不见施华洛世奇仅仅靠水晶材料也能风靡全球，这就是明星品牌的力量。

4. 由于首饰本身的高价值属性，现有销售方式难以助其腾飞

在中国民间首饰消费中，贵重材料一直受人们的热捧，因此首饰的总体价值不菲。在现有的销售方式中，周大福、卡地亚等知名品牌

的主要销售渠道都是线下实体店，顾客可以看到首饰实物，品牌又给其材料提供品质保证。即使这样的优秀企业，它们的线上销售也不尽如人意，其中材料的保障性、运输过程中的安全性等一直都是顾客的心结。从当前在线销售首饰的材料分布来看，非贵金属首饰是主体。

对少数民族传统首饰而言，不成规模或小规模的生产方式限制了其生产成本，工作坊、以家庭为单位的生产模式也阻碍了其市场推广。在这种生产方式下，商品面对的市场范围比较狭小，接触人群有限，因此开启在线销售是拓展潜在客户、扩展营销规模的不二法宝，但是少数民族传统首饰作为一种贵金属饰品，在没有强大的品牌保证下很难打消消费者对其质量（主要贵金属材料的成分）的担忧。因此，创新销售方式是少数民族传统首饰繁荣的重要课题。

综上，少数民族传统首饰的行业和市场现状并不是某一个方面的问题，而是涉及整个产业链的系统问题。因此，要实现传统首饰的现代繁荣，不仅要专注传统首饰本身的创新，而且还包括外部环境的改善。

第三节　传统首饰设计振兴与开发策略

少数民族传统首饰的振兴开发是一个系统工程，这不仅涉及传统首饰的当代创新，使之符合现代人的审美需求，还涉及首饰制作加工工艺的现代更新，以及销售推广、市场拓展等方面的系列策略探索，使兴盛于一族、一隅的民族首饰文化能顺应当代审美，且被更多的人喜欢，实现民族首饰文化的繁荣。

一、建立传统首饰的手工价值标杆，更新手工价值体系

少数民族传统首饰的价值体系主要包括首饰的材料价值、创意设计文化，以及手工价值等几部分。其中材料价值根据市场供求关系浮动，是传统首饰价值中占比较少的部分，而创意价值和手工价值往往占据绝大多数，又尤以手工价值为主。精湛的手工艺是传统首饰与众不同的重要原因，手工制作的偶然性、唯一性和不可重复性，是手工价值区别于机械制作、3D打印等工业首饰主要区别点。

在现代首饰市场，少数民族传统首饰受到的冲击力主要来自工业首饰。相对于传统手工首饰，工业首饰主要价值点是创意价值，而非材料价值和加工价值，当然这并不是说机械加工层面对首饰价值的影响很低。实际上，机械加工制作、3D打印所呈现的首饰表面特质很好地满足了市场消费者的需求，尤其是现代主义风格的首饰所追求的简洁、秩序都在严谨的机械加工中很好地得到体现。尤其是以3D打印为代表的增材制造更是可以实现许多传统手工艺不能实现的复杂形态、自由形态等，这可以大大拓展工业首饰的范围和市场。再就效率而言，工业首饰是传统手工首饰的数倍，甚至数百倍，根据马克思的经济学理论，工业首饰中所包括的价值要远远小于传统手工首饰，这就形成了工业首饰在市场售价方面的明显优势，产生极强的竞争力。

鉴于传统民族首饰和工业首饰的价值构成对比，以及手工价值在传统首饰价值中的重要地位，将花丝、錾刻、金银错、珐琅等传统手工艺的印迹进行艺术化处理，使这些手工艺独有的特征在审美层面上也具有可观的艺术价值，并探寻传统手工艺与现代审美的衔接点，重新树立传统首饰的手工价值标杆，更新手工价值体系是传统民族首饰振兴的重要出发点。

二、引入现代制作工具，改良传统手工工艺

除设计因素外，少数民族传统首饰在生产效率和质量方面的劣势也严重阻碍了其市场繁荣。由于传统手工艺效率低，产出少，价格高，即使首饰广受欢迎也没有办法满足大众的需求，从而影响其市场占有率和首饰文化的整体繁荣。另一个方面，现代消费者对传统首饰上那种非专门艺术处理的手工痕迹颇有微词，甚至认为这是劣质的表现。因此，引入现代工具来优化传统手工艺，提高传统首饰的生产效率，改善表面的视觉观感就成了少数民族传统首饰现代振兴的急切事情。

在现代世界手工艺大会上，学者一致认为：传统手工艺在新环境下的发展应遵循“手工艺与高科技”相结合的方针，将传统手工艺的技艺、感情和科技结合，如Jewel CAD，Rhino电脑辅助设计，3D打印等，不但可以拓展传统首饰工艺和制作，实现一些用手工艺方法不能完成的造型和概念，增加艺人的灵活性，甚至还能提高消费主体的

参与度，将其对造型、色彩等主观需求融入首饰设计中。

制造工艺和方式的改良可以大幅度提高传统首饰制作的效率和质量，如将现代新兴的3D打印技术和传统手工艺有机组合，用3D打印来优化花丝、錾刻、珐琅等传统手工艺，将3D打印作用于传统首饰的非创作部分，使首饰在保持首饰手工价值的同时，不但可以提高首饰的制作效率和质量，还可以拓展首饰的种类，让一些在传统手工艺下无法实现或者不能高质量实现的首饰形态，在高科技的帮助下成为现实，如一些复杂结构、自然形态、异形体等。

三、对经典传统首饰进行现代化审美改良

一般而言，首饰的适销程度与当时顾客的审美倾向是正相关的，因此将一些经典的传统首饰进行现代化改良是少数民族传统首饰振兴的一剂良方。

受现代审美的影响，现代首饰在审美追求上与传统首饰有显著不同，即使一些传统经典首饰在造型、纹样，以及文化表达等方面也可能不符合现代审美标准（当然，这并不否认传统首饰的审美和文化价值），如一些传统首饰在造型上不如机械加工首饰精确，让本意对称的造型总有种视觉上的不协调，这其实是手工制作误差造成的，而现代的审美观往往对这种能从视觉上察觉到的不完美忍耐力极低；再如少数民族传统首饰的纹样在手工艺的操作下同样有失严谨，如錾刻工艺中所用錾子的刀口并不能很好地契合纹样的轮廓或者纹路，从而导致錾刻首饰的外形不规整，边界不流畅，首饰形体上纹样表达与真实想法也会有一定差异，起码在线条的优美性方面就无法达到设计要求。再如花丝工艺，掐丝是整个花丝工艺中最重要的塑形环节，银丝在塑形过程中的弹力、稳定性，艺人手工操作的准确性都会对花丝最终形态质量产生决定性的影响。换句话说，个人操作的不稳定性就注定了花丝首饰形态的不统一，这是手工艺不可避免的，但这在现代审美中常被认为是一种瑕疵，是以审美功能为第一要务的首饰产品的重大失败。

因此，将传统经典首饰用现代工艺来改良，保留原来的经典文化内涵，让其审美特征符合现代要求（思路如新中式家具），可以让传

统首饰重新获得市场的认可，焕发新的生机。如苗族经典的蝴蝶纹首饰、双头龙手镯等，无论创意还是文化内涵，这都是苗族首饰文化中的经典，但就其整体造型、花纹雕刻等细节方面来看，都有“刀砍斧凿”的痕迹，用现代审美来评价称得上“粗糙”二字，如将这类传统首饰在保留其文化意蕴和民族特色前提下进行现代审美改良，必定能获得市场的青睐。

四、强化传统首饰的民族特色，以文化魅力来拓展市场

只有民族的才是世界的，只有将传统文化中的民族特色表现成功，才能获得世界的好评和市场的认可。因此，突出传统文化的地域性、民族性等独一无二的文化特色就成了众多民族文化发展壮大、向外拓展的不二法宝。

传统首饰文化是少数民族多文化凝练和综合的集中体现，包括民族风情、习惯风俗、精神寄托、审美倾向、地域特色、宗教信仰等，它体现少数民族独特的精神、文化追求和寄托。在拓展外部市场、振兴民族传统首饰的进程中，挖掘传统首饰中的民族文化特色，将区别于他族、他地的特色文化深度提炼，集中呈现在一些传统民族首饰中，从而拉开与流行饰品在文化内涵层面的差距，以地域、民族特色来铸就独一无二的现代民族首饰，以特色促进传统民族首饰文化繁荣，以民族文化拓展传统首饰的消费市场。

少数民族传统首饰的文化承载要素主要有两个，其一是形，其二是纹（样），但在实际应用中这两者往往又是合一的。这些根植于民族传说、信仰、崇拜，抑或是区域特色材料、色彩的要素是经族人千百年提炼、改良而成，是民族精神、思想、意识等内生活动的外部体现，是民族的魂。因此，通过文化凝练来强化少数民族传统首饰的民族文化内涵，彰显首饰的民族气质，是保障传统民族首饰脱颖而出的一剂良方。

在现代首饰设计中，与首饰设计相关的人、物、市场、社会、自然等，以及首饰的形、色、纹样、工艺、材质、文化、线条等要素都是设计的着力点。各个要素的参与方式不同，采用设计创新方法各异，如采用添加与删减、分解与重构、变形与整合等技法来重构传统纹样，

而对首饰的形、色和意则可采用“提取—衍生（形）”“提取—复现（色）”“提取—延伸（意）”等技法来创新。

为了契合当前市场，在传统民族首饰创新方面，最容易出现首饰创新后民族文化特色的丢失。设计师为了迎合当前消费者喜好，将当前流行元素一股脑儿地糅合进首饰中，让传统首饰原本拥有的民族和地域等特色文化弱化，甚至消失殆尽，这对民族传统首饰的伤害是毁灭性的。因此少数民族传统首饰的设计振兴一定是在强化、突出民族文化特色的前提下进行的，而不能一味地迎合大众。能实现这一点的方法很多，如将本民族其他领域的民族文化通过创意手法融合进民族首饰中就是其中之一，这方面的尝试也很多。

小结

只有民族的才是世界的，只有地域的才是世界的，对传统研究的最终目的是用来指导今天的设计。通过研究传统，从传统首饰设计中汲取精华，制定现实可行的设计振兴思路与策略，给当代首饰设计以启迪，从而在当代工业化、信息化、全球化的社会大背景下，使我们的现代设计更具中国传统设计的历史文脉。虽然国家在政策、经济等方面给予少数民族传统首饰繁荣提供了巨大的便利，但要实现这一目标光靠政府行政指令明显不够。实现首饰文化和经济的双繁荣必须从首饰本身、市场和流通几个环节着手，但无论什么原因，这都不是孤立的，而是一个综合的系统工程。

第七章 少数民族传统首饰创新策略与设计实践

第七章　少数民族传统首饰创新策略与设计实践

我国地域辽阔，民族众多，各族人民在长期的生活过程中形成了独特的地域、民族文化，这些文化不仅表现为他们日常的吃、穿、用、住等物质层面，还表现为思想、审美、宗教、习俗等精神层面。这些文化都带有强烈的地域特色，是地方文化产业发展的基石，为艺术设计提供不竭的源泉。

2016年，中共中央、国务院在《国家创新驱动发展战略纲要》中明确提出“加快推进工业设计、文化创意和相关产业融合发展，提升我国重点产业的创新设计能力”。2019年，国务院又在《关于进一步激发文化和旅游消费潜力的意见》中提出促进创意设计、工艺美术等行业创新发展。2020年，国务院在《关于新时代推进西部大开发形成新格局的指导意见》中强调“在加强保护基础上盘活农村历史文化资源，形成具有地域和民族特色的乡村文化产业和品牌”。

第一节　基于地域文化的现代首饰创新开发研究——以梧州为例

一、地域文化应用在现代首饰设计中的重要意义

1. 以首饰为载体进行传统文化传承创新是弘扬梧州历史文化的可靠方法

广西梧州地处岭南、两广交界，三江汇流，有两千多年的建城历史，凭借其特殊的地理位置，从汉代到清代，多次成为经济、政治、文化、交通、军事等中心，有着丰富的文化资源和充足的历史素材。随着社会的进步与发展，在日益趋同的全球化、同质化大潮中，梧州的地方文化逐渐被边缘化，许多当地特色的文化逐渐消失，如不加以传承创新，这些珍贵的地方文化及民族精神将难以为继。因此，以首

饰为载体，将这种宝贵传统文化物化以符合时下审美需求的形式回归，为现代首饰设计寻求更丰富的多样性与可能性，是改善现代首饰同质化的有效举措。

2. 地域文化与传统首饰融合创新是梧州人工宝石产业发展和文旅产业繁荣的有效途径

一方面，作为世界人工宝石之都，梧州市自20世纪80年代初开始加工人工宝石，经过多年的培育和发展，从最初的来料加工发展到自主研发宝石琢型设计，从较为单一的劳动密集型逐渐向深加工转换。现在，梧州已成为世界最大的人工宝石加工集散地，市场份额约占全国总量的80%，世界总产量的60%以上。同时，从2004年开始，由政、校、企共同打造宝石节系列活动，通过粤桂合作经济区、东盟合作区等渠道，使梧州宝石产业接入粤港澳、珠三角。另一方面，梧州是广西主要的旅游城市之一，国家“十四五”规划中关于旅游产业的总体规划:“坚持以文塑旅、以旅彰文，打造独具魅力的中华文化旅游体验。深入发展大众旅游、智慧旅游，创新旅游产品体系，改善旅游消费体验。”因此，推进“宝石产业+文化旅游”，加大地域文化创意产品开发，是繁荣梧州地方文化、旅游经济的重要举措。

二、梧州地域文化特征分析

梧州拥有四千多年历史，地处珠江上游，紧邻广东，是海上丝绸之路与陆上丝绸之路的交会点。在交通、经济相对落后的古岭南，处于与中原地区相对封闭的地理位置，形成和发展自己的本根文化，特别有利于民族文化的积淀，形成民族地方特色。早在公元前206年，南越王赵佗封其弟赵光为苍梧王，建立苍梧王城。汉唐时期，梧州凭借水运优势和岭南九郡统领地位，成为区域中心和重要的港口城市。宋代逐渐发展成为农产渔业发达、山珍野味物资丰富、商贾集散、百业俱兴的商品化程度较高的城市。由于地处两广交界、水陆交通咽喉要塞，明朝时期汉族人大规模南迁，多民族融合，梧州进而成为两广的军事重镇，创设“三总府”，总辖两广。清朝开埠通商后，梧州凭借其“地总百越，山连五岭，唇齿湖湘，襟喉桂广”的独特地理区位，成为广西最早的内河通商口岸，“百年商埠”之名由此而来。由于受到海上丝绸之路的影响，梧州对外来文化兼容并蓄，民国时期建筑风格融合中西特色，同时由于纺织业和制造业的兴盛，商贸经济繁荣，完成了近代工业化城市转型，成为广西的工业支柱城市。

梧州地域文化涵盖物质表层以及精神深层两方面，其中物质表层具体体现在人们的衣、食、住、行中，其中又以骑楼文化、饮食文化尤为突出；在精神深层，龙母文化、粤剧艺术文化等方面较有代表性，因此近年笔者带领学生团队通过实地考察、数据分析、民间采访等方式，尝试把梧州有特色的地域文化元素与首饰设计相结合，再综合运用传统的花丝、錾刻等工艺及3D打印等制作方法，创作出一系列设计作品，希望以此传承发扬梧州地域文化特色，推动当地文旅产业发展，同时也为现代首饰设计寻找更多突破口。

三、基于梧州地域文化的现代首饰设计实践

在利用首饰设计表达梧州地域文化的设计实践中，需要运用一系列的设计方法和设计要素，从文化符号、传统寓意、审美主体、材料特性、结构创新等方面进行分析，最终通过作品诠释地域文化的艺术美感，提升消费大众对首饰产品的审美认同，引导消费者的审美取向，拓展市场，促进产业发展。

（一）梧州地域文化的物质层面

1. 骑楼文化

梧州的早期民居以竹木架构的吊脚楼为主，受北民南移的影响，又逢明清时期连年火灾，政府下令全城建造砖瓦房，因此形成了最初的岭南建筑。岭南建筑主要包括传统民居、近代西洋建筑群、纪念性建筑、宗教建筑等，然而就影响力而论，骑楼建筑首屈一指。梧州的骑楼文化历经了百年历史，民国时期受到外来文化的影响，逐渐形成具有传统岭南城市特色的骑楼建筑群。梧州骑楼建筑规模非常庞大，数量甚多，井字形交错的骑楼街道有二十二条，骑楼建筑有五百多幢。这些建筑在设计布局、装饰风格、建筑技术方面均具有中西合璧、商住两用的特点，反映了梧州人民的重商、务实、包容、创新的宝贵精神。而梧州骑楼有别于广东、海南等地骑楼建筑的是房屋的防水处

理。由于梧州夏季多水患，所以在骑楼二楼三楼的外墙处会有“水环”和“水门”，以供人们在发大水期间把一楼商铺转移到二楼继续经营。

梧州骑楼外观上可以看到西式建筑的装饰样式，如罗马柱、阿拉伯式穹顶、伊斯兰式拱券、铸铁栏杆、灰雕浮雕等，但有意思的是有些浮雕画中的内容却采用一些中国传统图形，如松鹤延年、莲叶荷塘、大鹏展翅、花开富贵、梅兰竹菊等，说明梧州人民具有博采众长、包容创新的思想。其次，骑楼的建筑造型体现在“骑”字，顾名思义，一楼大厅内缩，门前两条柱子支撑起二楼前凸部分，整条街道都是如此形式，就形成了一条可以为行人遮风挡雨的“内街”廊道。如“云上骑楼”系列首饰（图7-1），以“骑”楼作为基本元素，采用骑楼城里的特色牌坊造型——四坊井、维新里、金龙巷作为标志代表，几个牌坊颇有地方特点，上有中式琉璃飞檐，下有西洋柱式雕花，为化解建筑带来的方正厚重感，作品加以飞鹤祥云、锦鲤涟漪等元素柔化造型，为市井牌坊形象营造出脱俗的意境。采用0.3mm的纯银丝通过花丝工艺制作，赋予骑楼建筑轻盈透气之感，从而实现将骑楼外形与梧州人民美好精神向往相结合。“骑楼情缘”胸针（图7-2），因感受到旧时梧州人民面对洪灾时积极乐观的态度而产生灵感，运用“移花接木”的创意手法，将人物、传统纹样、水元素超现实地“共生”为一体，展现街道小贩划着小船在水中贩卖日常用品的一幕，作品使用银

图7-1 “云上骑楼”系列首饰

图7-2 “骑楼情缘”胸针

镀18K金，彩色宝石镶嵌，裙摆使用蓝色渐变流苏纤维，动静、虚实结合。人物脸部用无色水滴形宝石替代，保留人物交易时的肢体动态，首饰主体镶嵌的蓝色宝石代表“水”的特质，隐喻梧州三江汇流的地理位置，少量的红色、黄色宝石作为点缀色使作品更加活泼。随着20世纪90年代的防洪堤改造工程，梧州告别了洪涝灾害对城区的破坏，因此这水上交易的一幕已然成为历史。作者希望通过此作品唤起人们的回忆，品味“人”与“老城”共生的和谐关系。

2. 饮食文化

梧州处于北回归线，亚热带气候，暑热潮湿的自然环境影响了梧州居民生产、生活的方式，也是饮食文化发展的必备条件。梧州毗邻广东，整体属于岭南饮食文化的范畴，同时广西的多民族风味小吃在梧州也占有一席之地。梧州人和广东人一样，喜好到茶楼喝茶、吃点心。点心的风味、形式、品种与广州无异，如薄皮虾饺、肠粉等。在长期民族交流融合的影响下，梧州发展出一些当地的风味小吃，如纸包鸡、田螺、豆浆、龟苓膏、艇仔粥、糯米糍、神仙钵等。从梧州的饮食习惯可以看出，梧州人偏好“清热、解暑”的饮食口味及饮食功用。其中，梧州的冰泉豆浆历经八十多年的发展历史，成为闻名遐迩的本土特色小吃。“冰泉”一词源于唐朝，唐代诗人元结在梧州的白云山下遇一口古井，发现泉水“甘寒若冰”，后在井侧立碑：“火山无火，冰井无冰；唯彼清泉，甘寒可凝。”《梧州府志》记载：“梧州城东有井出冰泉，井水甘凉清洌。”梧州冰泉豆浆以其香甜浓郁的口感与特殊熬煮方式带来的味道深入人心。“滴珠涟漪”编丝套件（图7-3）的灵感源于“冰泉滴珠豆浆”中“浓”的概念，“冰泉豆浆的特点，是保持黄豆的原色，滴在福纸上圆聚成珠而良久不散”，作品使用金属丝编织，使用抽象变形的手法，形象表达豆浆粒粒滴落飘香四溢的一瞬，溅起涟漪，黄调配色组合，大小珍珠点缀起到画龙点睛的作用。

3. 梧州龟苓膏

广西地方名小吃。龟苓膏是一种民族传统药膳，用十多种中草药与乌龟甲板为原料，具有清热润燥、消肿镇痛等药膳功效。尤为适合梧州暑热气候服用，备受当地人的喜爱。饮食文化具有很强的辨识度，将其应用在首饰设计中更能强化首饰的故事性。饮食文化已然成为一

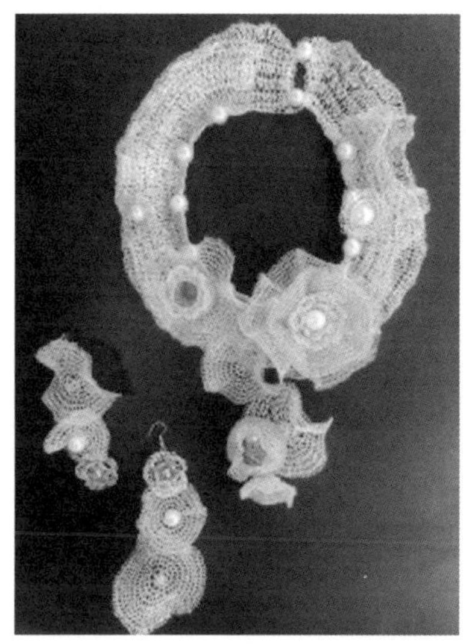

图7–3 “滴珠涟漪”编丝套件

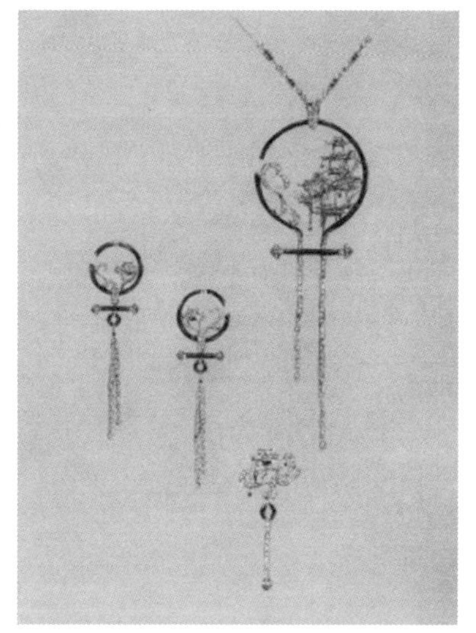

图7–4 “云堦月地”首饰套件

个城市的名片，一提及某个城市，人们往往会马上联想到名小吃。例如武汉热干面、四川酸辣粉、陕西凉皮等。地方饮食文化元素具有其特殊意义，就食物的外观来说，许多饰品设计会运用“仿生”的设计手法，采用特殊材料重现食物质感及外形。为提升产品的审美趣味，避免同质化，设计师可利用现代设计理念，进行图形拆分、重构，综合考虑产品的形式美与新材料运用，充分转换食物抽象的“形”与“色”，表达饮食文化的精神内涵，赋予其生命力。

（二）梧州地域文化的精神层面

1. 龙母文化

梧州地域文化兼容并蓄，从汉唐至民国，佛教、伊斯兰教、基督教及外来的文化思想观念、科学知识传入，西江水运商贸交易频繁，作为本土信仰基底的越人文化受到汉文化等影响，形成梧州民间信仰多样化的态势。同时，梧州具有岭南文化特征的共性：“一方面，勤劳勇敢，敢于冒险，勇于开拓；另一方面又不得不求助神灵，笃信鬼神，求助于超自然力的保护，即使在现代文明社会，这种求神拜佛的风气仍然承袭不衰。”因此，关于“龙母”的信仰，成为梧州本土多元文化中的一朵奇葩。旧时在西江流域内生活着以水为生的疍民族群，龙母被认为是西江流域的庇佑神，相传梧州是龙母的故乡，坊间流传着关于龙母不畏困难，豢养五龙，雨泽大地，使当地百姓免受自然灾害的神话故事。北宋初期，人们在西江边建龙母庙以纪念，近代修复后的龙母庙保留了明清传统建筑风格。庙宇依山傍水，人们每年到此进行祭祀、祈福等活动，其实质表达了人们趋吉避凶的美好愿望。龙母文化发展为岭南民俗文化主流，甚至对西江下游地区，如广东、港澳地区乃至东南亚地区影响颇广。作品“云墙月地”首饰套件（图7–4）灵感源于香火鼎盛的龙母庙，运用现代设计方法，将传统古庙造型结合现代简约的几何线条，采用18K白金、白色钻石、黑玛瑙、宝石等材料制作，黑白配色符合作品素雅的新中式风格。作品“飞天”首饰（图7–5）综合运用了立体人物与平面图腾相结合，使用18K白金、黄金、彩色宝石材料，展现一个带领南越群众开荒治涝的超能力女性形象，虽然龙母形象的塑造源于南越人母系氏族特征的原始崇拜，放至如今却更好地体现了独立自强、聪明坚韧的女性精神。

2. 粤剧文化

梧州粤剧是梧州艺术文化的代表，粤剧从清光绪年间传入梧州，成为当时广西的热门剧种。民国时期，梧州陆续成立了工人剧社、新青年剧社，再加上《岳飞报国仇》《文天祥殉国》等剧目的影响，使粤剧在梧州开始生根发芽。抗战时期大批广东人迁入广西，梧州粤剧经改良运动后成为当时广西最流行的剧种，如《火烧大沙头》《戒洋烟》《贼仔升官》等抨击封建社会的剧目深受民众欢迎。梧州粤剧中的脸谱、服装、道具等，黑白对比强烈，色彩鲜艳，具有强烈的地域特征。梧州粤剧的早期装饰较为简朴，后期受到京剧影响逐渐变得复杂，主要特征为模仿明代的人物衣冠式样，这也为首饰设计提供了丰富的素材。作品“粤韵”（图7–6）选取非物质文化遗产粤剧作为历史背景，以粤剧《女驸马》中花旦头饰为设计元素，使用传统花丝工艺，将银丝、银粒通过堆垒、编织等手法塑形，结合彩色宝石镶嵌，整体视觉上呈现一种纯洁、干净、庄严的感觉。作品“圆梦”首饰（图7–7）的灵感源于粤剧《帝女花》舞台上的道具及场景，如明代宫廷中的假山树石、庭院门窗、花瓶、宫扇等素材，将“可动结构”的概念融入作品中，使作品中的“门”可“开合”，“倾倒的瓶子”可“旋转”，“山石”可“移换”，营造一种“无声胜有声”的意境。作品的材料使用

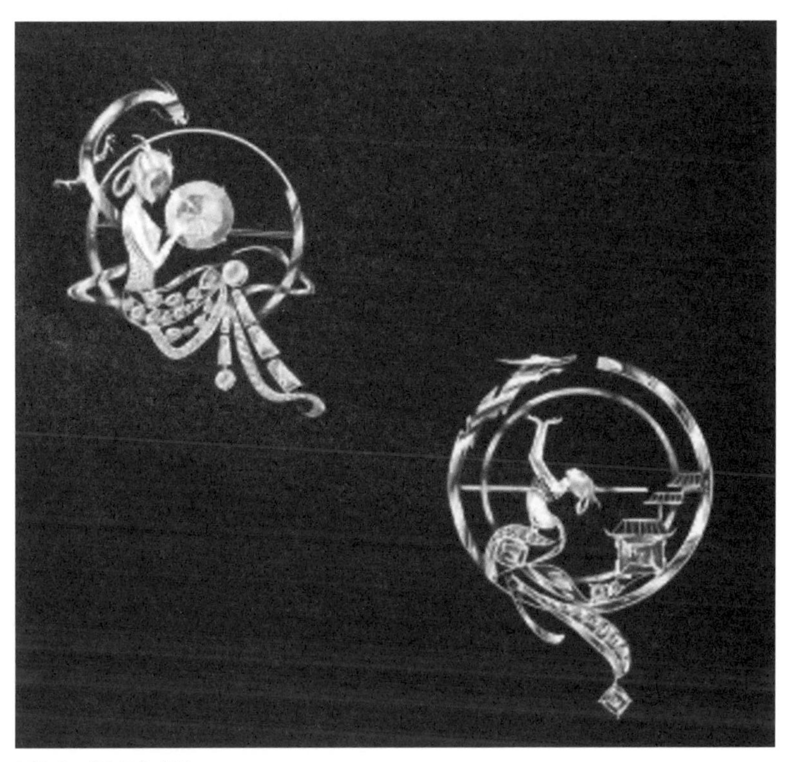

图7-5 “飞天”首饰

图7-6 “粤韵”首饰

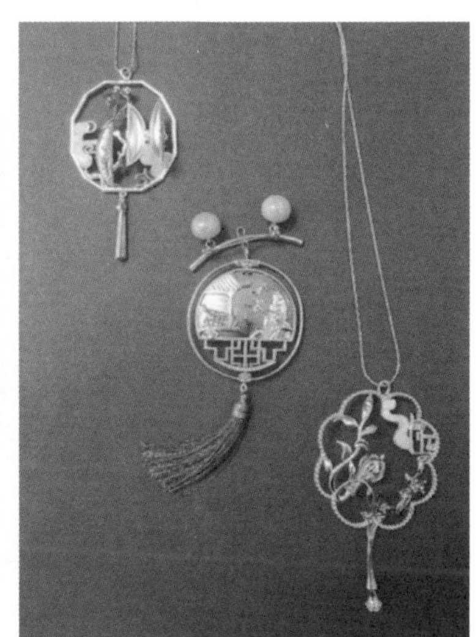

图7-7 “圆梦”首饰

了纯银镀金、陶瓷、彩色宝石等，既保留了传统意味，又增加了现代首饰的趣味感。

小结

通过对梧州地域文化物质层面与精神层面的挖掘及分析，从文化符号、传统寓意、审美主体、材料特性、结构创新等方面入手，将梧州地域文化、民俗特色与现代首饰设计融合，不仅对传统文化的传承和发展有着积极的作用，对提升大众对首饰产品的审美认同、促进产业发展均有着现实意义。

第二节　侗族织锦纹样和建筑元素在现代首饰中的运用研究

侗锦和侗族建筑是侗族传统文化中民族特色较为鲜明的文化典型，侗锦纹样形式多样、侗族建筑造型别致，通过将这些民族特色文化浓缩、提炼运用于现代首饰设计中，可以极大地提升首饰的民族特色和民族风味。

一、侗锦纹样在现代首饰中的应用研究

（一）侗锦文化元素的研究意义

1.挖掘侗族文化内涵，开发民族特色首饰

侗锦是侗族人民智慧的结晶，根植于侗族人民男耕女织的生活方式，与自耕、自纺、自染、自织的生活环境息息相关，以传统工艺、纹样和符号等形式记录着侗族人的文化与历史，是侗族艺术、文化、民族思维物化形态的表现，具有朴素的地方性生态美学内涵。因此，通过对侗锦文化内涵的深度挖掘，提取并转化侗锦纹样等文化要素，将二维的纹样图案等要素向立体转化，创新性地融入现代首饰开发中，既能显著提高首饰的辨识度，丰富其文化内涵；也顺应了流行趋势，实现审美和情感的交互，是特色民族首饰开发的重要途径。

2.探索侗锦文化和现代首饰融合发展的方法，提高活态传承效率

侗锦作为侗族重要的非物质文化遗产，同样面临着现代工业生产和都市生活的冲击，市场形势日渐式微。为了更好地保护和发展非遗文化，采取活态传承的方式，提取其结构、色彩、纹样等文化元素，

并将其灵活运用到现代首饰设计中，是侗锦文化和现代首饰融合发展的有效方法。让更多人了解侗族文化，也为首饰设计带来更多的可能，从而持续推动现代首饰设计的创新发展。

（二）侗锦文化元素设计美学分析

侗锦是侗族工艺美术中极具代表性的一类，被称为侗族工艺美术之花，有着悠久的历史。作为侗族人民日常生活中的必需品，侗锦被广泛应用于服饰、家居装饰等领域，以实用为主，同时也具有极高的审美价值。因此，从侗锦的色彩、构成、纹样等方面探索侗锦文化所表现的艺术特色，不但可以为侗锦文化开发提供助力，还可以为现代首饰设计创新提供新的思考。

1. 侗锦的色彩美

侗锦有“素锦”和“彩锦”之分。素锦为两种颜色棉线织成，以经线作底纬线起花，通经通纬织造。素锦多用黑白、蓝白或黑蓝等色彩，如以黑白色做底纹线，在青色底纹上织白花，或者反之。虽然素锦用色少，但是双色碰撞中产生鲜明对比，更加凸显了侗锦中图案纹样，使人们更加关注侗锦纹样与其所包含的文化内涵，给人一种朴素大方和庄重素雅之美。再则，素锦为双面显花，正反两面均可使用，这就更增强了其审美性与实用性。彩锦为三种以上彩线交织成花工艺编织，通经断纬织造。顾名思义，彩锦就是用彩色的棉线织成的锦，用色彩来凸显侗锦之美，用单个纹样色块来构成整体色调，或者在大块素锦上用少许色彩来点缀装饰。具体而言，侗锦多用红、紫、绿等色彩作主色调，以主色的类似色作辅色，再用对比色来点缀，通过颜色冷暖和明暗对比更好地突出侗锦纹样图案。彩锦用色大胆，颜色虽多但井然有序，整体色彩相互协调，呈现与素锦完全不同的冲击感。不论素锦还是彩锦，均达到实用性和美观性的统一，素锦的素雅之感和彩锦的活泼之感给人们带来不一样的视觉享受，具有鲜明的侗族特色。

2. 侗锦的构成美

点、线、面构成是侗锦的另一个特色。在侗锦织造技艺中，只能按布纹纱路的走向来穿针引线，因此，侗锦图案的条纹大多为直线，线与线的交织构成鲜明的几何图形，如三角形、菱形、方形等。各块面排布整齐，主次分明，使图案醒目、重点突出，这与现代设计中的点、线、面、体的构成手法不谋而合。

在整体布置上，侗锦织造多选用对称和连续的构成手法，以侗锦的中轴线为基准，上下和左右均可为对称图形，使图案呈现视觉上的稳定、协调和统一；连续是将每个单独纹样样式以二方连续或四方连续的方式呈现，具有延续性，不论是侗锦主体还是单独纹样图案都可以完美连接。如表中的太阳纹，是以单独纹样的不断延续来构成条形纹样结构，中心太阳纹部分以左右上下重复的四方连续手法构成，两侧则用上下二方连续手法构成，这些连续纹样排列整齐，既具有鲜明的秩序性，又富有整体的节奏感。对称和连续这两种构成手法在侗锦织造技艺中进行了巧妙的拼接与融合，使侗锦严谨大方、动静有序。

侗锦代表性纹样及提取图表

纹样名称	纹样图案	纹样提取	纹样名称	纹样图案	纹样提取
蜘蛛纹			太阳纹		
双鸟纹			多耶纹		
四燕纹			杉树纹		
黄瓜籽纹			窗格纹		
回形纹			倒钩花纹		

侗锦图案的构成很好地处理了变化和统一之间的关系，从整体到局部再到单独纹样，都不断地在统一中追求变化，在变化中营造秩序，在秩序中把握节奏，每一个单独纹样构图完整，形象生动，在单独纹样的基础上又用连续的构成方式依次排列，形成了统一和谐的节奏感。既给人带来视觉上美的享受，也体现了侗锦织造技艺的高超之处。

3. 侗锦的纹样美

侗锦纹样是侗锦文化的重要组成部分，这些纹样的形成离不开侗族独特的地理位置和生活环境。侗锦纹样多源自自然景象和生产生活的场景，侗族人民将自己所看到的自然万物形态勾画出来，一些直接刻画为具体的动植物图样，一些则是将形态抽象化。侗锦纹样的纹路多为直线，经纬交织，呈几何态，其中又以菱形纹样居多，这是侗族人对不同题材进行归纳、抽象设计而成，且最符合侗锦织法的几何纹样，具有高度的图案概括性和鲜明的民族审美特征。

侗锦纹样的独特内涵传达了侗族人民的原始图腾崇拜与宗教信仰，避凶趋吉、消灾纳福的心理，对美好幸福生活的向往与追求，以及人与自然和谐共存的生活理念与文化。侗锦纹样丰富，题材广泛，其中源自自然动植物的纹样占据相当大的比例，如黄瓜籽纹、杉树纹、枫叶纹、竹根花纹、蜘蛛纹、蝴蝶纹、喜鹊纹、鱼纹、凤鸟纹等，这些纹样体现了侗族人民农耕的主体经济，以及重视自然，与自然和谐共生的自然观；侗族人民擅长歌舞，歌舞也是祭祀等活动的重要表现形式。因此相关的形状态势在侗锦纹样中也有生动的体现，如多耶纹就生动再现了人们手拉手跳舞的形象；侗族人民对日月星辰的崇拜在侗锦纹样中同样令人印象深刻，侗族人视太阳为万物之神，保佑着大地万物的生存和繁荣，因此侗锦纹样中运用大量的太阳纹。这些纹样每一个都寓意深刻，是全体侗族人民智慧的结晶，不仅能反映侗族人民的生活态度，还能反映他们的精神追求，具有独特的民族特征和强烈的视觉冲击力。

（三）侗锦文化元素与现代首饰设计的融合方式

侗锦文化元素在现代首饰设计中有多种运用方式，既可以直接应用，也可以对其进行设计转化，通过对侗锦文化和传统民族首饰的美学分析，选取最合适的元素、纹样和运用方式。

1. 对设计元素的提取

提取是指在设计之初，对主体物进行深入的、多方面的挖掘和剖析，分析其文化内涵及视觉形象特征，并提取其中的关键设计要素。在侗锦设计元素提取中，可供挖掘的元素很多，如色彩、结构和纹样等，其中又以侗锦纹样特征最鲜明、最具有视觉特点（对侗锦中常用纹样的提取见表）。

2. 对设计元素的直接应用

侗锦纹样元素的直接应用并不指简单的元素堆叠和生搬硬套，而是运用现代设计手法和语言，将符合首饰文化内涵和审美需求的侗锦纹样融合进首饰的形态或意蕴中。该方法适宜于一些极具特点且不易变形的侗锦纹样，通过这种方法既能保留纹样的独特性，又能为首饰增添色彩。

3. 对设计元素的设计转化

设计转化是指对所提取出的设计元素进行一系列如解构、重构等创意处理的设计过程。解构是指在保留纹样所具有的基本特征和文化内涵的基础上，对繁复的纹样构成进行拆解和删减，简化其外形结构和不必要的装饰形态，最后分解出既符合纹样内涵又与当下审美一致的设计元素的过程。在设计实践中，针对侗锦纹样的解构要注意取其精华，在打破纹样原有结构的同时，将其高度概括、分解，最后提炼出单独纹样作为设计元素，这些单独纹样在设计应用时更利于克服设计的造型限制，焕发更强的生命力。

重构是指将打散后的文化元素进行设计重组的过程。在重构实践中常常运用三种创意方法：一是提取出纹样元素自身的重构；二是纹样元素与其他作品元素的组合重构；三则是纹样元素最小单元的抽象化重构。在侗锦元素融入现代首饰设计的实践中，立足侗锦纹样的民族性和独特性，发挥传统首饰对民族文化的表现力，从而实现侗锦文化的传播和首饰内涵的丰富，这对传统首饰的现代开发具有很好的指导性。

（四）侗锦文化元素在首饰设计中的应用实践

深入了解侗锦的美学特性和文化内涵，尤其对侗锦纹样进行细致分析，再通过纹样提取、解构、重构等手法进行创意处理，并融入首饰创意设计中，既可以更好地展现侗锦文化艺术特色，又能最大限度实现首饰文化内涵的延伸，促进侗锦文化和首饰文化的双繁荣。

1. 基于蜘蛛纹及鸟纹的设计实践

蜘蛛纹是侗锦的重要纹样之一，在侗族民族文化中，蜘蛛被寄予了侗族人最美好的希望。蜘蛛又称“喜蛛子”，在侗族文化中是聪明的象征。另外，在侗族文化中，蜘蛛也是侗族始祖神灵“萨天巴”的象征，又称“萨神”，意为日月大地、大千万物的创造者。同时，蜘蛛的生命力旺盛，繁殖能力强，常被用来象征群族繁盛、平安吉祥。鸟纹在侗族文化中也一样重要，主要源于侗族图腾崇拜。在侗族人民心中，鸟充满灵性，蕴含五谷丰登、平安如意之意，侗族人民“敬鸟如神，爱鸟如命”。因此，鸟纹在侗族的装饰艺术中有非常显著的地位，在侗族建筑装饰中也很常见。鸟纹的变化形式多样，除了普通的单鸟纹，还有双鸟纹和四鸟纹等衍生形式。

在首饰设计实践中，提取蜘蛛纹和鸟纹的单体纹样作为基本设计元素，创作首饰系列作品《愿》(图7–8)。蜘蛛纹和鸟纹均为单独纹样，样式简单抽象，将纹样直接应用在首饰设计中，既点明了主题，也体现了首饰所具备的文化内涵。具体而言，作品中的胸针采用设计构成手法对称和二方连续，将纹样置于首饰中央，以圆形形态作为整体的大框架，用菱形切面形态来处理边框的斜面，这不仅增加了首饰的立体感，而且更加凸显了胸针中央的纹样主体；在耳饰（图7–9）中，

图7–8 《愿》胸针

图7–9 《愿》耳饰

直接应用鸟纹和蜘蛛纹作为设计元素，同时用方形块状点缀，方圆结合，对比强烈，整体生动，灵感十足。

2. 基于多耶纹和杉树纹的设计实践

多耶纹为侗锦人形纹样中最常见的一种，主体是一排手拉手的人物形象，描绘的是侗族古代祭祀或节庆时人们相聚一堂、手拉手载歌载舞的场景，象征民族团结和生活美好；杉树是侗族的吉祥树，因此，杉树纹在侗族文化中有生命、财富、人丁兴旺等吉利寓意。从象征和寓意层面，这两个纹样具有一致性，因此将两者融合，增强其表达力。在实际应用中，多耶纹、杉树纹多以二方连续出现，常作辅助纹，有棱角，线条较为生硬。在提取多耶纹和杉树纹的纹样单体后，对纹样进行设计转化处理，其流程如图7-10所示。

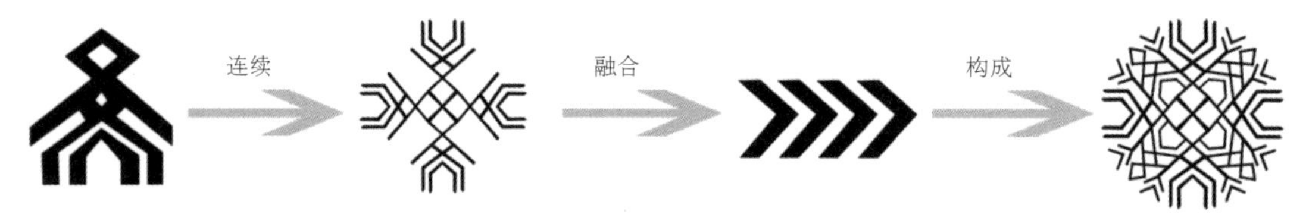

图7-10　多耶纹与杉树纹纹样转化设计

以四方连续的法则对多耶纹进行再设计，并与杉树纹结合成一个新的纹样，以此作为首饰《结》的创意基础（图7-11）。该首饰取多耶纹的团结、联结之意，表达侗族人民族群团结合作、富足美好的生活景象。首饰外设圆形框架，运用连续构成手法，让纹样体现出强烈的节奏感和秩序感，从而凸显整体结构的和谐统一。胸针以银质为主，黄金材质为辅，金与银色彩对比明显，首饰正中以钻石为点缀，既突出重点，也表达了侗族人民团结一心、相互扶持的群居生活方式和民风民俗，体现强烈的民族特色。

图7-11　《结》胸针

3. 基于太阳纹的设计实践

太阳纹在侗族民族文化中地位特殊，不但在侗锦中常见，就是在侗族铜鼓中也是核心纹样，在其他场合就更为广泛了。在侗族传统文化中，太阳是万物之神，是保佑大地万物生存和繁衍的源泉，万物的生长都离不开太阳。因此，侗族妇女常常把象征太阳神的太阳纹绣在孩童的服饰及背带上，以祈求得到太阳神的保护，祝愿孩童健康成长。在侗族织锦纹样中，太阳纹常常以几何化的八角花出现，代表太阳光芒万丈、沐浴众生，象征吉祥和光明。

提取太阳纹的八角特征作为基本的设计元素，并将其运用于首饰设计中（图7-12）。在对纹样的现代化设计转化中，运用镂空手法对纹样形态进行变化、取舍，保留主要形态，减少整体的沉重感，呈现简约、轻快的视觉特色。再通过巧妙变形将八角纹样中心部位连接，完成单独纹样设计，其流程如图7-13所示。将单独纹样应用于项链设计实践时，基本元素不断地向外延伸，形态连续流畅，呈繁荣之意。首饰材质选用银质，并在首饰主体中间饰以圆润的珍珠，在主体下方搭配长度不一的流苏，体现出首饰设计中民族与时尚的和谐统一。

随着现代审美的变化，人们追求的不单是首饰的时尚性和装饰性，对首饰文化内涵的思量更胜于以往。侗锦文化具有独特的地域和民族特性，有着极高的文化内涵和审美价值，本文通过侗锦文化元素与现

图7-12 《向阳》项链、耳饰

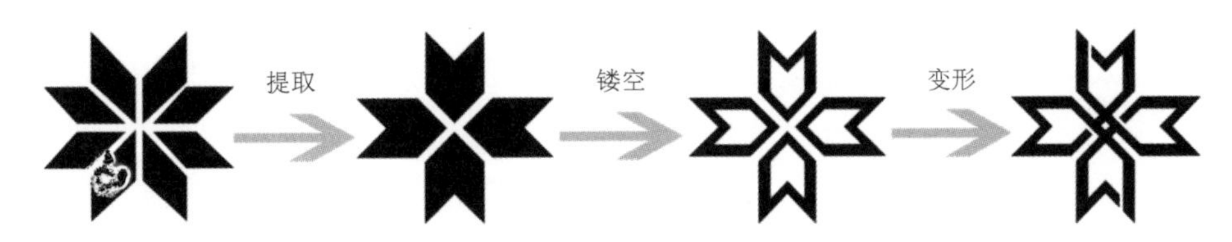

图7-13　太阳纹纹样转化设计

代首饰融合的创新实践，不断探索现代首饰的发展方向和路径，这不仅能促进侗锦文化的传承与发展，而且对提升现代首饰的艺术与文化价值也大有裨益。

侗锦作为侗族民族文化的重要载体，蕴含深刻的民族文化内涵，是我国传统艺术文化的瑰宝。但受一些客观因素的制约，对侗锦文化的再开发并没有达到应有的深度和广度，这严重影响了侗锦文化的传播和价值的发掘。因此，通过对侗锦文化及其色彩、构成、纹样等元素的分析，探究这些艺术元素在首饰设计中创新运用的途径和方法，并以侗锦纹样为立足点进行现代首饰创作实践，以此探寻民族文化和现代首饰的融合发展之路。

二、侗族建筑元素在首饰设计中的运用研究——以《侗乡情》系列作品为例

桂北三江地区的传统建筑是侗族文化的典型代表，具有典型的地域文化特征，体现了桂北人民的生活习惯、精神信仰、审美倾向等。将传统建筑元素融入首饰设计，不仅为首饰设计提供丰富的造型素材，还能提升作品的文化内涵，利用建筑元素与观者产生情感共鸣，从而为首饰设计提供更多的创意思路。

（一）建筑元素在首饰设计中应用的价值

传统建筑元素可丰富首饰的设计内涵，提高其文化性。建筑与人们的生活息息相关，不同地区建筑风格迥异，大至建筑群，如故宫、苏州园林、福建围屋、凤凰古城等，小至建筑中某个部件的形态，如漏窗、斗拱、廊柱、风雨楼、钟鼓楼等，同类建筑具有统一的艺术风格，各个局部包含丰富的物质形态，它们反映建筑内容、功能，体现建筑本身的形式美感。这些传统建筑携带浓郁的地域文化基因，在设计上充分考虑了力学和美学要求，经过漫长历史的筛选、进化，最终形成具有典型民族特色的建筑文化。因此，传统建筑元素在形态上具有凝练的艺术性、地域性而深受人们喜爱。首饰作为一种装饰品，观者在欣赏过程中，会根据首饰造型产生一些联想和想象，首饰可以勾起人们的一些回忆，成为寄托某种情感的载体。因此，将传统建筑元素应

用在首饰设计中，不仅赋予首饰设计趣味性，还提升了首饰产品的文化内涵。

桂北三江地区建筑形态在首饰设计中具有一定应用价值。以广西三江、龙胜地区为主，依山傍水而建的建筑颇具特色，其中以结构严密、形式丰富、具有浓厚民族意蕴的鼓楼、风雨桥等建筑尤为突出。三江地区的鼓楼，多层木质结构建筑，楼高十到二十米不等，上小下大，呈多面体金字塔形。鼓楼作为桂北村寨的一个标志性建筑，主要用作当地居民节日庆典、观光旅游等；风雨桥主要包括凉亭和长廊两部分，行人雨天不受雨淋，晴天不受日晒，这便是风雨桥名字的由来。除交通外，风雨桥还是侗族人生活、交易的场所。风雨桥常用杉木制作，全桥利用榫卯结构建造，其建筑外形、建筑内部空间以及雕刻、绘画等表面装饰，既保留了唐代建筑风貌，又融合了侗族风俗、民间传说、信仰等文化元素，其功能性与艺术性高度统一。将三江地区鼓楼、风雨桥形态融入首饰设计中，不但能丰富现代首饰文化，而且还对广西优秀传统文化的传承、发扬起到很好的促进作用。

（二）建筑元素在首饰设计中的应用探索

建筑元素首饰，中外设计师从设计理念、作品题材、创作形式等方面进行了不同程度的探索。在创作目的方面，无论中外，多以纪念性饰品居多，此外还有装饰性、故事性等；在作品题材方面，常见传统建筑、现代建筑、幻想建筑，与其他元素结合，如动植物、人物等；在创作形式方面，如立体、浮雕、平面、手绘等方式。

将建筑元素应用在首饰设计，每个环节都值得设计师深入推敲。第一，设计师首先需要从整体到局部分析，从建筑外形到内部结构进行系统分析，实现对建筑的整体认知；第二，分析具体参照物的形态、色彩、质地等性质；第三，结合首饰产品设计主题，运用合适的造型语言，确定某种艺术风格，综合运用首饰材质色彩与肌理，结合现代或传统的首饰制作工艺、图案纹样、表面装饰等，最终形成设计方案。“侗乡情”系列作品试图围绕广西三江地区传统建筑元素与同一个主题，使用几个不同的造型方法，利用简单的形体组合，赋予作品更多哲学思考的空间。

1. 建筑元素首饰的"拟形"创意手法

三江地区传统建筑既有汉唐遗风又融合了民族特色，有飞檐斗拱，石墩长桥，宝塔楼阁，顶上多用灰瓦铺盖，榫卯结构，建筑外形多以左右对称式结构为主，运用拟形的创意手法，也就是说用具象的方式进行设计，既要体现较为明显的传统建筑元素特征，又要体现首饰的艺术美感。作品《侗乡情系列之"和合"》系列胸针（图7–14）灵感来源于风雨桥上楼阁的侧面造型及鼓楼的正面造型。在造型上，综合运用了点、线、面的造型语言，三角形中心对称构图，化繁为简，将其外形进行概括式简化，但在简化的同时保留鼓楼基本的建筑元素特征，如建筑顶部微微翘起的飞檐、多层重叠的瓦片等，通过完善作品的线条比例并适当艺术化变形，使较为沉重的建筑转化为轻盈的铃兰花造型，增加作品的美感；在材质色彩上，使用了南红玛瑙与青金石、钻石、925银，局部采用传统花丝工艺，浓郁的色彩和对比色运用借鉴了民族服饰常用色，体现"服""饰"一体，方便穿戴搭配。

图7–14　《侗乡情系列之"和合"》系列胸针

2. 建筑元素首饰的抽象化表现手法

传统建筑元素在首饰设计中的抽象表达，需要高度提炼其造型特征，经过造型的演化、调整、取舍，结合分解、重构、变形、组合等手法，形成新的视觉语言，融入情感化要素，营造引起观者共鸣的意境。三江风雨桥是供人们日常生活、交易、休闲、观景的上佳处所，凝聚了桂北人民深厚情感，作品《侗乡情系列之"侗日而语"》系列胸针（图7–15）创作灵感正源于此，作品由三个单款组合而成，表达了日升日落的风雨桥美景，在造型手法上运用了“面”构成语言，对八角楼元素从立体（本体）—平面化（提取平面特征）—立体化（增加作品立体感）的角度切换，折面半立体的形态象征八角楼式样的建筑，金色的圆形象征每日照耀传统建筑的太阳，周而复始，表达三江人民日出而作、日落而息的朴素生活之美。作品使用几何造型，进行不同程度的位置交错，在制造层次感的同时兼顾了作品所传达的意境；色彩上，作品使用黑金和黄金的中明度色彩对比，传达作品低调的哲思概念。

作品《侗乡情系列之“侗月而语”》系列胸针（图7-16）设计灵感来源于风雨桥元素，共三个单款。将风雨桥多层重叠的建筑结构抽象为简单的黑色线条，重复的横线象征水影，被遮挡的圆形象征月亮。在构图上，采用上下对称式，整体上运用线面结合的构成手法。金色和黑色金属的搭配低调而不沉闷，作品通过形体的变化对“影和月”进行了虚实处理，月亮阴晴圆缺，风雨桥依然如故，表达侗寨人民不畏艰难的精神与团结美好的生活愿景。

图7-15 《侗乡情系列之“侗日而语”》系列胸针

图7-16 《侗乡情系列之“侗月而语”》系列胸针

3. 结合现代审美，使传统建筑元素时尚化

随着人们审美的提升，极简的设计风格受到现代人的追捧，因此，极简首饰也受到一部分人的钟爱，摆脱繁复的工艺与材料堆砌，让设计回归到设计本身。作品《侗乡情系列之“侗鼓声声”》系列胸针（图7-17）设计，使用极简的创作手法，采用不对称式构图，每款作品只用“一线一石”的“少即多”设计理念，利用线条的突变艺术效果，注重比例和造型的精确，干净利索，长短折线勾勒出在山谷里的村寨轮廓、绵延重叠而微微翘起的房檐，似乎能看到一缕炊烟在傍晚时分幽幽升起，又似乎听到鼓音若有似无地盘绕在寨子上空。作品采用黄金与黑曜石制作，使用材质的本身色彩，体现少而精的理念，为侗族建筑元素在首饰设计的转化中寻找更多的可能性。

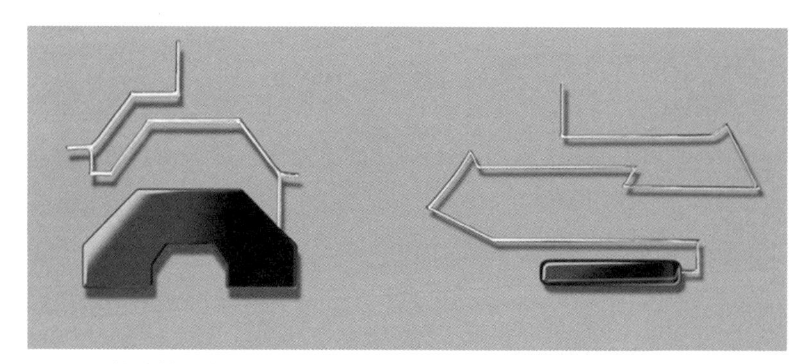

图7-17 《侗乡情系列之“侗鼓声声”》系列胸针

小结

本系列作品以广西三江传统建筑元素风雨桥和鼓楼为设计来源，分别运用三种创意手法进行探索：一则运用拟形的表达手法，提炼特征，完善比例及适当变形；二则运用抽象的创意手法，将元素分割、变形、重组，融入情感化元素增加作品的可读性；三则运用极简风格使三江地区传统建筑元素在首饰设计中的应用具有现代感。将传统建筑元素应用在首饰设计中，不仅仅是简单的“微缩景观”式——将建筑缩小而获得一种视觉趣味，设计师更应挖掘传统建筑背后的哲学思维与文化艺术内涵，以首饰为新载体，通过造型的转换、创意的融入、新工艺新材料的参与等方式，赋予首饰设计作品更多的供观者品位及思考的价值。

第三节 瑶族服饰元素在现代首饰中的运用策略探索

在珠宝首饰行业飞速发展的今天，国内许多首饰品牌仍盲目地跟随国外珠宝大牌推出类似新品，使产品同质化现象十分严重。近年来国潮首饰流行，在这一方面有所缓解，但首饰元素单一，以及缺乏对中国传统文化的深层次挖掘又阻止了民族首饰继续发展。

瑶族服饰文化是包含瑶族的迁徙历程、居住环境、自然形态、生活风尚、道德传统等物质或非物质文化的综合体。因此，通过对瑶族服饰艺术和文化的深入挖掘，并在对其文化内涵、形制、色彩、纹样、工艺等艺术要素深度理解的基础上，将其融合到现代首饰中，设计出深具瑶族文化内涵和审美意象的独特民族首饰。

一、瑶族服饰元素与珠宝首饰结合的价值

（一）文化价值

1. 展现瑶族文化魅力

瑶族是我国古代的“九黎”之一，拥有悠久的历史和灿烂的民族文化，其中瑶族服饰文化就是瑶族文化繁荣的缩影，并于2006年被收录于国家级非物质文化遗产名录。瑶族妇女千年来的传统服饰（圆领短上衣和百褶裙），蓝靛印染技术，独特的服饰纹样，以及中外闻名的“瑶斑布”都散发着瑶族服饰文化的独特魅力。并且由于居住和生活环境的差异，瑶族各分支的服饰文化呈现明显的地域差异性和多样性，这些特性共同成就了当今瑶族服饰文化的繁荣。近年来，随着对瑶族服饰文化潜力的进一步挖掘和推广，瑶族文化的价值得到更广泛的认可，如现今在年轻女性中流行的百褶裙就是来源于瑶族的传统服饰。因此，将如此繁荣的服饰文化融入现代首饰的设计创新中，不但能展现瑶族服饰的文化魅力，还能增加首饰的文化内涵，提升首饰的民族文化价值。

2. 延展瑶族信仰文化

在瑶族民族信仰中，最鲜明的文化特色便是对盘瓠的图腾崇拜。

瑶族的风俗习惯、宗教信仰、文艺生活、衣着打扮、建筑艺术等无不流露着盘王的印迹和符号，甚至在平时日常生活和节日庆典中也随处可见盘瓠的身影。对盘王图腾的创新应用一直是瑶族文化开发的一个热点，如瑶族五彩衣的创意便是源于盘瓠的五色毛，瑶族多角形态发型也是源于狗耳的拟态等。因此，将瑶族信仰文化融入现代首饰的创新开发中，不但使我们从不同以往的角度观察到我们的少数民族民俗文化，还可以突出瑶族信仰的文化特色，丰富现代首饰的创新内容。

（二）商业价值

在当今的珠宝首饰行业中，市面上大多数首饰趋于同质化，具有创新性与民族性的作品开发乏力。瑶族服饰的文化要素，如造型、颜色、纹样等便是珠宝首饰设计中的重要创意来源。在首饰设计中融入这些具有浓郁民族气息的文化要素，既能体现瑶族人民独特的审美情结，提升首饰的认可度，又能帮助珠宝首饰的作品站在民族文化的选择面上进行优化，使作品既能体现出更加强烈的民族气息和民族特色，又能更容易被消费者接受，增强瑶族文化传播，从而提升蕴含瑶族文化属性的首饰价值，促进瑶族地方文化和经济繁荣。

二、瑶族服饰特征分析

（一）夸张的服饰造型特征

因其地域分布、年龄性别、服饰用途等差异，瑶族服饰多达百余种款式，服饰总体呈现出对称、夸张的造型特征，如瑶族服饰中的头饰就明显体现这一特征。不同头饰造型代表了瑶族不同族系之间的差别与关联。根据地区不同，未婚的女性头戴的头饰有宝塔形、A字形、圆筒形等，而已婚的女性头饰多为三角船形高帽，在表演服饰中的女性瑶族服饰头饰多为船形帽。

（二）富有几何特征的纹样图案

瑶族服饰中的纹样造型丰富且具有内涵，其中包括崇拜神灵（盘瓠）的有关宗教信仰的狗纹，对太阳崇拜的八角纹，对作物怀感恩之情的禾苗纹等几何纹、植物纹、动物纹。每个纹样都包含着瑶族对生活、自然的热忱与敬畏，并且都以简洁的几何线条概括，以手工刺绣的方式运用于服饰，纹样一般都用最醒目的白色绣线绣在腰间或者衣领处，如在瑶族传统纹样中比较常见的狗纹便是最好的例证，该纹样是狗纹中的双狗纹，几何线条组合概括出两只相离的白色狗形，能清晰地观察到狗的眼睛、四肢、尾巴和耳朵等。

（三）有节律感的服饰配色

瑶族服饰颜色绚丽多彩，在色彩运用方面主要为高纯度的橘色、红色、黑色、蓝色等。瑶族因不同支系间的差异，在服装的色彩上也有所差别。如广西金秀一带瑶族的服饰以黑色为底色，并用红色几何线条加以装饰点缀（这被认为是盘王受伤所流鲜血的象征），而红瑶的服饰则以红色的色彩居多，还有如白裤瑶（裤子为白色，上衣蓝色与黑色相间）等。瑶族服饰色彩严谨，在庄重感中不难体会到他们在生命中挖掘出色彩的鲜活度与生命力。在瑶族服饰文化的色彩特色中，色彩搭配能够帮助人们在乏味枯燥的生活中重拾对生活的热情和对生命的珍视。

三、瑶族服饰元素在珠宝首饰设计中的实践运用

关于瑶族服饰元素与珠宝首饰融合创新的实践运用，一些学者进行了一些探索与尝试，如将湖南瑶族的服饰图案运用在陶瓷首饰中的设计、将瑶族服饰上的刺绣图案用珐琅工艺融入首饰等研究。企业界也加大了民族元素首饰的开发力度，如老凤祥的绣风华系列利用珐琅工艺与黄金相结合，精致还原了民族服饰中刺绣的魅力；周生生也曾将传统文化中的意象与现代时尚首饰融合，推出文化祝福系列首饰等，国内外其他知名珠宝首饰品牌推出的民族文化珠宝首饰产品也广受好评。

在这个快节奏的时代，随着珠宝首饰材料扩展和技术革新，人们不满足于层出不穷的商业首饰，更多追求民族文化融合所带来的首饰文化呈现和情感承载。如瑶族服饰中所体现的瑶族民族文化思想，以及瑶族服饰文化中所流露出的淳朴、自然及人们心底最纯挚的情感。

从文化传承和创新层面来看，这更加值得当代人去了解和探索瑶族服饰中所蕴含的历史人文价值和审美情感。基于此，瑶族服饰文化元素融入现代首饰的开发可以从如下几个层面入手。

(一) 瑶族服饰造型实践运用

瑶族服饰的造型特点突出表现在头饰方面，不同支系的头饰造型有显著的差异，呈现明显的多样性，如A字形、飞檐形、盘龙形等，这些头饰造型可以给我们耳环与胸针方面的创意提供参考。在《瑶之·映》(王博慧) 中，胸针、吊坠、耳环等首饰设计中都运用到了瑶族头饰造型，并用铜胎掐丝珐琅工艺配上人工宝石将其演绎出别样的简约风格。大胆而具有风格的造型是当代年轻人在潮玩首饰中所追求的小众感。根据网络调查研究，现在的青年客户人群比起天然宝石更青睐于人工宝石，瑶族服饰造型与人工宝石的结合更能满足青年消费者的需求。而在中老年客户群体中，源于瑶族文化的首饰创意能使其日常化的装饰品增加一层文化与历史的积淀感。通过对瑶族服饰造型和珠宝首饰的结合，作品得以在传承中创新与发展，在自己的文化中找到归属感与民族自豪感。

(二) 瑶族服饰纹样实践运用

瑶族服饰的纹样与其他少数民族一样具有特色并且款式众多。任意一个纹样单独提炼都可以作为首饰中的款式设计。如瑶族人习惯在双肩刺绣上龙犬盘瓠的纹样，也可以用于项链、胸针和戒指等设计中，并用现代的艺术手法更便捷简单地表达民族信仰文化。再如，瑶族服饰中的花纹多为几何线条，这也为首饰的生产和设计提供了创意思路，通过纹样的简单变换来满足设计对象的各类心理需求就是其中之一。对服饰纹样寓意的借用和重新表达也是现代首饰开发的一条思路，如盘瓠纹样首饰所代表的吉祥永恒的期望，瑶族禾苗纹首饰所代表的自然、丰收，太阳纹首饰所代表的隽永而积极的寓意等。设计师利用这些纹样作为设计元素的同时，需要更多地关注饰品的现代感与设计感，使之符合人们日新月异的审美变换。

（三）瑶族服饰色彩实践运用

在服饰色彩方面，瑶族服饰的色彩为高饱和度色彩。瑶族喜爱以盘瓠的五色毛发为基础的五色服，分别是红色、黑色、蓝色、黄色、白色。在白裤瑶的服装中多数以白色、黑色、蓝色为主，蓝白的配色如天空般明朗，而加之黑色为辅为服装增加了庄重感。过山瑶的服装以红色、黑色、橘色为主要色彩。这些颜色能够赋予珠宝首饰活泼感、明快感，能让首饰从市场上以金银两色为主的珠宝首饰中脱颖而出。因此，在传统文化中挖掘出新的色彩组合可以启发现代的首饰开发。当代珠宝首饰市场对首饰色彩的包容性有所提高，人们往往更喜欢能让人眼前一亮的珠宝首饰。因此，源于瑶族服饰中的高饱和度色彩可以使首饰呈现更清晰的民族特征，使其在民俗文化中闪耀独特的五彩光辉。

（四）瑶族服饰文化实践运用

瑶族传统文化大致分为两类，一类是盘王神灵文化，另一类是人与自然文化。前者是瑶族独有，在瑶族传统文化中辨识度更高，但是造型和创意难度更大。因此，在现有首饰开发中运用实例不多，少有设计师会将其直接运用到首饰上。所以，采用内涵融入，借用诗歌描写意境的手法，将瑶族服饰中的文化内涵融入首饰，是现代首饰开发中文化传承的一种方法。

古代，狗作为辅助狩猎和看家护院的角色被人类圈养。在那时，瑶族人民便已认识到狗在日常生活中不可或缺的地位，在瑶族神话和图腾中也流露出对狗的尊崇之情。而现代社会中狗更多的是作为陪伴者的角色出现在大众的视野中，当代人对狗的喜爱使瑶族服饰文化中盘瓠元素更受大众欢迎。可将盘瓠的图腾运用在首饰的概念设计中，用珠宝首饰记录与传达盘王的故事，又或是直接将盘瓠的Q版造型运用到首饰设计中也是良方。如周大福“至真”系列中的金瑞兽珍珠吊坠就是将中国的古代神话中代表祥瑞的神兽运用到吊坠设计中，采用了18K金和珍珠的材料，在瑞兽怀抱的铜钱中间用珐琅工艺点缀红色，表达喜庆又饱含美好的寓意。

（五）材料工艺创意融合运用

传统瑶族服饰集多种传统工艺于一身，因此在现代首饰设计中，设计师可融合新、旧工艺或不同材料，碰撞出更多的火花，产生更多的可能性。如将瑶族服饰刺绣运用到珠宝首饰中并取得巨大成功便是证明，著名品牌She' s曾与大英博物馆联名推出蝶梦苏里南主题手链发绳，该手链的蝶身为手工刺绣，鲜艳的色彩加上仿水晶，高雅、沉稳又不失活泼，尤其是手工编织的艺术性使其备受消费者的喜爱。

现有许多快销DIY刺绣商品颇受用户追捧，人们在快节奏快消费的当今社会更加偏向于自己亲手刺绣服饰、鞋子、首饰。瑶族刺绣镶嵌首饰，无论半成品还是成品，不仅可以让消费者保留独属于自己的刺绣首饰，而且能够增加首饰在顾客心目中的收藏价值，使其愿意更加主动地去了解瑶族文化。现代人大多只知苏绣、湘绣而对瑶绣文化了解甚微，其中蜡染和挑花是瑶族服饰最具特色的文化形式。因此，我们不仅可以将刺绣融入首饰中，创新首饰的表现形式和内容，而且在蜡染方面也可推出具有体验感与参与感的珠宝首饰。

小结

目前，市场上源于瑶族服饰文化的首饰作品相对较少，而国内对于瑶族服饰元素在首饰中的运用研究又多集中于艺术理论分析，瑶族服饰多以生存、生命、祈福为主要的灵感来源，与我们的日常生活息息相关。通过将人们对于生活的美好祝愿赋予到服饰之上，通过谐音与图像组合的方式来表达这些具有吉祥寓意的美好祝愿。瑶族服饰造型具有夸张概括、形态饱满的特点，色彩鲜艳丰富。服饰本身就具有浓郁的文化背景以及人们的情感寄托，相比潮流饰品，融合了瑶族服饰文化的珠宝首饰更加值得人们去了解和探索其中所蕴含的历史人文价值和审美情感。许多珠宝首饰的工艺及设计手法，如铜胎掐丝珐琅工艺、錾刻工艺、花丝镶嵌工艺等可以让瑶族服饰本身简练的造型特点增加一些更加细腻的精致感，在瑶族服饰的艺术和珠宝设计师的独特手法中带给人无限视觉感受。因此，瑶族服饰元素首饰设计在市场上仍然具有巨大的发展潜力。

第四节 现代首饰设计中传统文化的创新研究和设计实践

中国传统文化是各族人民共同智慧的结晶，历史悠久，源远流长，既反映思想文化、观念意识、民俗风情等精神形态，也体现吃、穿、住、行、用等物质形态。首饰是物质与精神的综合体，因此，传统文化是现代首饰设计的灵感源泉。通过“文化意象”系列作品创作，探索典型传统元素在现代首饰中的运用实践。

一、中国传统文化的典型特点

1.传统文化的多样性

我国幅员辽阔和多民族的特点决定了我们民族传统文化的多样性。在中华大地上，不但有秦晋、巴蜀、荆楚、中原、齐鲁、吴越、岭南文化等地域的多样性，还有以56个民族为基础的民族多样性。以首饰材料为例，各族差异就比较明显，有的民族喜欢布艺，有的民族喜欢珊瑚、珍珠，有的民族偏好银饰，有的民族钟情黄金，而形成这种差异或多样性的原因多源于这些民族的文化背景、生活环境等方面因素。

2.重“形”更重“意”

在中国传统文化中，“形”和“意”是重要的两个方面，如书法讲究“形”“意”一体，有观字识人的说法。绘画也有写实和写意之分，在首饰设计中运用传统文化时，既用其“形”也会其“意”，常有皮“形”意“骨”的说法，如松、竹、梅（岁寒三友），梅、竹、兰、菊（花中四君子），它们在传统文化中都被赋予高“品”，因此设计中既要描其“形”，更要呈其“品”才能实现“皮骨合一，形意一体”。

二、基于传统文化的现代首饰创新

1.传统纹样的传承与创新

传统首饰纹样、图像都是各族人民在生活中创造，经过多年沉淀而成。而对这些文化符号的传承创新既要保留传统文化的精髓，又要符合现代审美。在创新技法上则可以从两个方面进行：其一，重构与整合，采用添加与删减、分解与重构、变形与整合等技法来创新传统民族首饰纹样；其二，视觉表现创新，采用提取、衍生（形），提取、复现（色），提取、延伸（意）等技法来创新传统首饰纹样的视觉表现。

2.传统工艺的坚守与发展

首饰制作工艺是首饰价值的重要内容。制作工艺既要坚守传统优良的制作工艺，又要博众家之长，更新发展传统工艺，以提高首饰质量和制作效率。其一，融合。将首饰锻造制作工艺与雕刻、刻纸等工艺有机结合，更新首饰制作技艺，并以编织、织锦、雕刻等为创意原点，进行民族首饰创作。其二，借鉴。借鉴苗族、白族等其他民族优秀的制作工艺，进行锻造技艺改良。其三，引入。引入现代的加工工具，将首饰传统制作技艺中的手工打磨和现代大规模机械生产结合，提升首饰制作效率和质量。

三、现代首饰设计中传统文化的运用分析

（一）借形现景，取形传统建筑家居

中国建筑是中国文化的典型代表，各种建筑以及家具的设计风格、装饰样式是人们审美追求在建筑上的体现。在建筑上的这种体现方式和表现形式也可以迁移到首饰中，这种迁移可以是“形”，也可以是“意”，使用恰当的创意手法，将建筑元素融入首饰的设计制作中，能获得典雅别致的首饰创意。

中国建筑大致可以分为皖、闽、京、苏、晋、川六派，每一个派系建筑都有自己的造型语言和元素特色，如皖派建筑的青瓦白墙与砖雕门楼，苏派建筑追求“山水环绕，曲径通幽”等。作品《园》（图7–18）的设计灵感来源于苏州园林的建筑元素，取意于苏州园林的“叠山理水”“亭台楼阁”和“移步换景”。造型元素则来源于园林中窗花、凉亭、桥梁和水流等形态特征，运用归纳、总结、几何化等方法浓缩、强化，使这些形态特征更加突出，从而将苏州园林的典型文化符号融进首饰造型中，形成具有浓郁苏式建筑风格的微型景观首饰。项链上半部分造型蜿蜒曲折，取意于园林小路，路、景结合，移步易景；项链的下半部分为“漏窗”，透过窗户发现新的美，体现中国传统文化“犹抱琵琶半遮面”的含蓄。耳环造型来源于凉亭造型，并经

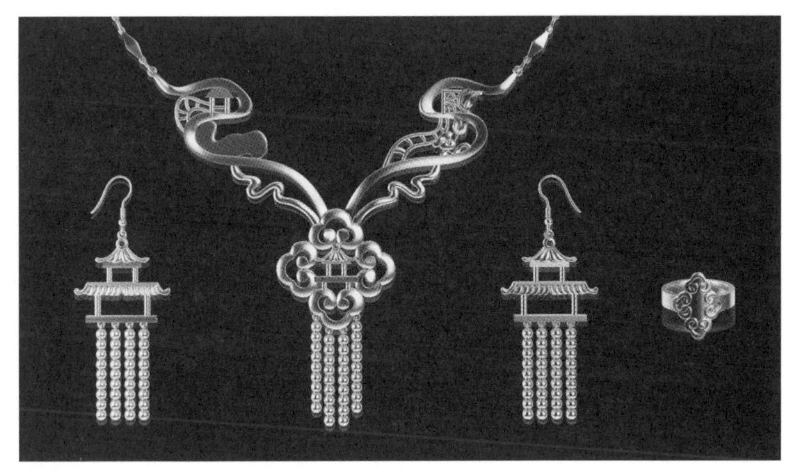

图7-18　文化意象系列之《园》

过简化和几何化处理；戒指则运用云纹元素，这种元素在窗户、屏风中也被大量使用，整套作品呈现浓浓的园林气息。在材质上，采用铜与K金的结合，在保证首饰美感的同时增强首饰的抗氧化性。

（二）描形会意，取品高洁动植物

在传统文化中，动植物元素占有相当大的比重。对动植物文化的发扬有的是师其“形”，有的是学其“意”，然更多的是表其“品”，以此明“意”表“情”。如梅、竹、松、柏等植物，抗严寒、御风霜，这与中华民族不屈不挠、锐意进取、不惧艰险等品格相承；荷花、兰花、菊花、白玉兰、百合等，与人品高洁、朴素等联系在一起；动物意象多出现在少数民族首饰中，主要包括各种鸟、蝶、孔雀、龙凤等在传统文化中有吉祥寓意的动物，以及牛、狗等有高贵品质的动物等。

在中国传统文化中，牛是祭祀的“至尊之物”，作为“太牢”之一。在中国农耕文化中，牛是吃苦耐劳、无私奉献的象征。作品《憨牛》（图7-19）选用牛作为设计意象，以牛角和牛鼻作为典型代表，采用抽象的手法，勾画出一个憨态可掬、稳健坚毅的憨牛形象。首饰采用纯银手工打造，配以红色宝石，神采奕然。作品《洁》（图7-20）取意于“出淤泥而不染”，黄色琥珀意为淤泥，与银白荷花对比，作品以荷喻人，表达对高洁品质的追求。选用银和琥珀，以錾花和镶嵌工艺而成。

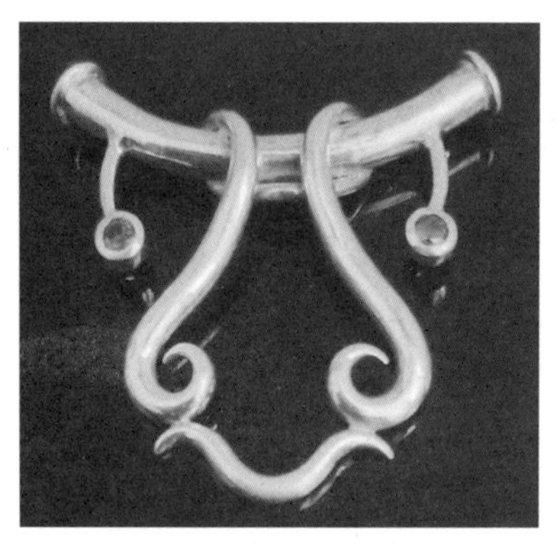

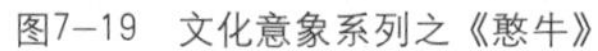
图7-19　文化意象系列之《憨牛》

图7-20　文化意象系列之《洁》

（三）情景交融，取意优秀诗词文化

传统文化是一个民族的民族风情、习惯风俗、精神寄托、审美倾向、宗教信仰、精神气质的集中体现。因此挖掘传统文化潜力、凝练民族文化是塑造产品民族特色的重要方法。

首饰作为一个产品，具备其他物品共通的物质属性，如材料、密度、体积、硬度、光泽等；而在首饰设计和消费过程中，人们对首饰物质属性和内涵的挖掘，更多的是反映人们在精神文化方面的追求。作品《起舞弄清影》（图7-21）的设计灵感来源于宋词《水调歌头·明月几时有》，这首词是表现中秋佳节时，家人不能团圆，形单影只，望月怀人。作品中舞者凝望月宫，翩翩起舞，欣赏着月下飘逸清影，

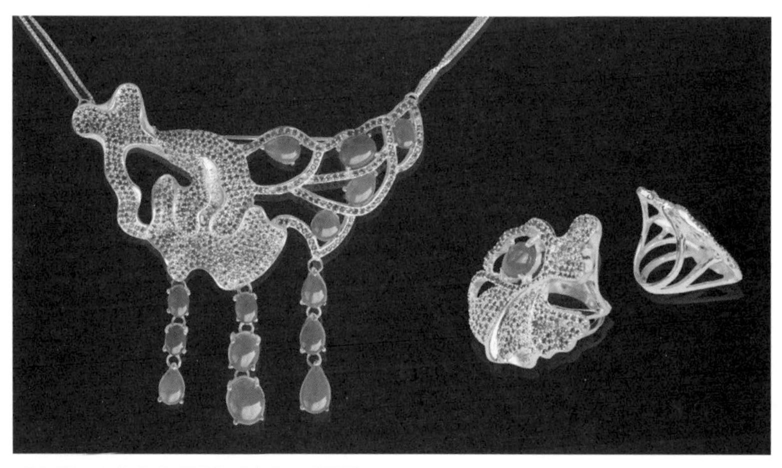

图7-21　文化意象系列之《起舞弄清影》

顾影自怜，表达对家人的无限思念。工艺方面，作品运用了纯手工雕刻蜡版，传统金属失蜡铸造工艺；材料方面，主体运用铸造925银金属版，再辅以彩色宝石镶嵌而成。

（四）表形现意，取材经典哲学思想

一些哲学思想也能提供首饰创新灵感。如马克思经典论著中描述事物发展规律是从简单到复杂，从低级到高级，螺旋状上升；中国的传统哲学理念就在设计中被广泛运用，以此衍生出的经典设计层出不穷。“龙凤”“太极”等理念在设计中体现为“正反”“虚实”“互补”。

作品《和》（图7–22）的设计灵感就是来源于这两种哲学思想。作品整体是两个旋转轮，意指周而复始，两个轮在造型上并不完全相同，且内低外高，寓意事物发展从起点到终点，再从终点到新的起点，螺旋上升；再则，这两个旋转轮在色彩上用了黄、白两色，这两种颜色互为对比，却又不相冲突，色彩丰富却不失和谐，体现中国哲学的精髓。材料上选取环保铜与锆石，并采用黄白双色电镀等工艺而成，既时尚美丽，又绿色环保。

传统文化是中华民族智慧的结晶，是我们现代首饰创作的源泉。将传统文化元素融入现代首饰设计中，以形会意、借形现景、情景交融，提升首饰的文化内涵，促进我国文化创意产业的发展和文化自强、

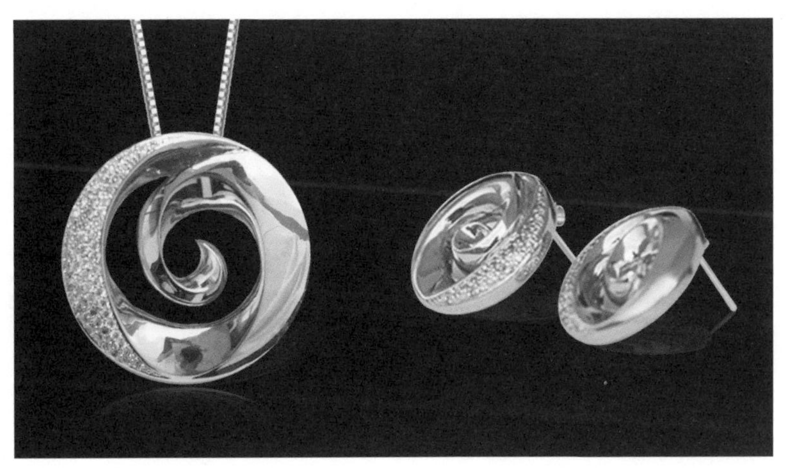

图7–22　文化意象系列之《和》

自信。越是民族的就越是世界的，只有根植于民族文化的首饰才具有更强的生命力和传播力。

四、基于传统文化的现代首饰设计实践

1.作品《百鸟献瑞》（图7-23）的灵感源于壮族百鸟衣传说，传说某年壮乡旱灾，年轻英俊的古卡受乡亲的重托历尽千难万险求取百

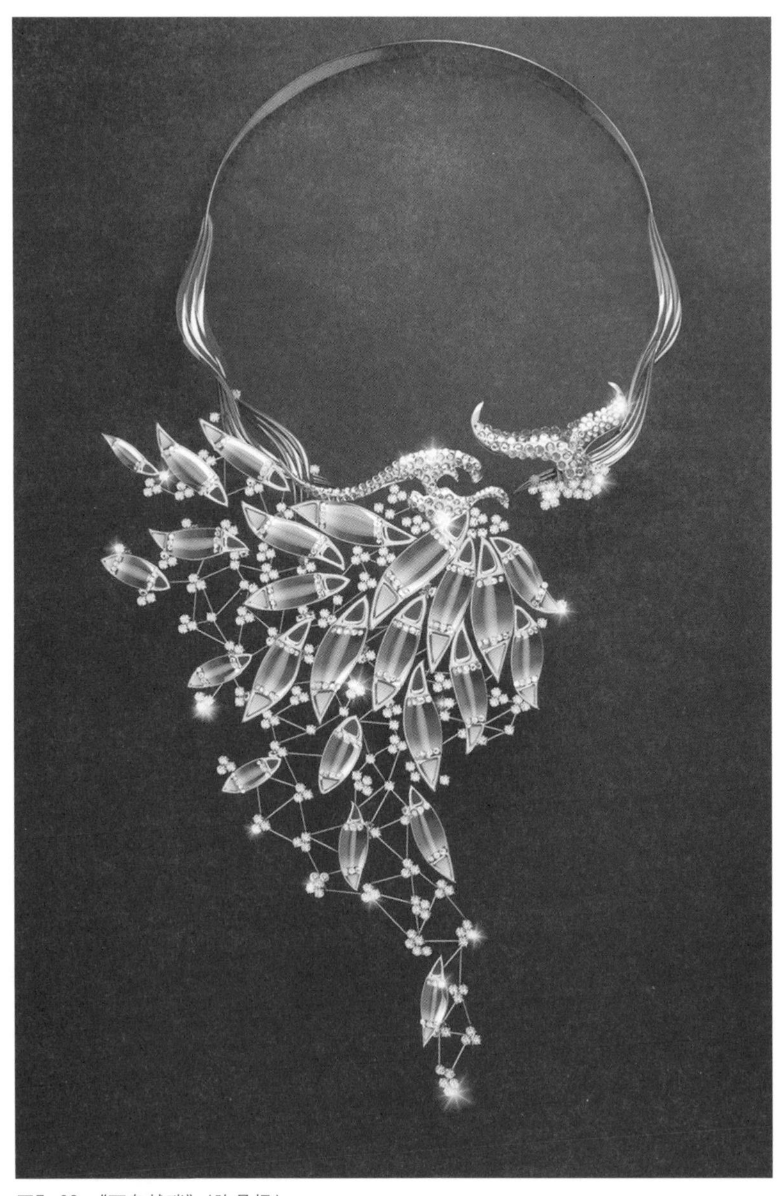

图7-23 《百鸟献瑞》（陈丹枫）

鸟衣，当地土司垂涎古卡美丽能干的妻子依俚，抢走依俚，并要求古卡以百鸟衣换取依俚。正当古卡将百鸟衣交给土司之际，百鸟衣顿时化成百鸟，托起勇敢的古卡和美丽的依俚，高高飘起飞往远方。

2. 作品《侗式风情》(图7–24) 的设计灵感来源于侗族的传统文化，再提取动植物纹样塑造，结合侗族特有的“背坠”样式，将格调、韵味、情趣、审美意识融为一体。主要材质包括银和绿松石。

3. 作品《镜湖》(图7–25) 主要体现藏族风情，以蓝松石和钻石为主要元素，坠有粼粼的细链，长短不一，错落其间，轻捧水花化作心上镜，照见吾心，万象光明，蓝色吊坠在阳光的照耀下，宛如波光粼粼的湖面。主要材质为绿松石、银、钻石。

4. 作品《国粹声声》(图7–26) 的创意源于京剧元素，将京剧中的人文造型、道具等典型的戏曲元素和音乐意象融合，使传统文化表现更加生动。

5. 作品《月朗星稀》(图7–27) 的灵感来源于巴马番瑶的月牙银饰，

图7–24 《侗式风情》(沈家玲)

图7–25 《镜湖》(黄汉钊)

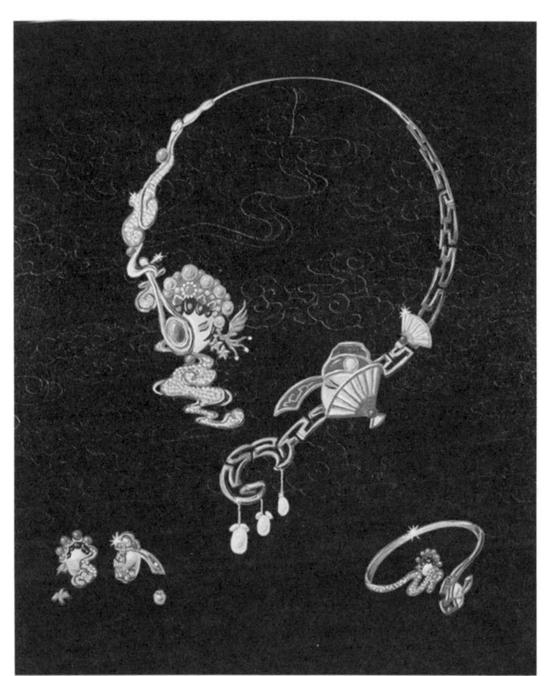
图7–26 《国粹声声》（王同禹）

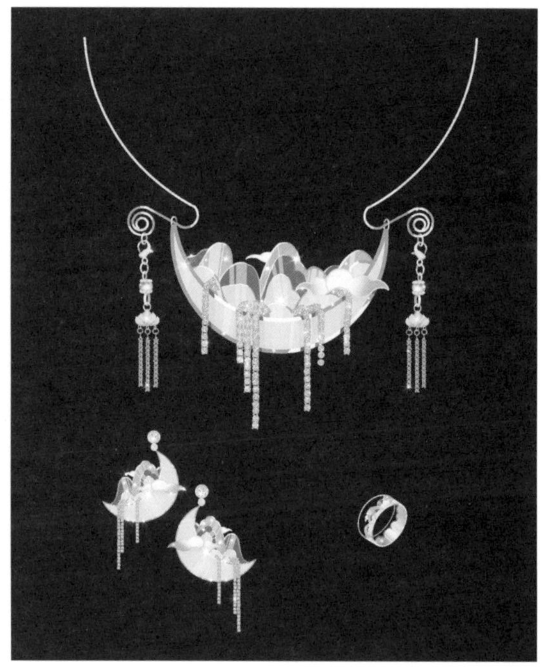
图7–27 《月朗星稀》（王宗颖）

以月亮为造型主元素，并将其进行多种变化，使其内容更加丰富，在体现番瑶民族传统文化的同时，展现现代的审美追求。

6.作品《福报平安》（图7–28）的灵感来源于蝙蝠，项链的外形以及纹路主要运用了蝙蝠翅膀的形状，边上镶嵌一排彩色锆石，底部用流苏拉长视觉。耳饰运用吊坠的元素，结合锆石流苏顶部镶嵌红宝石，整体有动物的视觉效果。手镯的设计主要采用镂空及顶部爪镶宝石。主要材质为黄金、彩色宝石、锆石、贝壳；制作工艺为镶嵌、拉丝。

7.作品《图腾》（图7–29）的灵感来源于苗族神鸟纹样，主饰形体借鉴苗族传统项圈并重构，主体形象与项链融为一体，使神鸟的形态更加生动。主要材质为苗银、翡翠，使用錾刻工艺。

8.作品《银中花》（图7–30）以彝族传统银饰为模板，将银饼、银花等元素进行拆解、变形、组合而成，主体以圆形压花银片装饰，垂挂圆柱形錾刻纹银片，整体构思巧妙奇异，造型简约现代化，线条精美细腻，厚实轻便简洁。

9.作品《壮彩涵》（图7–31）的设计灵感来源于壮族的鱼图案。首饰采用花丝表达鱼卵，再辅以丝绸铺垫和铃铛点缀。主要材质为银、

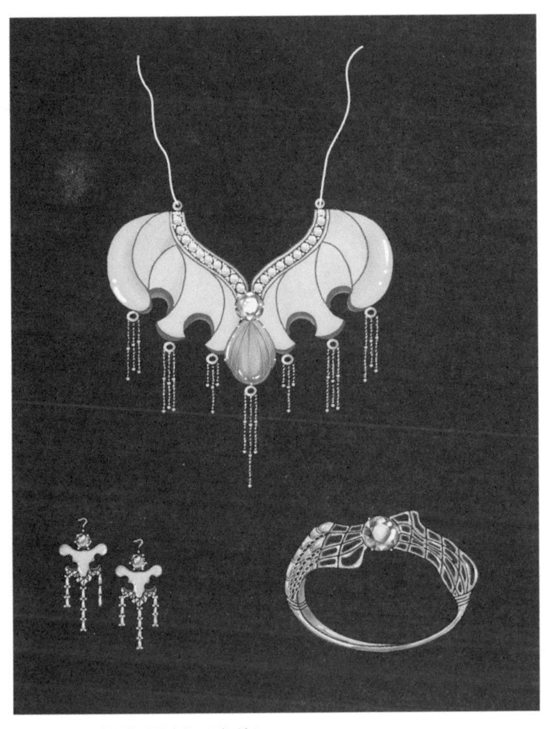

图7-28 《福报平安》（高倩）

图7-29 《图腾》（满继龙）

图7-30 《银中花》（齐硕文）

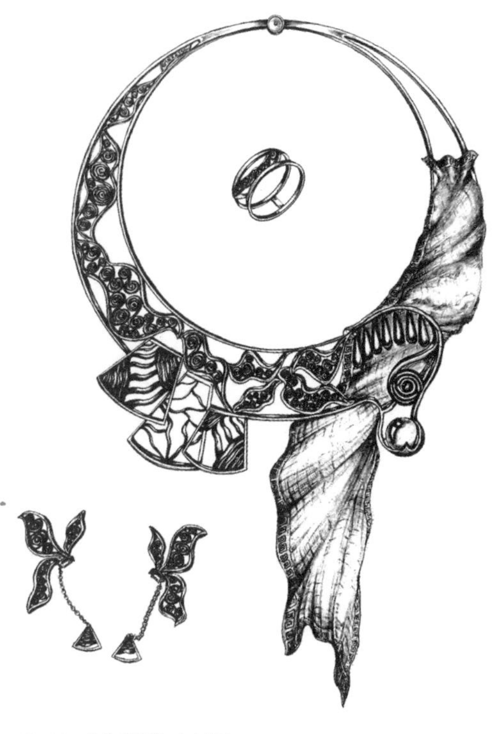

图7-31 《壮彩涵》（李旭）

丝绸、珍珠，使用花丝工艺。

第五节　绿色设计理念在当代首饰设计中的运用探索与展望

当今，绿色设计作为解决环境问题的有效手段而深入人心，但在首饰行业，绿色设计被许多人误解为一种设计风格，将其仅局限于设计的范畴，导致真正的绿色设计理念在首饰行业并未得到很好的贯彻。本节以首饰的环境性能为出发点，从消费引导、设计规划、制作加工、流通使用以及回收再利用等环节进行全方位的绿色设计构建分析，对每一个环节的构建策略和方式进行细致的剖析，以此促进绿色首饰设计理念的普及和深入，指导首饰行业的绿色设计实施，最终实现人与自然在首饰行业的和谐共存。

绿色设计应当代环境危机而生，是在深刻认识人与自然关系的基础上，进行可操作的综合创意活动，以友善自然为核心的设计理念，反映社会对资源浪费、环境污染的忧心和反思。绿色首饰设计是绿色设计在首饰领域的运用和表达，是一个系统的思维哲学，它不但要求首饰本身的设计、生产、运输、使用以及回收等各阶段符合绿色原则，而且还要引导消费者，使其在审美取向、消费习惯等方面也遵循绿色理念，力图从消费需求的源头促进绿色设计的发展和人与自然的和谐。因此，本节将首先探讨如何引导消费者树立符合绿色设计理念的首饰审美观和消费习惯，再从首饰的设计、加工制作、流通和废旧回收等环节构建首饰的绿色设计，从而实现心灵绿色、自然绿色、经济绿色的可持续发展观。

一、全方位构建绿色首饰设计在当代的必要性

（一）绿色设计是各产业发展的大势所趋

绿色设计是当代社会的大势所趋，是人们在面临严重的生态、社会、经济以及资源等一系列问题时，提出的一项富有远见的解决策略。其核心要义是：在设计阶段就必须考虑产品在整个生命周期对资源、环境的影响，并将产品的消费、使用、流通、废旧回收等措施纳入产

品设计中，将产品的环境性能作为设计目标和出发点，力求使产品对环境的影响最小，从而实现产品与环境的协调发展。

（二）绿色设计在当代首饰行业严重滞后

当代，绿色设计在许多行业都取得了重大突破和进展，但在首饰行业中，绿色设计理念的贯彻和执行并没有达到应有的高度，环境问题一直伴随着首饰制作、使用及废旧回收等全过程。例如在获取原料阶段，开矿、冶炼对资源、能源的过量消耗，对地表的破坏，以及三废对环境的污染；在首饰制作阶段，蜡、树脂等辅助材料的大量浪费，铸造、电镀、打磨等过程中产生的废水、废渣和能源消耗；在流通环节，包装运输所产生的废弃物，以及首饰损坏、老化或过时而直接转化成固体废弃物；在废弃环节，首饰材料不完全回收所产生的垃圾等，这些都带来巨大的环境问题，急需运用绿色设计理念、科学规划，将这种影响降到最低。

（三）首饰行业各参与方都具有构建绿色设计的强烈动机

通过绿色设计在首饰行业的构建，使相关各方受益匪浅，从而促使其产生构建绿色首饰设计的强烈动机。在绿色首饰设计中，相关人员大致可分为消费者、制造商、设计师三部分，虽然角色不同，但都能在构建绿色首饰设计中获得较高收益。就消费者而言，摒弃了唯宝石和贵金属的传统审美观念，建立符合绿色设计理念的材料审美意识，既降低了他们在首饰上的支出，又减少了宝石、玉石、贵金属的消耗；就制造商而言，以绿色首饰设计为基本原则，选用先进设备，改进制作、加工技术，不但能减少材料浪费、能源消耗，还能降低成本，提高首饰的竞争力；就设计师而言，以绿色设计为标准，改进首饰形态、结构，同时在设计环节就考虑首饰的循环和回收，不但完成了自己的历史使命，而且推动了绿色首饰设计普及和深入。

虽然绿色首饰设计对社会、环境、个人具有重要的意义，但是，长期以来，绿色首饰设计一直被人误解为一种设计风格、一个口号，认为这是一部分人的审美倾向和要求，并将其仅仅归结为设计师的责任，更有甚者错误地认为：只要设计师设计一些具有绿色概念的首饰产品，就能达到绿色首饰设计的最终目的等诸如此类。其实，绿色首饰设计和绿色产品设计一样，并不是一个孤立的设计问题，而是一个系统的思维哲学，是一个将人、首饰、环境统一的有机体。因此，绿色首饰设计的全方位构建，应是在不伤害环境的前提下进行观念变革，建立一种更绿色、更健康的审美观和消费观，一种更负责的态度和绿色设计意识、方法，革新技术、更新设备、科学规划，使首饰的设计、制作加工、使用、废旧回收等全过程都达到绿色设计要求，从而实现人、首饰、自然三者之间的协调健康发展。

二、绿色设计在当代首饰行业的全方位构建

（一）从消费引导方面构建

一直以来，设计界存在消费主导设计和设计引导消费两种趋势。一方面，消费人群的审美偏好和消费需求是设计创意的主要来源，通过对消费者生理活动、心理需求、生活方式等方面的研究，设计出让消费者满意的产品，从某种意义来说，消费对设计起决定性作用；另一方面，设计对消费也具有促进和引导作用，通过不断引导新的潮流、趋势，引导消费者树立正确的审美、消费观念，从而实现绿色首饰设计在消费方面的构建。

以往的首饰材料集中于贵金属和宝石、玉石等贵重材料，人们也多以材料来衡量首饰的价值，此时，首饰成了人们身份和财富的象征，稀有、贵重材料的堆积成了首饰消费最重要的特点，审美反而成了附属品。

因此，绿色首饰设计的构建，应当引导消费者构建对非传统首饰材料的审美认识，改变其传统的消费观念，引导消费者在首饰消费中更注重设计和审美，将材料的价值比重降到一个合理的程度，并逐步接受新材料、人工材料甚至废旧材料首饰，实现绿色首饰设计在材料方面的消费引导和突破。

1. 接受新材料

新材料是相对于金、银、宝石、玉石等传统首饰材料而言，是对非常用首饰材料的统称，如纸质、木材、塑料、橡胶等。通过创意设计，运用均衡、对称、重复等形式美法则，巧妙地表达这些新材料的审美

特性，以及在视觉上所展现出的节奏韵律和层次美感。如图7-32所示，通过特殊工艺和表现手法，突破纸质、木材、橡胶、塑料的表现惯性，展现出常规材料不一样的审美性，让消费者逐步认识，并最终接受这些材料的审美价值，进而改变他们的消费习惯，从而实现绿色首饰设计在消费方面的构建。

2. 喜欢人工材料

在首饰消费中，人们热衷于自然材料，特别是宝石、玉石、钻石等，这些材料因量少且不可再生而价格昂贵，但就审美而言，并非无可替代。随着技术的进步，人工合成材料与自然材料在物理特性方面的差异微乎其微。如锆石与钻石的折光率、色散都相近，从外观上很难分清彼此，常被用来代替钻石，而采用先进的合成、处理技术而成的各种人造钻石，其硬度与天然钻石相当，而且净度、色泽比天然钻石更优异，审美性能更突出。因此，接受审美属性相似的人工材料不但能获得相同的审美享受，还能减轻消费者经济压力和自然材料压力，从而推动绿色首饰设计构建。

3. 认可废旧材料

在绿色首饰设计中，废旧材料的运用是一个新的课题，伴随废旧材料在绿色产品设计中的运用突破，其在绿色首饰设计中审美价值的潜力逐步被挖掘。与新材料和人工材料相比，废旧材料首饰更难让消费者接受，毕竟审美是首饰的主要功能。要消费者接受废旧材料，首先应开发废旧材料的审美价值，通过艺术设计的手法对废旧材料进行二次开发，赋予这些材料新的审美内涵，如图7-33所示，通过对废旧材料的不同切割、组合，再运用各种工艺进行深加工，使这些原本废弃的材料呈现新的审美形态。

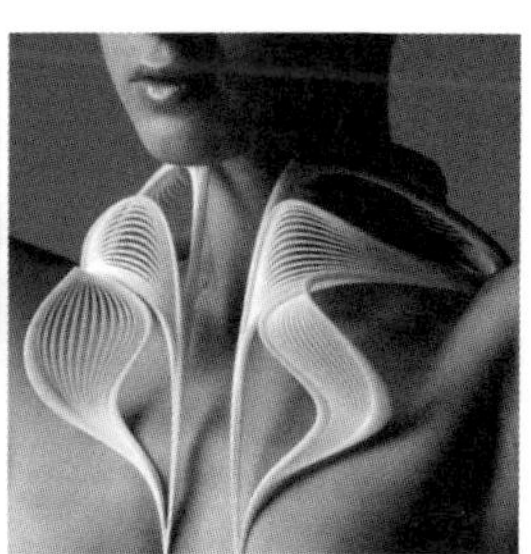

图7-32 纸张、木材、橡胶、塑料首饰

图7–33　废旧材料首饰

（二）从设计理念方面构建

绿色首饰设计是包括设计、制造、使用、废弃回收再循环的并行闭环设计，其核心是“3R”原则，即减少（reduce）、再利用（reuse）和再循环（recycle）。通过对首饰全生命过程的设计规划，实现首饰生命初期的材料节省、生命末期的材料再利用和循环。

绿色首饰设计以首饰全生命过程为设计对象，使首饰的设计、制作、使用以及回收再利用的每个流程都符合可持续发展。因此，在设计时就要考虑首饰材料是否符合绿色设计的要求，生产阶段的能耗和排放是否达到绿色设计的标准，以及后期首饰材料的再利用和回收是否达到绿色设计的高度。

落实到具体的首饰设计，“3R”设计理念首先表现为材料运用的减少，通过创意设计，让首饰造型尽量做到轻、薄、空、小，最终实现少量化设计；其次，在绿色首饰设计中灵活运用“少就是多”的设计思想，即用较少的材料实现合理大小的视觉效果。如图7–34所示，将首饰设计成空心造型、小巧精细或者电镀等方式，既能减少贵重材料的用量，又能达到想要的视觉效果。

“3R”设计理念对首饰生命周期末端的关注主要体现为对首饰材料、部件的再利用和再循环，通过合理的设计构思，让首饰在完成其使命后，其材料和资源能以另一种形式继续存在，实现首饰设计的绿色理念。目前，比较典型的方式有两种。一是设计成可拆卸结构，让

图7-34　薄、小、镀金首饰

消费者可以自由更换损坏的零部件，这样不但可以实现再利用的绿色首饰设计理念，还能实现首饰部件模块化，增加消费者选择的多样性，表现出一定程度的首饰个性化。如普拉达（PRADA）的一款首饰就采用可拆卸的方式，运用模块化设计理念，将整套首饰按照不同的功能分成不同的模块，各个模块可以自由拆卸、组装，如果某一模块损坏，只需将其替换即可，不影响首饰整体的使用。二是合理选用组合材料，让组合材料中各个材料成分容易分离，如不同熔点的金属材料组合、金属与非金属组合等，以使首饰材料能顺利回收再循环。

（三）从制作革新方面构建

绿色制造是绿色首饰设计中非常重要的一环，是将首饰的绿色创意理念物化的过程，不仅要考虑提高产品的良品率，减少在首饰制作、加工过程中的材料和人工浪费，还要降低能源消耗和废旧处理过程对环境的污染。与普通制作方法相比，绿色制作、加工在材料节约、效率提升、成本降低以及浪费减少等方面具有较大的优势。

在人类的发展历史中，虽然生产技术经历了各种变革，但其基本思路始终没有改变，即减法制造，如切削、打磨、雕刻及数控机床加工等，这些制造手段几乎都是通过减掉多余的材料，使之符合需要的功能形式。传统的首饰制作、加工所采用的铸造和锻造，同样离不开减法制造。如图7-35所示，传统首饰加工主要流程为：设计图稿—手工雕蜡—倒银版—压橡胶模—胶模注蜡—种蜡树—灌石膏—浇注金属—执模—抛光—镶嵌—表面处理等环节，在这些环节中，手工雕蜡最容易出错重做而效率低下；从倒银版—浇注金属统称为铸造环节，其能源消耗相当大，这不符合绿色设计的核心理念，因此，3D打印将是承载人们实现首饰绿色制造的梦想与希望。

与传统的减法制造相反，3D打印属于增量制造，通过材料的叠加来实现所需要的物质形式。3D打印主要有3D喷蜡和3D金属打印两种形式，这两种制作方式对绿色制造理念的实现主要表现为材料、资源的节省和效率的提高。从图7—35三种方法的对比可以看出：其一，无论3D喷蜡还是3D金属打印，都将首饰传统制作中出错率最高的手工雕蜡用电脑起版代替，从而避免手工雕蜡中因出错重做而造成时间、材料和资源的浪费；其二，传统的首饰批量加工中，铸造环节（倒银版—浇注金属）工序烦琐，不但效率低下，而且消耗大量的蜡、橡胶、石膏等资源及电、油等能源，而3D金属打印省去传统加工中繁杂的铸造环节，直接由电脑起版到成品；其三，3D打印首饰通过材料的叠加完成加工，因此加工余料少，不但能减少执模、抛光等后期工作量，还能减少材料浪费，节约资金。此外，3D喷蜡打印是因3D金属打印设备昂贵的一种过渡技术，随着商业化的拓展，价格下降，3D金属打印设备将最终全面代替3D喷蜡打印，从根本上实现首饰的绿色制造。

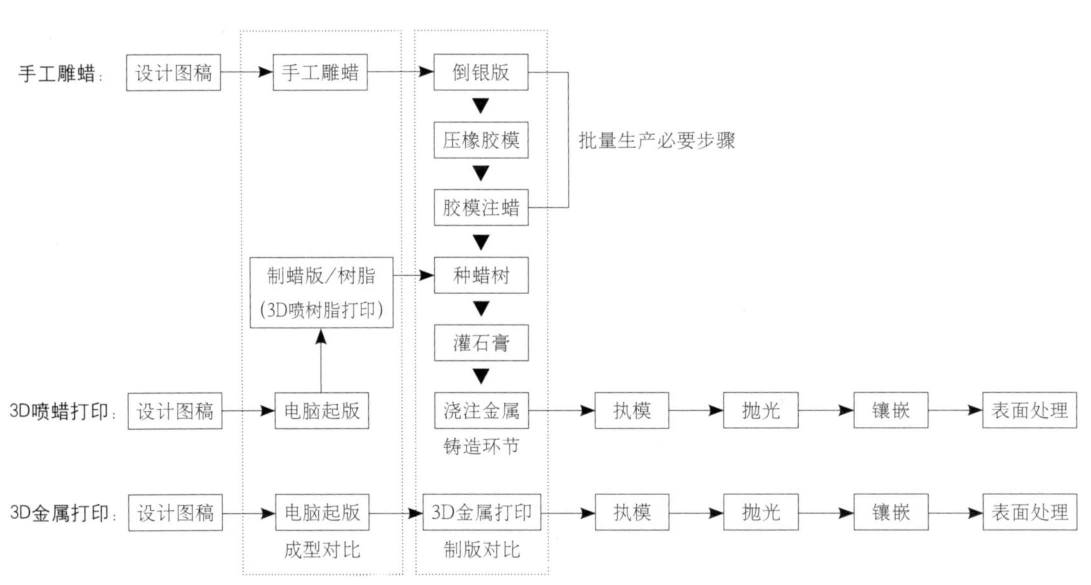

图7—35 3D首饰打印与传统首饰制作方法对比

（四）从废旧循环方面构建

首饰的废旧与材料回收是绿色首饰生命周期中承上启下的关键环节，既是终点也是起点。和其他产品一样，绿色首饰也要经历设计、生产、使用、废旧等过程。通常，首饰的废弃主要有两个原因：功能废弃和审美废弃，这两个方面废弃的原因差异较大，因此进行绿色首饰构建的措施也不相同。

1. 功能废弃

首饰所用材料寿命较短，一些配件在囤积和流通过程中就逐渐老化或损坏，比如金属配件褪色等，只能作废弃处理。这时可以从两个方面来进行绿色构建：一是配件替换，即在设计阶段就将容易损坏的部件进行可替换设计，这样即可增加首饰的多样性；二是对相关部件进行加固处理，将这种加固融入整体造型中，使之既不影响首饰审美，又达到延长首饰的生命周期的目的。

2. 审美废弃

由于流行风尚变化很快，产品所蕴含的流行讯息过时，很多流行首饰在尚未到达消费者使用的阶段之前就已经过时，导致不能被消费者接受，最终在囤积的过程中材料老损，只能废弃处理，造成浪费。这时可以采用“搭配重组”首饰的方式来延长首饰的使用周期，即某首饰在使用一段时间后，物理消耗较少，没有达到功能废弃的程度，但所蕴含的流行讯息过时而导致消费者不想再继续使用，这时可以通过设计出与过时首饰能搭配使用的饰品，赋予过时首饰新的流行讯息，以符合消费者的审美诉求，从而达到延长首饰生命周期的目的。同时，这种方法还能有效地培养消费者对品牌的忠诚度。

小结

随着环境问题不断涌现，全方位构建绿色首饰设计在当代具有深刻的现实意义，从消费源头开始构建绿色设计理念，以绿色设计理念进行首饰消费引导，综合考虑首饰的设计、制作和废旧处理等方面，以人的利益和环境利益同向变化为驱动力实现绿色首饰设计的全方位构建，并最终达到人、物、环境的和谐。

参考文献

参考文献

[1] 刘程.论中国古典首饰艺术的审美文化意蕴[J].理论月刊，2016(10)：38–41.

[2] 李转丽.野性的珠宝世界——非洲传统首饰[J].收藏投资导刊，2015(06)：76–79.

[3] 李田.首饰摄影的文化再现与表达[J].上海工艺美术，2011(02)：70–71.

[4] 高乙嘉.那瓦霍文化对当今首饰的影响[J].戏剧之家，2018(09)：142.

[5] 刘敬."绳"——一个促使人类走向文明与进步的文化[J].成功(教育)，2010(03)：291–294.

[6] Lois SherrDubin，Kiyoshi Togashi.The Worldwide History of Beads[M].London：Thames & Hudson，2010.

[7] 撒迦利亚·西琴.地球编年史[M].南京：江苏凤凰文艺出版社，2019：171.

[8] 王苗.珠光翠影——中国首饰史话[M].北京：金城出版社，2017：142.

[9] 孙华.三星堆出土爬龙铜柱首考——一根带有龙虎铜饰件权杖的复原[J].文物，2011(07)：39–49.

[10] 刘耐冬.先秦秦汉时期金银工艺及金银器研究[D].北京：中国地质大学（北京）宝石学系，2006.

[11] 蔡毓真，胡东波.鎏金工艺研究[J].考古学研究，2020(00)：59–75.

[12] 徐晓丹.汉代金银器研究[D].北京：中国地质大学（北京）艺术设计系，2019.

[13] 杨伯达.清代玉器的繁荣昌盛期（下）[J].收藏·拍卖，2008(4)：44–53.

[14] 王鑫玥.中国古代发饰起源与早期发展[J].哈尔滨学院学报，2019，40(12)：136–140.

[15] 赵娜.浅谈中国古代首饰的演变及发展[J].大众文艺，2012(24)：291–292.

[16] 晓枫.女人足下新风景[J].家庭科技，1998（8）：9.

[17] 蒋白俊.首饰的魅力与时尚追求[J].海内与海外，1995(8)：77–78.

[18] 鲍杨艺.中国当代首饰现状与发展路径研究[J].艺术评鉴，2017（06）：

174–176.
[19] 潘妙. 谈首饰的传统文化属性[J]. 美术观察，2014(10)：133.
[20] 王展，崔衡，马云. 中国传统首饰文化的继承与发展研究[J]. 陕西科技大学学报（自然科学版），2009，27(04)：175–178.
[21] 杨华. 首饰艺术的文化传承和创新[J]. 轻工科技，2017，33(09)：108–110.
[22] 韩澄. 民俗文化对传统首饰业的影响[J]. 河南教育学院学报（哲学社会科学版），2013，32(01)：32–34.
[23] 徐占焜. 中国少数民族首饰文化的五大特色[J]. 中央民族大学学报，2002(02)：99–102.
[24] 王小慧，蔡克勤. 论地域性文化与少数民族首饰美学特点的形成[J]. 艺术百家，2007(03)：120–122.
[25] 李慧. 广西瑶族手工技艺在现代首饰设计中的应用定位探究[J]. 课程教育研究，2017(34)：33–34.
[26] 李雅日，王臻. 广西三江侗族银饰手工艺制作及发展现状调查[J]. 大家，2011(19)：57.
[27] 周素萍. 湘黔桂边区侗族村落银饰的田野调查与反思[J]. 黔南民族师范学院学报，2017，37(02)：103–107.
[28] 吴小军. 现代金属錾刻中錾子的比较研究——以河北大厂、云南鹤庆、贵州台江为例[J]. 装饰，2016(12)：116–117.
[29] 刘桂珍，吴永忠. 黔东南民间浮雕工艺的传承与发展——苗侗银饰制作在美术课堂的可行性探索[J]. 时代教育，2013(07)：27+29.
[30] 蒋卫平. 湘西地区侗族银饰手工艺初探[J]. 艺术评鉴，2017(24)：26–28.
[31] 李慧. 桂北瑶族村落錾刻首饰艺术性异同化探究——以花篮瑶和茶山瑶为例[J]. 中国民族博览，2019(04)：9–10.
[32] 李詹璟萱，王华琳，黄云. 西南花丝首饰现代化转型研究[J]. 遗产与保护研究，2018，3(09)：95–97.
[33] 李桑. 一见倾心，再见倾情 花丝工艺运用于首饰的实践与探索[J]. 上海工艺美术，2019(04)：70–72.
[34] 罗之勇，谢艳娟. 基于“多元文化教育三态说”的仫佬族民族文化传承系统的构建[J]. 湖南师范大学教育科学学报，2013，12(03)：23–27.
[35] 张玉华. 壮锦纹样活态传承的内在机理与实践探索[J]. 服装设计师，2020(6)：110–121.
[36] 张继荣，李洁. 分享经济背景下的通道侗锦“三合四径”活态传承途

径研究[J]. 科技经济导刊，2019(14)：135-136.
[37] 樊明迪. 广西少数民族过山瑶民间艺术多元化活态传承[J]. 艺术大观，2020(36)：122-123.
[38] 王秀杰. 非物质文化遗产活态传承研究策略[J]. 文化创新比较研究，2020，4(03)：34-35.
[39] 杨军昌. 侗族非物质文化遗产的社会功能与传承保护[J]. 中南民族大学学报（人文社会科学版），2014，34(02)：39-44.
[40] 孔垂书. 论中国传统纹饰元素在珠宝首饰设计中的应用[J]. 艺术品，2019(12)：84-85.
[41] 肖玲，罗永超，杨孝斌. 侗族银饰几何元素及其教学的运用探析[J]. 凯里学院学报，2017(06)：169-173.
[42] 吴小军，刘晓晨. 基于侗族银饰的旅游服饰文化探究[J]. 当代旅游，2021，19(01)：7-8、26.
[43] 林鼎辉. 壮族首饰设计初探[J]. 艺术探索，2010，24(04)：88.
[44] 王筱丽，吴小军. 中国传统文化元素在珠宝设计中的运用[J]. 美术界，2009(03)：70.
[45] 李茜，易彩波. 论中国传统文化元素在珠宝首饰设计中的融入[J]. 艺术品鉴，2018(12)：24-25.
[46] 李慧. 桂北瑶族文化元素在现代旅游珠宝设计中的植入和应用研究[J]. 柳州师专学报，2015，30(01)：92-94.
[47] 丁莹莹. 壮锦在首饰设计中的应用[D]. 北京：中国地质大学（北京）艺术设计系，2016.
[48] 许玲玲. “归真前行”——壮族纤维艺术在广西首饰艺术的本土化运用与研究[J]. 大众文艺，2018(02)：32-33.
[49] 汪朝飞. 中国传统文化在现代首饰设计中的继承和应用[J]. 设计，2018(20)：126-127.
[50] 周羽. 银光闪烁——桂林博物馆藏南方少数民族银饰鉴赏[J]. 文物天地，2017(11)：40-47.
[51] 周云. 古代西域首饰述略[J]. 新疆艺术学院学报，2012，10(02)：7-11.
[52] 罗振春. 从苗族迁徙历史看苗族银饰文化[J]. 艺术科技，2018，31(05)：45、94.
[53] 沙美君. 珠宝首饰设计与加工工艺相结合的必要性研究[J]. 鞋类工艺与设计，2023，3(14)：123-125.
[54] 谭嫄嫄. 匈奴饰牌的用途与制作工艺考述[J]. 文艺争鸣，2010(16)：

100–103.

[55] 李晓瑜.新疆民族装饰艺术审美心理追溯——以“金妆文化”及其形式表现为例[D].北京：中央美术学院设计艺术学系，2013.

[56] 张倩.贵州侗族“银饰”的典型文化符号研究[J].传媒论坛，2020，3(04)：141.

[57] 李泊沅.侗族银饰及其文化内涵[J].艺术科技，2015，28(01)：100.

[58] 华勇.从苗族妇女的银首饰看贵州少数民族地区金融理财管理的问题及思考[J].经济研究导刊，2012(21)：65–66+71.

[59] 邢瑞鸣.苗族首饰再设计[D].北京：北京服装学院设计艺术学系，2008.

[60] 陈国玲.论传统银饰和现代银饰的融合发展[D].北京：中国地质大学（北京）设计艺术系，2010.

[61] 廖树林.首饰设计中的传统材料工艺与当代创新[J].湖南包装，2018，33(05)：76–79.

[62] 陈世莉，李筱文.走近市场流通圈——瑶族服饰工艺品开发研究[J].广东技术师范学院学报，2011，32(05)：15–19.

[63] 时小翠.贵州施洞“银匠村”银饰的销售问题研究[J].现代交际，2011(08)：127–128.

[64] 吴铜鹤.文化旅游语境中“鹤庆银饰”造型设计研究[D].昆明：昆明理工大学设计学系，2014.

[65] 鲁硕.3D打印机对未来珠宝首饰行业的影响[J].艺术品鉴，2018(33)：219–220.

[66] 王笑梅.3D打印技术下首饰生产现状及前景分析[J].现代商贸工业，2019，40(31)：197–198.

[67] 王静蕴.3D打印对设计及制造业所带来的深刻变革[J].中国高新科技，2018(01)：30–32.

[68] 任南南，任小颖.3D打印技术对个性化设计的影响[J].山西大同大学学报（社会科学版），2019，33(01)：107–109.

[69] 王智.基于数字光处理3D打印技术的首饰批量化制造[J].中国高新科技，2020(03)：50–51.

[70] 熊玮，郝亮.基于3D打印和失蜡铸造技术的首饰活动结构创新设计（英文）[J].宝石和宝石学杂志，2016，18(05)：63–72.

[71] 信辰星，李妍，郝亮等.生物基光敏树脂3D打印可穿戴首饰[J].宝石和宝石学，2019，21(01)：49–59.

[72] 王晓昕.3D打印技术在当代金工首饰艺术领域的设计应用研究[J].装

饰，2016(08)：101–103.

[73] 黄德荃. 3D打印技术与当代工艺美术[J]. 装饰，2015(01)：33–35.

[74] 郑小平. 3D打印技术对当代工艺美术的促进作用[J]. 工业设计，2017(05)：78–79、81.

[75] 李筱文. 瑶族传统服饰风格论[J]. 广东民族学院学报(社会科学版)，1995(03)：12–17.

[76] 卢念念. 广西少数民族饰品的艺术特点与人文内涵——以瑶族为例[J]. 美术大观，2018(04)：82–83.

[77] 董雯雯. 让美立体起来——感受金秀瑶族饰文化[J]. 纺织科学研究，2014(02)：120–121.

[78] 陈桂莹，钟宇婷，列小霞等. 乳源瑶绣文化创意产品的开发再设计[J]. 旅游纵览（下半月），2019(08)：234–236.

[79] 刘潇雨. 额尔古纳河流域游牧民族服饰特征及美学探讨[D]. 北京：中国地质大学（北京）设计学系，2015.

[80] 袁仪梦. 浅谈中国殉葬玉器[J]. 科学与财富，2017(33)：181.

[81] 李敏. 饰水流年——步摇[J]. 中国宝石，2009(3)：230–232.

[82] 扬眉剑舞. 从花树冠到凤冠——隋唐至明代后妃命妇冠饰源流考[J]. 艺术设计研究，2017(01)：20–28.

[83] 王文静. 中国古代冠饰与身份[J]. 中国宝石，2017(5)：124–127.

[84] 刘杰. 中国传统凤冠霞帔艺术特征及其创作启示[D]. 景德镇：景德镇陶瓷学院设计艺术系，2015.

[85] 朱焕. 桂东南客家育俗调查研究——兼与桂东地区比较[D]. 桂林：广西师范大学民俗学系，2008.

[86] 白菊. 传统长命锁形态意象探析[J]. 魅力中国，2010(14)：273.

[87] 雷文彪. 瑶族人生礼仪习俗及其“过渡仪式”中的审美表征[J]. 四川民族学院学报，2020，29(04)：30–37.

[88] 冯智明.“自然”身体的文化转化：瑶族诞生礼的过渡意义[J]. 广西社会科学，2014(01)：175–179.

[89] 汤夺先. 论藏族人生仪礼中的头饰[J]. 中国藏学，2002(04)：59–69.

[90] 魏媛媛. 中国古代女子发型发饰综述[J]. 大众文艺，2015(09)：52.

[91] 仇保燕. 藏族姑娘的成年礼戴“敦”[J]. 民族大家庭，1999(2)：53.

[92] 张德元. 云南民族服饰的文化内涵[J]. 学术探索，2002(03)：135–138.

[93] 赵心愚. 纳西族的成人礼[J]. 中国民族，2001(11)：54–55.

[94] 白永芳. 哈尼族女性头饰及其象征[J]. 云南师范大学学报（哲学社会

科学版)，2004(06)：15-19.

[95] 厦小琳.水族银饰研究[D].北京：北京服装学院艺术设计系，2003.

[96] 江兴龙，吴正彪，张明珍等.大土苗族自然崇拜的生态效应与文化内涵初探[J].丝绸之路，2009(08)：46-48.

[97] 张泽洪.瑶族宗教信仰中的盘王崇拜[J].广西民族大学学报（哲学社会科学版），2010，32(06)：10-16.

[98] 程旭光.中国民间剪纸艺术散论[J].内蒙古师范大学学报（哲学社会科学版），1994(03)：116-121.

[99] 戴菈.苗族银饰“蝴蝶妈妈”的文化记忆[J].包装工程，2017，38(10)：246-250.

[100] 刘洋洋.凉山彝族服饰图案纹样在现代背肩中的设计应用——以蝴蝶纹样为例[J].大众文艺，2017(23)：95-96.

[101] 杨源.头上的艺术——少数民族头饰初探[J].装饰，1995(01)：18-20、17.

[102] 王珺.银辉秘语——云南少数民族银器[M].昆明：云南人民出版社，2018：231.

[103] 唐绪祥.中国少数民族身体装饰[J].装饰，1997(01)：63-66.

[104] 田爱华.湘西苗族银饰的民族符号寓意探索[J].艺术教育，2010(03)：142-143.

[105] 杨熊炎，叶德辉.符号学视域下侗锦文化元素现代转化应用研究[J].包装工程，2022，43(14)：343-353+382.

[106] 杨建蓉.侗族织锦色彩语言研究——以湖南通道地区侗锦为例[J].装饰，2016(09)：122-123.

[107] 周亚辉.传承与再生产：湖南通道侗锦研究[M].北京：科学出版社，2018：159-160、176-177.

[108] 焦振涛，徐明明.传统经典的当代再造——基于“Redesign”设计方法的视觉传达设计[J].装饰，2017(02)：112-114.

[109] 乔松.湖南通道侗族织锦艺术研究——以传承人粟田梅作品为例[D].株洲：湖南工业大学设计学系，2016.

[110] 容婷.广西瑶族服饰研究[D].上海：东华大学服装设计与工程系，2017.

[111] 玉时阶.瑶族服饰图案纹样的文化内涵[J].广西民族学院学报(哲学社会科学版)，1994(01)：38-41.

[112] 刘毅飞.广西瑶族服饰图案的审美精神转换[J].美术文献，2021(09)：150-151.

图书在版编目（CIP）数据

桂、黔、滇地区传统首饰设计规律与设计文化研究 / 张贤富，胡玉平著. —沈阳：辽宁美术出版社，2023.5
ISBN 978-7-5314-9494-2

Ⅰ. ①桂… Ⅱ. ①张… ②胡… Ⅲ. ①首饰－设计－研究－云南②首饰－设计－研究－贵州③首饰－设计－研究－广西 Ⅳ. ①TS934.3

中国国家版本馆CIP数据核字(2023)第097619号

出 版 者：辽宁美术出版社
地　　址：沈阳市和平区民族北街29号　邮编：110001
发 行 者：辽宁美术出版社
印 刷 者：辽宁鼎籍数码科技有限公司
开　　本：787mm × 1092mm　1/16
印　　张：16.25
字　　数：230千字
出版时间：2023年5月第1版
印刷时间：2023年5月第1次印刷
责任编辑：罗　楠
责任校对：满　媛
书籍装帧：王艺潼
书　　号：ISBN 978-7-5314-9494-2
定　　价：98.00元

邮购部电话：024-83833008
E-mail:lnmscbs@163.com
http://www.lnmscbs.cn
图书如有印装质量问题请与出版部联系调换
出版部电话：024-23835227